水文与水利水电工程的规划研究

沈英朋　杨喜顺　孙燕飞　著

吉林科学技术出版社

图书在版编目（ＣＩＰ）数据

水文与水利水电工程的规划研究 / 沈英朋，杨喜顺，
孙燕飞著. -- 长春：吉林科学技术出版社，2022.8
　　ISBN 978-7-5578-9388-0

　　Ⅰ．①水… Ⅱ．①沈… ②杨… ③孙… Ⅲ．①工程水
文学－研究②水利水电工程－研究 Ⅳ．①TV

中国版本图书馆 CIP 数据核字(2022)第 113534 号

水文与水利水电工程的规划研究

著	沈英朋　杨喜顺　孙燕飞
出 版 人	宛　霞
责任编辑	赵　沫
封面设计	北京万瑞铭图文化传媒有限公司
制　　版	北京万瑞铭图文化传媒有限公司
幅面尺寸	185mm×260mm
开　　本	16
字　　数	400 千字
印　　张	18.625
印　　数	1–1500 册
版　　次	2022年8月第1版
印　　次	2022年8月第1次印刷

出　　版　吉林科学技术出版社
发　　行　吉林科学技术出版社
地　　址　长春市南关区福祉大路5788号出版大厦A座
邮　　编　130118
发行部电话/传真　0431-81629529　81629530　81629531
　　　　　　　　　　　　81629532　81629533　81629534
储运部电话　0431-86059116
编辑部电话　0431-81629510
印　　刷　廊坊市印艺阁数字科技有限公司

书　　号　ISBN 978-7-5578-9388-0
定　　价　68.00 元

《水文与水利水电工程的规划研究》
编审会

前言 PREFACE

　　水利水电是社会经济发展的重要基础设施和基础产业。水利水电是社会经济发展的重要基础设施和基础产业。水利工程基本建设项目近年来得到国家的高度重视，水利工程建设项目也迅速发展。水利水电工程是改造大自然利用大自然资源为为人类造福的工程。在当前的市场竞争环境下，大幅提升企业项目管理水平，降低施工成本，提高施工技术水平，是水利水电施工企业立足国内市场，开拓国际市场的关键所在。

　　本书共分为十章，包括水利水电的基础知识、水利水电工程的规划建设、水利水电排水施工的规划、水利水电的土石方规划、水利水电的防汛抢险规划、水利水电的爆破规划、水利水电的施工进度及质量规划、水利水电安全管理和水利水电工程管理的重要性。

　　本书在编写过程中，力求做到书中内容完整准确，使读者阅读起来得心应手，但由于时间、精力和水平有限，方方面面的不足必然存在，诚挚地欢迎广大读者以及专家批评指正，敬请读者谅解。

目 录 CONTENTS

第一章　水利水电基础知识

第一节　水利水电基础理论

一、水文与地质

（一）河流和流域

地表上较大的天然水流称为河流。河流是陆地上最重要的水资源和水能资源，是自然界中水文循环的主要通道。我国的主要河流一般发源于山地，最终流入海洋、湖泊或洼地。沿着水流的方向，一条河流可以分为河源、上游、中游、下游和河口几段。我国最长的河流是长江，其河源发源于青海的唐古拉山，湖北宜昌以上河段为上游，长江的上游主要在深山峡谷中，水流湍急，水面坡降大。自湖北宜昌至安徽安庆的河段为中游，河道蜿蜒弯曲，水面坡降小，水面明显宽敞。安庆以下河段为下游，长江下游段河流受海潮顶托作用。河口位于上海市。

在水利水电枢纽工程中，为了便于工作，习惯上以面向河流下游为准，左手侧河岸称为左岸，右手侧称为右岸。我国的主要河流中，多数流入太平洋，如长江、黄河、珠江等。少数流入印度洋（怒江、雅鲁藏布江等）和北冰洋。沙漠中的少数河流只有在雨季存在，成为季节河。

直接流入海洋或内陆湖的河流称为干流，流入干流的河流为一级支流，流入一级支流的河流为二级支流，依此类推。河流的干流、支流、溪涧和流域内的湖泊彼此连接所形成的庞大脉络系统，称为河系，或水系。如长江水系、黄河水系、太湖水系。流域或水系形状示意图见图1-1。

扇形河系　　羽形河系　　平行河系　　混合河系

图1-1　流域或水系形状示意图

一个水系的干流及其支流的全部集水区域称为流域。在同一个流域内的降水，最终通过同一个河口注入海洋。如长江流域、珠江流域。较大的支流或湖泊也能称为流域，如汉水流域、清江流域、洞庭湖流域、太湖流域。两个流域之间的分界线称为分水线，是分隔两个流域的界限。在山区，分水线通常为山岭或山脊，所以又称分水岭，如秦岭为长江和黄河的分水岭。在平原地区，流域的分界线则不甚明显。特殊的情况如黄河下游，其北岸为海河流域，南岸为淮河流域，黄河两岸大堤成为黄河流域与其他流域的分水线。流域的地表分水线与地下分水线有时并不完全重合，一般以地表分水线作为流域分水线。在平原地区，要划分明确的分水线往往是较为困难的。

描述流域形状特征的主要几何形态指标有以下几个。

第一，流域面积F，流域的封闭分水线内区域在平面上的投影面积。

第二，流域长度L，流域的轴线长度。以流域出口为中心画许多同心圆，由每个同心圆与分水线相交作割线，各割线中点顺序连线的长度即为流域长度。如图1-2所示，$L=\sum L_1$。流域长度通常可用干流长度代替。

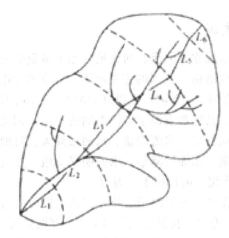

图1-2　流域长度示意图

第三，流域平均宽度B，流域面积与流域长度的比值，KF=B/L。

第四，流域形状系数KF，流域宽度与流域长度的比值，KF=B/L。

影响河流水文特性的主要因素包括：流域内的气象条件（降水、蒸发等），地形和地质条件（山地、丘陵、平原、岩石、湖泊、湿地等），流域的形状特征（形状、面积、坡度、长度、宽度等），地理位置（纬度、海拔、临海等），植被条件和湖泊分布，人类活动等。

（二）河（渠）道的水文学和水力学指标

1.河（渠）道横断面

垂直于河流方向的河道断面地形。天然河道的横断面形状多种多样，常见的有V形、U形、复式等。人工渠道的横断面形状则比较规则，一般为矩形、梯形。河道水面以下部分的横断面为过不断面。过水断面的面积A随河水水面涨落变化,与河道流量相关。

2.河道纵断面

沿河道纵向最大水深线切取的断面,如图1-3所示。

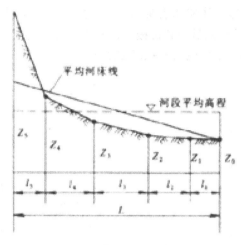

图1-3 河流纵断面示意图

3.水位 Z

河道水面在某一时刻的高程,即相对于海平面的高度差。我国目前采用黄海海平面作为基准海平面。

4.河流长度 A

河流自河源开始,沿河道最大水深线至河口的距离。

5.落差 ΔZ

河流两个过水断面之间的水位差。

6.纵比降 I

水面落差与此段河流长度之比, $I = \Delta Z / \Delta L$。河道水面纵比降与河道纵断面基本上是一致的,在某些河段并不完全一致,与河道断面面积变化、洪水流量有关。河水在涨落过程中,水面纵比降随洪水过程的时间变化而变化。在涨水过程中,水面纵比降较大,落水过程中则相对较小。

7.水深 h:水面某一点到河底的垂直深度。河道断面水深指河道横断面上水位 Z 与最深点的高程差。

8.流量 Q:单位时间内通过某一河道(渠道、管道)的水体体积,单位 m3/s。

9.流速 V:流速单位 m/s。在河道过水断面上,各点流速不一致。一般情况下,过水断面上水面流速大于河底流速。常用断面平均流速作为其特征指标。断面平均流速 v=Q/A。

10.水头

水中某一点相对于另一水平参照面所具有的水能。

在图 1-4 中点相对于参照面 0—0 的总水头为总水头 E。由三部分组成:①位置水头 Z=ZB1,是 B1 点与参照平面（O—O 面）之间的高程差，表示水质点具有的位能。②压强水头（亦称压力水头）pB1/γ=h·cos θ 表示该点具有的压能。在较平直的河（渠）道中，h 等于此点在水面以下的深度，位置水头（位能）与压强水头（压能）的和表示该处水流具有的势能。③流速水头 α V2B1/2g，表示 B1 点水流具有的动能。式中 α=1.0 ~ 1.1。B1 点的总能量为其机械能，即势能与动能之和。因此，1—1 过水断面上 B1 点的总水头 EB1=ZB1+PB1/γ + α V2B1/2g。

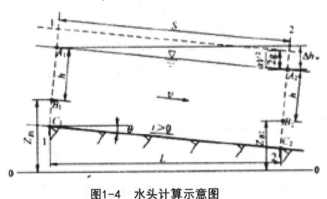

图1-4　水头计算示意图

　　在较平直的河道上，某一过水断面上各点的总水头 E 为一常数，如图 1—4 中的 1—1 断面上的 A1、B1、C1 三点间具有同样的能量，总水头相等，EA1=EB1=EC1 。

　　在河道上下游两个断面之间的水头有差值 hw。差值是河道水流流动过程中产生的能量损失，也称水头损失。图 1-4 中，1—1 断面与 2—2 断面间有

Z1+p1/γ + α V21/2g=Z2+p2/γ + α V22/2g+hw

此方程称为伯努利方程。

（三）河川径流

　　径流是指河川中流动的水流量。在我国，河川径流多由降雨所形成。

　　河川径流形成的过程是指自降水开始，到河水从海口断面流出的整个过程。这个过程非常复杂，一般要经历降水、蓄渗（入渗）、产流和汇流几个阶段。

　　降雨初期，雨水降落到地面后，除了一部分被植被的枝叶或洼地截留外，大部分渗入土壤中。如果降雨强度小于土壤入渗率，雨水不断渗入到土壤中，不会产生地表径流。在土壤中的水分达到饱和以后，多余部分在地面形成坡面漫流。当降水强度大于土壤的入渗率时，土壤中的水分来不及被降水完全饱和。一部分雨水在继续不断地渗入土壤的同时，另一部分雨水即开始在坡面形成流动。初始流动沿坡面最大坡降方向漫流。坡面水流顺坡面逐渐汇集到沟槽、溪涧中，形成溪流。从涓涓细流汇流形成小溪、小河，最后归于大江大河。渗入土壤的水分中，一部分将通过土壤和植物蒸发到空中，另一部分通过渗流缓慢地从地下渗出，形成地下径流。相当一部分地下径流将补充注入高程较低的河道内，成为河川径流的一部分。图 1-5 所示为某场降雨形成（地表和地下）径流以及流量变化的过程。

降雨形成的河川径流与流域的地形、地质、土壤、植被，降雨强度、时间、季节，以及降雨区域在流域中的位置等因素有关。因此，河川径流具有循环性，不重复性和地区性。

表示径流的特征值主要有以下几点。

1. 径流量 Q

单位时间内通过河流某一过水断面的水体体积。

2. 径流总量 W

一定的时段 T 内通过河流某过水断面的水体总量，$W = QT$。

3. 径流模数 M

径流量在流域面积上的平均值，必 $= Q/F$。

4. 径流深度 R

流域单位面积上的径流总量，$R = W/F$。

5. 径流系数 α

某时段内的径流深度与降水量之比 $\alpha = R/P$。

（四）河流的洪水

当流域在短时间内较大强度的集中降雨，或地表冰雪迅速融化时，大量水经地表或地下迅速地汇集到河槽，造成河道内径流量急增，河流中发生洪水。

河流的洪水过程是在河道流速较小、较平缓的某一时刻开始，河流的径流量迅速增长，并到达一峰值，随后逐渐降落到趋于平缓的过程。与其同时，河道的水位也经历一个上涨、下落的过程。河道洪水流量的变化过程曲线称为洪水流量过程线（见图1-5）。洪水流量过程线上的最大值称为洪峰流速 Q_m，起涨点以下流量称为基流。基流由岩石和土壤中的水缓慢外渗或冰雪逐渐融化形成。大江大河的支流众多，各支流的基流汇合，使其基流量也比较大。山区性河流，特别是小型山溪，基流非常小，冬天枯水期甚至断流。

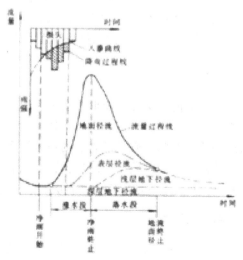

图1-5　降雨形成径流过程示意图

洪水过程线的形状与流域条件和暴雨情况有关。

影响洪水过程线的流域条件有河流纵坡降、流域形状系数。一般而言，山区性河流由于山坡和河床较陡，河水汇流时间短，洪水很快形成，又很快消退。洪水陡涨陡落，往往几小时或十几小时就经历一场洪水过程。平原河流或大江大河干流上，一场洪水过程往往需要经历三天、七天甚至半个月。如果第一场降雨形成的洪水过程尚未完成又遇降雨，洪水过程线就会形成双峰或多峰。大流域中，因多条支流相继降水，也会造成双峰或其他组合形态。

影响洪水过程线的暴雨条件有暴雨强度、降雨时间、降雨量、降雨面积、雨区在流域中的位置等。洪水过程还与降雨季节、与上一场降雨的间隔时间等有关。如春季第一场降雨，因地表土壤干燥而使其洪峰流量较小。发生在夏季的同样的降雨可能因土壤饱和而使其洪峰流量明显变大。流域内的地形、河流、湖泊、洼地的分布也是影响洪水过程线的重要因素。

由于种种原因，实际发生的每一次洪水过程线都有所不同。但是，同一条河流的洪水过程还是有其基本的规律。研究河流洪水过程及洪峰流量大小，可为防洪、设计等提供理论依据。工程设计中，通过分析诸多洪水过程线，选择其中具有典型特征的一条，称为典型洪水过程线。典型洪水过程线能够代表该流域（或河道断面）的洪水特征，作为设计依据。

符合设计标准（指定频率）的洪水过程线称为设计洪水过程线。设计洪水过程线由典型洪水过程线按一定的比例放大而得。洪水放大常用方法有同倍比放大法和同频率放大法，其中同倍比放大法又有"以峰控制"和"以量控制"两种。下面以同倍比放大为例介绍放大方法。

收集河流的洪峰流量资料，通过数量统计方法，得到洪峰流量的经验频率曲线。根据水利水电枢纽的设计标准，在经验频率曲线上确定设计洪水的洪峰流量。"以峰控制"的同倍比放大倍数 KQ/Qmp/Qm。其中 Qmp、Qm 分别为设计标准洪水的洪峰流量和典型洪水过程线的洪峰流量。"以量控制"的同倍比放大倍数 Kw=Wtp/Wt。其中 Wtp、Wt 分别为设计标准洪水过程线在设计时段的洪水总量和典型洪水过程线对应时段的洪水总量。有了放大倍比后，可将典型洪水过程线逐步放大为设计洪水过程线。

二、地质知识

地质构造是指由于地壳运动使岩层发生变形或变位后形成的各种构造形态。地质构造有五种基本类型：水平构造、倾斜构造、直立构造、褶皱构造和断裂构造。这些地质构造不仅改变了岩层的原始产状、破坏了岩层的连续性和完整性，甚至降低了岩体的稳定性和增大了岩体的渗透性。因此研究地质构造对水利工程建筑有着非常重要的意义。要研究上述五种构造必须了解地质年代和岩层产状的相关知识。

（一）地质年代和地层单位

地球形成至今已有 46 亿年，对整个地质历史时期而言，地球的发展演化及地质事件的记录和描述需要有一套相应的时间概念，即地质年代。同人类社会发展历史分期一样，可将地质年代按时间的长短依次分为宙、代、纪、世不同时期，对应于上述时间段所形成的岩层（即地层）依次称为宇、界、系、统，这便是地层单位。如太古代形成的地层称为太古界，石炭纪形成的地层称为石炭系等。

（二）岩层产状

1.岩层产状要素

岩层产状指岩层在空间的位置，用走向、倾向和倾角表示，称为岩层产状三要素。

（1）走向

岩层面与水平面的交线叫走向线（图1-6中的AOB线），走向线两端所指的方向即为岩层的走向。走向有两个方位角数值，且相差180°。岩层的走向表示岩层的延伸方向。

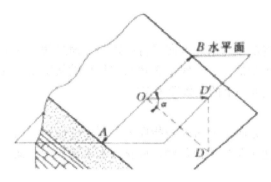

图1-6　岩层产状要素图

AOB—走向线；OD—倾向线；OD′—倾斜线

在水平面上的投影，箭头方向为倾向；α—倾角

（2）倾向

层面上与走向线垂直并沿倾斜面向下所引的直线叫倾斜线（图1-6中的OD线），倾斜线在水平面上投影（图1-6中的OD′线）所指的方向就是岩层的倾向。对于同一岩层面，倾向与走向垂直，且只有一个方向。岩层的倾向表示岩层的倾斜方向。

（3）倾角

是指岩层面和水平面所夹的最大锐角（或二面角）（图1-6中的α角）。

除岩层面外，岩体中其他面（如节理面、断层面等）的空间位置也可以用岩层产状三要素来表示。

2.岩层产状要素的测量

岩层产状要素需用地质罗盘测量。地质罗盘的主要构件有磁针、刻度环、方向盘、倾角旋钮、水准泡、磁针锁制器等。刻度环和磁针是用来测岩层的走向和倾向的。刻度环按方位角分划，以北为0°，逆时针方向分划为360°。在方向盘上用四个符合代表地理方位，即N（0°）表示北，S（180°）表示南，E（90°）表示东，W（270°）表示西。方向盘和倾角旋钮是用来测倾角的。方向盘的角度变化介于0°～90°。测量方法如下（图1-7）：

图1-7 岩层产状要素测量

（1）测量走向

罗盘水平放置，将罗盘与南北方向平行的边与层面贴触（或将罗盘的长边与岩层面贴触），调整圆水准泡居中，此时罗盘边与岩层面的接触线即为走向线，磁针（无论南针或北针）所指刻度环上的度数即为走向。

（2）测量倾向

罗盘水平放置，将方向盘上的N极指向岩层层面的倾斜方向，同时使罗盘平行于东西方向的边（或短边）与岩层面贴触，调整圆水准泡居中，此时北针所指刻度环上的度数即为倾向。

（3）测量倾角

罗盘侧立摆放，将罗盘平行于南北方向的边（或长边）与层面贴触，并垂直于走向线，然后转动罗盘背面的测有旋钮，使长水准泡居中，此时倾角旋钮所指方向盘上的度数即为倾角大小。若是长方形罗盘，此时桃形指针在方向盘上所指的度数，即为所测的倾角大小。

3.岩层产状的记录方法：

岩层产状的记录方法有以下两种：

（1）象限角表示法

一般以北或南的方向为准，记走向、倾向和倾角。如N30°E，NW∠35°，即走向北偏东30°、向北西方向倾斜、倾角35°。

（2）方位角表示法

一般只记录倾向和倾角。如SW230°∠35°，前者是倾向的方位角，后者是倾角，即倾向230°、倾角35°。走向可通过倾向±90°的方法换算求得。上述记录表示岩层走向为北西320°，倾向南西230°，倾角35°。

（三）水平构造、倾斜构造和直立构造

1.水平构造

岩层产状呈水平（倾角a=0°）或近似水平（a＜5°）。岩层呈水平构造，表明该地区地壳相对稳定。

2.倾斜构造（单斜构造）

岩层产状的倾角 0° < a < 90°，岩层呈倾斜状。

岩层呈倾斜构造说明该地区地壳不均匀抬升或受到岩浆作用的影响，

3.直立构造

岩层产状的倾角 α ≈ 90°，岩层呈直立状。

岩层直立构造说明岩层受到强有力的挤压。

（四）褶皱构造

褶皱构造是指岩层受构造应力作用后产生的连续弯曲变形。绝大多数褶皱构造是岩层在水平挤压力作用下形成的。褶皱构造是岩层在地壳中广泛发育的地质构造形态之一，它在层状岩石中最为明显，在块状岩体中则很难见到。褶皱构造的每一个向上或向下弯曲称为褶曲。两个或两个以上的褶曲组合叫褶皱。

1.褶皱要素

褶皱构造的各个组成部分称为褶皱要素 (图 2-15)。

(1) 核部

褶曲中心部位的岩层。

(2) 翼部

核部两侧的岩层。一个褶曲有两个翼。

(3) 翼角

翼部岩层的倾角。

(4) 轴面

对称平分两翼的假象面。轴面可以是平面，也可以是曲面。轴面与水平面的交线称为轴线；轴面与岩层面的交线称为枢纽。

（5）转折端

从一翼转到另一翼的弯曲部分。

2.褶皱的基本形态

褶皱的基本形态是背斜和向斜。

（1）背斜

岩层向上弯曲，两翼岩层常向外倾斜，核部岩层时代较老，两翼岩层依次变新并呈对称分布。

（2）向斜

岩层向下弯曲，两翼岩层常向内倾斜，核部岩层时代较新，两翼岩层依次变老并呈对称分布。

3.褶皱的类型

根据轴面产状和两翼岩层的特点，将褶皱分为直立褶皱、倾斜褶皱、倒转褶皱、平卧褶皱、翻卷褶皱。（图 1-8）

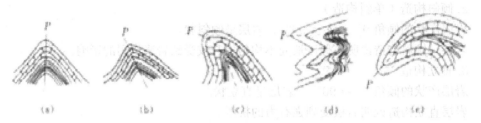

图1-8　根据轴面产状褶皱的分类

（a）直立褶皱；（b）倾斜褶皱；（c）倒转褶皱；（d）平卧褶皱；（e）翻卷褶皱

（五）断裂构造

岩层受力后产生变形，当作用力超过岩石的强度时，岩石就会发生破裂，形成断裂构造。断裂构造的产生，必将对岩体的稳定性、透水性及其工程性质产生较大影响。根据破裂之后的岩层有无明显位移，将断裂构造分为节理和断层两种形式。

1. 节理

没有明显位移的断裂称为节理。节理按照成因分为三种类型：第一种为原生节理：岩石在成岩过程中形成的节理，如玄武岩中的柱状节理；第二种为次生节理：风化、爆破等原因形成的裂隙，如风化裂隙等；第三种为构造节理：由构造应力所形成的节理。其中，构造节理分布最广。构造节理又分为张节理和剪节理。张节理由张应力作用产生，多发育在褶皱的轴部，其主要特征为：节理面粗糙不平，无擦痕，节理多开口，一般被其他物质充填，在砾岩或沙岩中的张节理常常绕过砾石或沙粒，节理一般较稀疏，而且延伸不远。剪节理由剪应力作用产生，其主要特征为：节理面平直光滑，有时可见擦痕，节理面一般是闭合的，没有充填物，在砾岩或沙岩中的剪节理常常切穿砾石或沙粒，产状较稳定，间距小、延伸较远，发育完整的剪节理呈 X 形。

2. 断层

有明显位移的断裂称之为断层。

（1）断层要素

断层的基本组成部分叫断层要素。断层要素包括断层面、断层线、断层带、断盘及断距。

1）断层面

岩层发生断裂并沿其发生位移的破裂面。它的空间位置仍由走向、倾向和倾角表示。它可以是平面，也可以是曲面。

2）断层线

断层面与地面的交线。其方向表示断层的延伸方向。

3）断层带

包括断层破碎带和影响带。破碎带是指被断层错动搓碎的部分，常由岩块碎屑、粉末、角砾及黏土颗粒组成，其两侧被断层面所限制。影响带是指靠近破碎带两侧的岩层受断层影响裂隙发育或发生牵引弯曲的部分。

4）断盘

断层面两侧相对位移的岩块称为断盘。其中，断层面之上的称为上盘，断层面之下的称为下盘。

5）断距

断层两盘沿断层面相对移动的距离。

（2）断层的基本类型

按照断层两盘相对位移的方向，将断层分为以下三种类型：

第一，正断层。上盘相对下降，下盘相对上升的断层。

第二，逆断层。上盘相对上升，下盘相对下降的断层。

平移断层。是指两盘沿断层面作相对水平位移的断层。

3.断裂构造对工程的影响

节理和断层的存在，破坏了岩石的连续性和完整性，降低了岩石的强度，增强了岩石的透水性，给水利工程建设带来很大影响。如节理密集带或断层破碎带，会导致水工建筑物的集中渗漏、不均匀变形、甚至发生滑动破坏。因此在选择坝址、确定渠道及隧洞线路时，尽量避开大的断层和节理密集带，否则必须对其进行开挖、帷幕灌浆等方法处理，甚至调整坝或洞轴线的位置。不过，这些破碎地带，有利于地下水的运动和汇集。因此，断裂构造对于山区找水具有重要意义。

第二节　水利枢纽及水库

一、水利枢纽知识

为了综合利用和开发水资源，常需在河流适当地段集中修建几种不同类型和功能的水工建筑物，以控制水流，并便于协调运行和管理。这种由几种水工建筑物组成的综合体，称为水利枢纽。

（一）水利枢纽的分类

水利枢纽的规划、设计、施工和运行管理应尽量遵循综合利用水资源的原则。

水利枢纽的类型很多。为实现多种目标而兴建的水利枢纽，建成后能满足国民经济不同部门的需要，称为综合利用水利枢纽。以某一单项目标为主而兴建的水利枢纽，常以主要目标命名，如防洪枢纽、水力发电枢纽、航运枢纽、取水枢纽等。在很多情况下水利枢纽是多目标的综合利用枢纽，如防洪—发电枢纽，防洪—发电—灌溉枢纽，发电—灌溉—航运枢纽等。按拦河坝的型式还可分为重力坝枢纽、拱坝枢纽、土石坝枢纽及水闸枢纽等。根据修建地点的地理条件不同，有山区、丘陵区水利枢纽和平原、滨海区水利枢纽之分。根据枢纽上下游水位差的不同，有高、中、低水头之分，世界各国对此无统一规定。我国一般水头70m以上的是高水头枢纽，水头30～70m的是中水头枢纽，水头为30m以下的是低水头枢纽。

（二）水利枢纽工程基本建设程序及设计阶段划分

水利是国民经济的基础设施和基础产业。水利工程建设要严格按建设程序进行。根据《水利工程建设项目管理规定》和有关规定，水利工程建设程序一般分为项目建议书、可行性研究报告、初步设计、施工准备（包括招标设计）、建设实施、生产准备、竣工验收、后评价等阶段。建设前期根据国家总体规划以及流域综合规划，开展前期工作，包括提出项目建议书、可行性研究报告和初步设计（或扩大初步设计）。水利工程建设项目的实施，必须通过基本建设程序立项。水利工程建设项目的立项过程包括项目建议书和可行性研究报告阶段。根据目前管理现状，项目建议书、可行性研究报告、初步设计由水行政主管部门或项目法人组织编制。

项目建议书应根据国民经济和社会发展长远规划、流域综合规划、区域综合规划、专业规划，按照国家产业政策和国家有关投资建设方针进行编制，是对拟进行工程项目的初步说明。项目建议书编制一般由政府委托有相应资质的设计单位承担，并按国家现行规定权限向主管部门申报审批。

可行性研究应对项目进行方案比较，对项目在技术上是否可行和经济上是否合理进行科学的分析和论证。经过批准的可行性研究报告，是项目决策和进行初步设计的依据。可行性研究报告，由项目法人（或筹备机构）组织编制。可行性研究报告经批准后，不得随意修改和变更，在主要内容上有重要变动，应经原批准机关复审同意。项目可行性报告批准后，应正式成立项目法人，并按项目法人责任制实行项目管理。

初步设计是根据批准的可行性研究报告和必要而准确的设计资料，对设计对象进行全面研究，阐明拟建工程在技术上的可行性和经济上的合理性，规定项目的各项基本技术参数，编制项目的总概算。初步设计任务应择优选择有相应资质的设计单位承担，依照有关初步设计编制规定进行编制。

建设项目初步设计文件已批准，项目投资来源基本落实，可以进行主体工程招标设计和组织招标工作以及现场施工准备。项目的主体工程开工之前，必须完成各项施工准备工作，其主要内容包括：①施工现场的征地、拆迁；②完成施工用水、电、通信、路和场地平整等工程；③必需的生产、生活临时建筑工程；④组织招标设计、工程咨询、设备和物资采购等服务；⑤组织建设监理和主体工程招标投标，并择优选定建设监理单位和施工承包商。

建设实施阶段是指主体工程的建设实施，项目法人按照批准的建设文件，组织工程建设，保证项目建设目标的实现。项目法人或建设单位向主管部门提出主体工程开工申请报告，按审批权限，经批准后，方能正式开工。随着社会主义市场经济机制的建立，工程建设项目实行项目法人责任制后，主体工程开工，必须具备以下条件：①前期工程各阶段文件已按规定批准，施工详图设计可以满足初期主体工程施工需要；②建设项目已列入国家年度计划，年度建设资金已落实；③主体工程招标已经决标，工程承包合同已经签订，并得到主管部门同意；④现场施工准备和征地移民等建设外部条件能够满足主体工程开工需要。

生产准备应根据不同类型的工程要求确定，一般应包括如下内容：①生产组织准备，建立生产经营的管理机构及相应管理制度；②招收和培训人员；③生产技术准备；④生产的物资准备；⑤正常的生活福利设施准备。

竣工验收是工程完成建设目标的标志，是全面考核基本建设成果、检验设计和工程质量的重要步骤。竣工验收合格的项目即从基本建设转入生产或使用。

工程项目竣工投产后，一般经过一至两年生产营运后，要进行一次系统的项目后评价，主要内容包括：①影响评价—项目投产后对各方面的影响进行评价；②经济效益评价—对项目投资、国民经济效益、财务效益、技术进步和规模效益、可行性研究深度等进行评价；③过程评价—对项目的立项、设计施工、建设管理、竣工投产、生产营运等全过程进行评价。项目后评价一般按三个层次组织实施，即项目法人的自我评价、项目行业的评价、计划部门（或主要投资方）的评价。

设计工作应遵循分阶段、循序渐进、逐步深入的原则进行。以往大中型枢纽工程常按三个阶段进行设计，即可行性研究、初步设计和施工详图设计。对于工程规模大，技术上复杂而又缺乏设计经验的工程，经主管部门指定，可在初步设计和施工详图设计之间，增加技术设计阶段。为适应招标投标合同管理体制的需要，初步设计之后又有招标设计阶段。例如，三峡工程设计包括可行性研究、初步设计、单项工程技术设计、招标设计和施工详图设计五个阶段。

（三）水利工程的影响

水利工程是防洪、除涝、灌溉、发电、供水、围垦、水土保持、移民、水资源保护等工程及其配套和附属工程的统称，是人类改造自然、利用自然的工程。修建水利工程，是为了控制水流、防止洪涝灾害，并进行水量的调节和分配，从而满足人民生活和生产对水资源的需要。因此，大型水利工程往往显现出显著的社会效益和经济效益，带动地区经济发展，促进流域以至整个中国经济社会的全面可持续发展。

但是也必须注意到，水利工程的建设可能会破坏河流或河段及其周围地区在天然状态下的相对平衡。特别是具有高坝大库的河川水利枢纽的建成运行，对周围的自然和社会环境都将产生重大影响。

修建水利工程对生态环境的不利影响是：河流中筑坝建库后，上下游水文状态将发生变化。可能出现泥沙淤积、水库水质下降、淹没部分文物古迹和自然景观，还可能会改变库区及河流中下游水生生态系统的结构和功能，对一些鱼类和植物的生存和繁殖产生不利影响；水库的"沉沙池"作用，使过坝的水流成为"清水"，冲刷能力加大，由于水势和含沙量的变化，还可能改变下游河段的河水流向和冲积程度，造成河床被冲刷侵蚀，也可能影响到河势变化乃至河岸稳定；大面积的水库还会引起小气候的变化，库区蓄水后，水域面积扩大，水的蒸发量上升，因此会造成附近地区日夜温差缩小，改变库区的气候环境，例如可能增加雾天的出现频率；兴建水库可能会增加库区地质灾害发生的频率，例如，兴建水库可能会诱发地震，增加库区及附近地区地震发生的频率；山区的水库由于两岸山体下部未来长期处于浸泡之中，发生山体滑坡、塌方和泥石流的频率可能会有所增加；深水库底孔下放的水，水温会较原天然状态有所变化，可能不如原来情况更适合农作物生长，此外，库水化学成分改变、营养物质浓集导致水的异味或缺氧等，也会对生物带来不利影响。

修建水利工程对生态环境的有利影响是：防洪工程可有效地控制上游洪水，提高河段甚至流域的防洪能力，从而有效地减免洪涝灾害带来的生态环境破坏；水力发电工程利用清洁的水能发电，与燃煤发电相比，可以少排放大量的二氧化碳、二氧化硫等有害气体，减轻酸雨、温室效应等大气危害以及燃煤开采、洗选、运输、废渣处理所导致的严重环境污染；能调节工程中下游的枯水期流量，有利于改善枯水期水质；有些水利工程可为调水工程提供水源条件；高坝大库的建设较天然河流大大增加了的水库面积与容积可以养鱼，对渔业有利；水库调蓄的水量增加了农作物灌溉的机会。

此外，由于水位上升使库区被淹没，需要进行移民，并且由于兴建水库导致库区的风景名胜和文物古迹被淹没，需要进行搬迁、复原等。在国际河流上兴建水利工程，等于重新分配了水资源，间接地影响了水库所在国家与下游国家的关系，还可能会造成外交上的影响。

上述这些水利工程在经济、社会、生态方面的影响，有利有弊，因此兴建水利工程，必须充分考虑其影响，精心研究，针对不利影响应采取有效的对策及措施，促进水利工程所在地区经济、社会和环境的协调发展。

二、水库知识

（一）水库的概念

水库是指在山沟或河流的狭口处建造拦河坝形成的人工湖泊。水库建成后，可发挥防洪、蓄水、灌溉、供水、发电、养鱼等效益。有时天然湖泊也称为水库（天然水库）。

水库规模通常按总库容大小划分，水库总库容 $> 10 \times 10^8 m^3$ 的为大（1）型水库，水库总库容为（$1.0 \sim 10$）$\times 10^8 m^3$ 的是大（2）型水库，水库总库容为（$0.10 \sim 1.0$）$\times 10^8 m^3$ 的是中型水库，水库总库容为（$0.01 \sim 0.10$）$\times 10^8 m^3$ 的是小（1）型水库，水库总库容为（$0.001 \sim 0.01$）$\times 10^8 m^3$ 的是小（2）型水库。

（二）水库的作用

河流天然来水在一年间及各年间一般都会有所变化，这种变化与社会工农业生产及人们生活用水在时间和水量分配上往往存在矛盾。兴建水库是解决这类矛盾的主要措施之一。兴建水库也是综合利用水资源的有效措施。水库不仅可以使水量在时间上重新分配，满足灌溉、防洪、供水的要求，还可以利用大量的蓄水和抬高了的水头来满足发电、航运及渔业等其他用水部门的需要。水库在来水多时把水存蓄在水库中，然后根据灌溉、供水、发电、防洪等综合利用要求适时适量地进行分配。这种把来水按用水要求在时间和数量上重新分配的作用，称为水库的调节作用。水库的径流调节是指利用水库的蓄泄功能和计划地对河川径流在时间上和数量上进行控制和分配。

径流调节通常按水库调节周期分类，根据调节周期的长短，水库也可分为无调节、日调节、周调节、年调节和多年调节水库。无调节水库没有调节库容，按天然流量供水；日调节水库按用水部门一天内的需水过程进行调节；周调节水库按用水部门一周内的需水过程进行调节；年调节水库将一年中的多余水量存蓄起来，用以提高缺水期的供水量；多年调节水库将丰水年的多余水量存蓄起来，用以提高枯水年的供水量，调节周期超过一年。水库径流调节的工程措施是修建大坝（水库）和设置调节流量的闸门。

　　水库还可按水库所承担的任务，划分为单一任务水库及综合利用水库；按水库供水方式，可分为固定供水调节及变动供水调节水库；按水库的作用，可分为反调节、补偿调节、水库群调节及跨流域引水调节等。补偿调节是指两个或两个以上水库联合工作，利用各库水文特性、调节性能及地理位置等条件的差别，在供水量、发电出力、泄洪量上相互协调补偿。通常，将其中调节性能高的、规模大的、任务单纯的水库作为补偿调节水库，而以调节性能差、用水部门多的水库作为被补偿水库（电站），考虑不同水文特性和库容进行补偿。一般是上游水库作为补偿调节水库补充放水，以满足下游电站或给水、灌溉引水的用水需要。反调节水库又称再调节水库，是指同一河段相邻较近的两个水库，下一级反调节水库在发电、航运、流量等方面利用上一级水库下泄的水流。例如，葛洲坝水库是三峡水库的反调节水库；西霞院水库是小浪底水库的反调节水库，位于小浪底水利枢纽下游 16km，当小浪底水电站执行频繁的电调指令时，其下泄流量不稳定，会对大坝下游至花园口间河流生命指标以及两岸人民生活、生产用水和河道工程产生不利影响，通过西霞院水库的再调节作用，既保证发电调峰，又能效保护下游河道。

（三）水量平衡原理

　　水量平衡是水量收支平衡的简称。对于水库而言，水量平衡原理是指任意时刻，水库（群）区域收入（或输入）的水量和支出（或输出）的水量之差，等于该时段内该区域储水量的变化。如果不考虑水库蒸发等因素的影响，某一时段也内存蓄在水库中的水最（体积）ΔV 可用下式表达

$$\Delta V = ((Q_1+Q_2)/2) \cdot \Delta t - ((q_1+q_2)/2) \cdot \Delta t$$

式中　Q_1、Q_2——时段 Δt 始、末的天然来水流量，m3/s；

　　　　q_1、q_2——时段 Δt 始、末的泄水流量，m3/s。

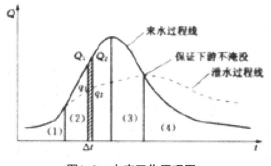

图1-9　水库工作原理图

　　如图 1-9 所示，（1）当来水流量等于泄水流量时，水库不蓄水，水库水位不升高，库容不增加；（2）、（3）当来水流量大于泄水流量时，水库蓄水，库水位升高，库容增加；（4）当来水流量小于泄水流量时，水库放水，库水位下降。

（四）水库的特征水位和特征库容

水库的库容大小决定着水库调节径流的能力和它所能提供的效益。因此，确定水库特征水位及其相应库容是水利水电工程规划、设计的主要任务之一。水库工程为完成不同任务，在不同时期和各种水文情况下，需控制达到或允许消落的各种库水位称为水库的特征水位。相应于水库的特征水位以下或两特征水位之间的水库容积称为水库的特征库容。水库的特征水位主要有正常蓄水位、死水位、防洪限制水位、防洪高水位、设计洪水位、校核洪水位等；主要特征库容有兴利库容、死库容、重叠库容、防洪库容、调洪库容、总库容等。水库的特征水位和相应库容的关系如图1-10所示。

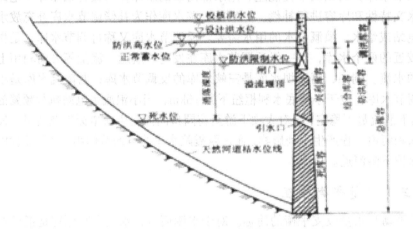

图1-10　水库的特征水位及相应库容示意图

1.水库的特征水位

正常蓄水位是指水库在正常运用情况下，为满足兴利要求在开始供水时应该蓄到的水位，又称正常水位、兴利水位，或设计蓄水位。它是决定水工建筑物的尺寸、投资、淹没、水电站出力等指标的重要依据。选择正常蓄水位时，应根据电力系统和其他部门的要求及水库淹没、坝址地形、地质、水工建筑物布置、施工条件、梯级影响、生态与环境保护等因素，拟定不同方案，通过技术经济论证及综合分析比较确定。

防洪限制水位是指水库在汛期允许兴利蓄水的上限水位，又称汛前限制水位。防洪限制水位也是水库在汛期防洪运用时的起调水位。选择防洪限制水位，要兼顾防洪和兴利的需要，应根据洪水及泥沙特性，研究对防洪、发电及其他部门和对水库淹没、泥沙冲淤及淤积部位、水库寿命、枢纽布置以及水轮机运行条件等方面的影响，通过对不同方案的技术经济比较，综合分析确定。

设计洪水位是指水库遇到大坝的设计洪水时，在坝前达到的最高水位。它是水库在正常运用情况下允许达到的最高洪水位，可采用相应于大坝设计标准的各种典型洪水，按拟定的调度方式，自防洪限制水位开始进行调洪计算求得。

校核洪水位是指水库遇到大坝的校核洪水时，在坝前达到的最高水位。它是水库在非常运用情况下，允许临时达到的最高洪水位，可采用相应于大坝校核标准的各种典型洪水，按拟定的调洪方式，自防洪限制水位开始进行调洪计算求得。

防洪高水位是指水库遇下游保护对象的设计洪水时在坝前达到的最高水位。当水库承担下游防洪任务时，需确定这一水位。防洪高水位可采用相应于下游防洪标准的各种典型洪水，按拟定的防洪调度方式，自防洪限制水位开始进行水库调洪计算求得。

死水位是指水库在正常运用情况下，允许下落到的最低水位。选择死水位，应比较不同方案的电力、电量效益和费用，并应考虑灌溉、航运等部门对水位、流量的要求和泥沙冲淤、水轮机运行工况以及闸门制造技术对进水口高程的制约等条件，经综合分析比较确定。正常蓄水位到死水位间的水库深度称为消落深度或工作深度。

2.水库的特征库容

最高水位以下的水库静库容，称为总库容，一般指校核洪水位以下的水库容积，它是表示水库工程规模的代表性指标，可作为划分水库等级、确定工程安全标准的重要依据。

防洪高水位至防洪限制水位之间的水库容积，称为防洪库容。它用以控制洪水，满足水库下游防护对象的防洪要求。

校核洪水位至防洪限制水位之间的水库容积，称为调洪库容。

正常蓄水位至死水位之间的水库容积，称为兴利库容或有效库容。

当防洪限制水位低于正常蓄水位时，正常蓄水位至防洪限制水位之间汛期用于蓄洪、非汛期用于兴利的水库容积，称为共用库容或重复利用库容。

死水位以下的水库容积，称为死库容。除特殊情况外，死库容不参与径流调节。

第三节　水电站及泵站

一、水电站知识

水电站是将水能转换为电能的综合工程设施，又称水电厂。它包括为利用水能生产电能而兴建的一系列水电站建筑物及装设的各种水电站设备。利用这些建筑物集中天然水流的落差形成水头，汇集、调节天然水流的流量，并将它输向水轮机，经水轮机与发电机的联合运转，将集中的水能转换为电能，再经变压器、开关站和输电线路等将电能输入电网。

在通常情况下，水电站的水头是通过适当的工程措施，将分散在一定河段上的自然落差集中起来而构成的。就集中落差形成水头的措施而言，水能资源的开发方式可分为坝式、引水式和混合式三种基本方式。根据三种不同的开发方式，水电站也可分为坝式、引水式和混合式三种基本类型。

（一）坝式水电站

在河流峡谷处拦河筑坝、坝前壅水，形成水库，在坝址处形成集中落差，这种开发方式称为坝式开发。用坝集中落差的水电站称为坝式水电站。其特点为：坝式水电站的水头取决于坝高。坝越高，水电站的水头越大，但坝高往往受地形、地质、水库淹没、工程投资、技术水平等条件的限制，因此与其他开发方式相比，坝式水电站的水头相对较小。目前坝式水电站的最大水头不超过300m。

拦河筑坝形成水库，可用来调节流量。坝式水电站的引用流量较大，电站的规模也大，水能利用比较充分。目前世界上装机容量超过2000MW的巨型水电站大都是坝式水电站。此外坝式水电站水库的综合利用效益高，可同时满足防洪、发电、供水等兴利要求。

要求工程规模大，水库造成的淹没范围大，迁移人口多，因此坝式水电站的投资大，工期长。

坝式开发适用于河道坡降较缓，流量较大，有筑坝建库条件的河段。

坝式水电站按大坝和发电厂的相对位置的不同又可分为河床式、坝后式、闸墩式、坝内式、溢流式等。在实际工程中，较常用的坝式水电站是河床式和坝后式水电站。

1.河床式水电站

河床式水电站一般修建在河流中下游河道纵坡平缓的河段上，为避免大量淹没，坝建得较低，故水头较小。大中型河床式水电站水头一般为25m以下，不超过30～40m；中小型水电站水头一般为10m以下。河床式电站的引用流量一般都较大，属于低水头大流量型水电站，其特点是：厂房与坝（或闸）一起建在河床上，厂房本身承受上游水压力，并成为挡水建筑物的一部分，一般不设专门的引水管道，水流直接从厂房上游进水口进入水轮机。我国湖北葛洲坝、浙江富春江、广西大化等水电站，均为河床式水电站。

2.坝后式水电站

坝后式水电站一般修建在河流中上游的山区峡谷地段，受水库淹没限制相对较小，所以坝可建得较高，水头也较大，在坝的上游形成了可调节天然径流的水库，有利于发挥防洪、灌溉、航运及水产等综合效益，并给水电站运行创造了十分有利的条件。由于水头较高，厂房不能承受上游过大水压力而建在坝后（坝下游）。其特点是：水电站厂房布置在坝后，厂坝之间常用缝分开，上游水压力全部由坝承受。三峡水电站、福建水口水电站等，均属坝后式水电站。

坝后式水电站厂房的布置形式很多，当厂房布置在坝体内时，称为坝内式水电站；当厂房布置在溢流坝段之后时，通常称为溢流式水电站。当水电站的拦河坝为土坝或堆石坝等当地材料坝时，水电站厂房可采用河岸式布置。

（二）引水式开发和引水式水电站

在河流坡降较陡的河段上游，通过人工建造的引入道（渠道、隧洞、管道等）引水到河段下游，集中落差，这种开发方式称为引水式开发。用引水道集中水头的水电站，称为引水式水电站。

引水式开发的特点是：由于引水道的坡降（一般取1/1000～1/3000）小于原河道的坡降，因而随着引水道的增长，逐渐集中水头；与坝式水电站相比，引水式水电站由于不存在淹没和筑坝技术上的限制，水头相对较高，目前最大水头已达2000m以上；

引水式水电站的引用流量较小，没有水库调节径流，水量利用率较低，综合利用价值较差，电站规模相对较小，工程量较小，单位造价较低。

引水式开发适用于河道坡降较陡且流量较小的山区河段。根据引水建筑物中的水流状态不同，可分为无压引水式水电站和有压引水式水电站。

1. 无压引水式水电站

无压引水式水电站的主要特点是具有较长的无压引水水道，水电站引水建筑物中的水流是无压流。无压引水式水电站的主要建筑物有低坝、无压进水口、沉沙池、引水渠道（或无压隧洞）、日调节池、压力前池、溢水道、压力管道、厂房和尾水渠等。

2. 有压引水式水电站

有压引水式水电站的主要特点是有较长的有压引水道，如有压隧洞或压力管道，引水建筑物中的水流是有压流。有压引水式水电站的主要建筑物有拦河坝、有压进水口、有压引水隧洞、调压室、压力管道、厂房和尾水渠等。

（三）混合式开发和混合式水电站

在一个河段上，同时采用筑坝和有压引水道共同集中落差的开发方式称为混合式开发。坝集中一部分落差后，再通过有压引水道集中坝后河段上另一部分落差，形成了电站的总水头。用坝和引水道集中水头的水电站称为混合式水电站。

混合式水电站适用于上游有良好坝址，适宜建库，而紧邻水库的下游河道突然变陡或河流有较大转弯的情况。这种水电站同时兼有坝式水电站和引水式水电站的优点。

混合式水电站和引水式水电站之间没有明确的分界线。严格说来，混合式水电站的水头是由坝和引水建筑物共同形成的，且坝一般构成水库。而引水式水电站的水头，只由引水建筑物形成，坝只起抬高上游水位的作用。但在工程实际中常将具有一定长度引水建筑物的混合式水电站统称为引水式水电站，而较少采用混合式水电站这个名称。

（四）抽水蓄能电站

随着国民经济的迅速发展以及人民生活水平的不断提高，电力负荷和电网日益扩大，电力系统负荷的峰谷差越来越大。

在电力系统中，核电站和火电站不能适应电力系统负荷的急剧变化，且受到技术最小出力的限制，调峰能力有限，而且火电机组调峰煤耗多，运行维护费用高。而水电站启动与停机迅速，运行灵活，适宜担任调峰、调频和事故备用负荷。

抽水蓄能电站不是为了开发水能资源向系统提供电能，而是以水体为储能介质，起调节作用。抽水蓄能电站包括抽水蓄能和放水发电两个过程，它有上下两个水库，用引水建筑物相连，蓄能电站厂房建在下水库处。在系统负荷低谷时，利用系统多余的电能带动泵站机组（电动机＋水泵）将下库的水抽到上库，以水的势能形式储存起来；当系统负荷高峰时，将上库的水放下来推动水轮发电机组（水轮机＋发电机）发电，以补充系统中电能的不足。

随着电力行业的改革，实行负荷高峰高电价、负荷低谷低电价后，抽水蓄能电站的经济效益将是显著的。抽水蓄能电站除了产生调峰填谷的静态效益外，还由于其特有的灵活性而产生动态效益，包括同步备用、调频、负荷调整、满足系统负荷急剧爬坡的需要、同步调相运行等。

（五）潮汐水电站

海洋水面在太阳和月球引力的作用下，发生一种周期性涨落的现象，称为潮汐。从涨潮到涨潮（或落潮到落潮）之间间隔的时间，即潮汐运动的周期（亦称潮期），约为12h又25min。在一个潮汐周期内，相邻高潮位与低潮位间的差值，称为潮差，其大小受引潮力、地形和其他条件的影响因时因地而异，一般为数米。有了这样的潮差，就可以在沿海的港湾或河口建坝，构成水库，利用潮差所形成的水头来发电，这就是潮汐能的开发。据计算，世界海洋潮汐能蕴藏量约为 $27 \times 106MW$，若全部转换成电能，每年发电量大约为1.2万亿 $kW \cdot h$。

利用潮汐能发电的水电站称为潮汐水电站。潮汐电站多修建于海湾。其工作原理是修建海堤，将海湾与海洋隔开，并设泄水闸和电站厂房，然后利用潮汐涨落时海水位的升降，使海水流经水轮机，通过水轮机的转动带动发电机组发电。涨潮时外海水位高于内库水位，形成水头，这时引海水入湾发电；退潮时外海水位下降，低于内库水位，可放库中的水入海发电。海潮昼夜涨落两次，因此海湾每昼夜充水和放水也是两次。潮汐水电站可利用的水头为潮差的一部分，水头较小，但引用的海水流量可以很大，是一种低水头大流量的水电站。

潮汐能与一般水能资源不同，是取之不尽，用之不竭的。潮差较稳定，且不存在枯水年与丰水年的差别，因此潮汐能的年发电量稳定，但由于发电的开发成本较高和技术上的原因，所以发展较慢。

（六）无调节水电站和有调节水电站

水电站除按开发方式进行分类外，还可以按其是否有调节天然径流的能力而分为无调节水电站和有调节水电站两种类型。

无调节水电站没有水库，或虽有水库却不能用来调节天然径流。当天然流量：小于电站能够引用的最大流量时，电站的引用流量就等于或小于该时刻的天然流量；当天然流量超过电站能够引用的最大流量时，电站最多也只能利用它所能引用的最大流量，超出的那部分天然流量只好弃水。

凡是具有水库，能在一定限度内按照负荷的需要对天然径流进行调节的水电站，统称为有调节水电站。根据调节周期的长短，有调节水电站又可分为日调节水电站、年调节水电站及多年调节水电站等，视水库的调节库容与河流多年平均年径流量的比值（称为库容系数）而定。无调节和日调节水电站又称径流式水电站。具有比日调节能力大的水库的水电站又称蓄水式水电站。

在前述的水电站中，坝后式水电站和混合式水电站一般都是有调节的；河床式水电站和引水式水电站则常是无调节的，或者只具有较小的调节能力，例如日调节。

二、泵站知识

（一）泵站的主要建筑物

1.进水建筑物

包括引水渠道、前池、进水池等。其主要作用是衔接水源地与泵房，其体型应有利于改善水泵进水流态，减少水力损失，为主泵创造良好的引水条件。

2.出水建筑物

有出水池和压力水箱两种主要形式。出水池是连接压力管道和灌排干渠的衔接建筑物，起消能稳流作用。压力水箱是连接压力管道和压力涵管的衔接建筑物，起消能稳流作用。压力水箱是连接压力管道和压力涵管的衔接建筑物，起汇流排水的作用，这种结构形式适用于排水泵站。

3.泵房

安装水泵、动力机和辅助设备的建筑物，是泵站的主体工程，其主要作用是为主机组和运行人员提供良好的工作条件。泵房结构形式的确定，主要根据主机组结构性能、水源水位变幅、地基条件及枢纽布置，通过技术经济比较，择优选定。泵房结构形式较多，常用的有固定式和移动式两种，下面分别介绍。

（二）泵房的结构型式

1.固定式泵房

固定式泵房按基础型式的特点又可分为分基型、干室型、湿室型和块基型四种。

（1）分基型泵房

泵房基础与水泵机组基础分开建筑的泵房。这种泵房的地面高于进水池的最高水位，通风、采光和防潮条件都比较好，施工容易，是中小型泵站最常采用的结构型式。

分基型泵房适用于安装卧式机组，且水源的水位变化幅度小于水泵的有效吸程，以保证机组不被淹没的情况。要求水源岸边比较稳定，地质和水文条件都比较好。

（2）干室型泵房

泵房及其底部均用钢筋混凝土浇筑成封闭的整体，在泵房下部形成一个无水的地下室。这种结构型式比分基型复杂，造价高，但可以防止高水位时，水通过泵房四周和底部渗入。

干室型泵房不论是卧式机组还是立式机组都可以采用，其平面形状有矩形和圆形两种，其立面上的布置可以是一层的或者多层的，视需要而定。这种型式的泵房适用于以下场合：水源的水位变幅大于泵的有效吸程；采用分基型泵房在技术和经济上不合理；地基承载能力较低和地下水位较高。设计中要校核其整体稳定性和地基应力。

（3）湿室型泵房

其下部有一个与前池相通并充满水的地下室的泵房。一般分两层，下层是湿室，上层安装水泵的动力机和配电设备，水泵的吸水管或者泵体淹没在湿室的水面以下。湿室可以起着进水池的作用，湿室中的水体重量可平衡一部分地下水的浮托力，湿室中的水体重量可平衡一部分地下水的浮托力，增强了泵房的稳定性。口径1m以下的立式或者卧式轴流泵及立式离心泵都可以采用湿室型泵房。这种泵房一般都建在软弱地基上，因此对其整体稳定性应予以足够的重视。

（4）块基型泵房

用钢筋混凝土把水泵的进水流道与泵房的底板浇成一块整体，并作为泵房的基础的泵房。安装立式机组的这种泵房立面上按照从高到低的顺序可分为电机层、连轴层、水泵层和进水流道层。水泵层以上的空间相当于干室型泵房的干室，可安装主机组、电气设备、辅助设备和管道等；水泵层以下进水流道和排水廊道，相当于湿室型泵房的进水池。进水流道设计成钟形或者弯肘形，以改善水泵的进水条件。从结构上看，块基型泵房是干室型和湿室型系房的发展。由于这种泵房结构的整体性好，自身的重量大、抗浮和抗滑稳定性较好，它适用于以下情况：口径大于 1.2m 的大型水泵；需要泵房直接抵挡外河水压力；适用于各种地基条件。根据水力设计和设备布置确定这种泵房的尺寸之后，还要校核其抗渗、抗滑以及地基承载能力，确保在各种外力作用下，泵房不产生滑动倾倒和过大的不均匀沉降。

2.移动式泵房

在水源的水位变化幅度较大，建固定式泵站投资大、工期长、施工困难的地方，应优先考虑建移动式泵站。移动式泵房具有较大的灵活性和适应性，没有复杂的水下建筑结构，但其运行管理比固定式泵站复杂。这种泵房可以分为泵船和泵车两种。

承载水泵机组及其控制设备的泵船可以用木材、钢材或钢丝网水泥制造。木制泵船的优点是一次性投资少、施工快，基本不受地域限制；缺点是强度低、易腐烂、防火效果差、使用期短、养护费高，且消耗木材多。钢船强度高，使用年限长，维护保养好的钢船使用寿命可达几十年，它没有木船的缺点；但建造费用较高，使用钢材较多。钢丝网水泥船具有强度高，耐久性好，节省钢材和木材，造船施工技术并不复杂，维修费用少，重心低，稳定性好，使用年限长等优点。

根据设备在船上的布置方式，泵船可以分为两种型式：将水泵机组安装在船甲板上面的上承式和将水泵机组安装在船舱底骨架上的下承式。泵船的尺寸和船身形状根据最大排水量条件确定，设计方法和原则应按内河航运船舶的设计规定进行。

选择泵船的取水位置应注意以下几点：河面较宽，水足够深，水流较平稳；洪水期不会漫坡，枯水期不出现浅滩；河岸稳定，岸边有合适的坡度；在通航和放筏的河道中，泵船与主河道有足够的距离防止撞船；应避开大回流区，以免漂浮物聚集在进水口，影响取水；泵船附近有平坦的河岸，作为泵船检修的场地。

泵车是将水泵机组安装在河岸边轨道上的车子内，根据水位涨落，靠绞车沿轨道升降小车改变水泵的工作高程的提水装置。其优点是不受河道内水流的冲击和风浪运动的影响，稳定性较泵船好，缺点是受绞车工作容量的限制，泵车不能做得太大，因而其抽水量较小。其使用条件如下：水源的水位变化幅度为 10～35m，涨落速度不大于 2m/h；河岸比较稳定，岸坡地质条件较好，且有适宜的倾角，一般以 10°～30° 为宜；河流漂浮物少，没有浮冰，不易受漂木、浮筏、船只的撞击；河段顺直，靠近主流；单车流量在 1m3/s 以下。

（三）泵房的基础

基础是泵房的地下部分，其功能是将泵房的自重、房顶屋盖面积、积雪重量、泵房内设备重量及其荷载和人的重量等传给地基。基础和地基必须具备足够的强度和稳定性，以防止泵房或设备因沉降过大或不均匀沉降而引起厂房开裂和倾斜，设备不能正常运转。

基础的强度和稳定性既取决于其形状和选用的材料，又依赖于地基的性质，而地基的性质和承载能力必须通过工程地质勘测加以确定。设计泵房时，应综合考虑荷载的大小、结构型式、地基和基础的特性，选择经济可靠的方案。

1. 基础的埋置深度

基础的底面应该设置在承载能力较大的老土层上，填土层太厚时，可通过打桩、换土等措施加强地基承载能力。基础的底面应该在冰冻线以下，以防止水的结冰和融化。在地下水位较高的地区，基础的底而要设在最低地下水位以下，以避免因地下水位的上升和下降而增加泵房的沉降量和引起不均匀沉陷。

2. 基础的型式和结构

基础的型式和大小取决于其上部的荷载和地基的性质，需通过计算确定。泵房常用的基础有以下几种：

（1）砖基础

用于荷载不大、基础宽度较小、土质较好及地下水位较低的地基上，分基型泵房多采用这种基础。由墙和大方脚组成，一般砌成台阶形，由于埋在土中比较潮湿，需采用不低于 75 号的黏土砖和不低于 50 号的水泥沙浆砌筑。

（2）灰土基础

当基础宽度和埋深较大时，采用这种型式，以节省大方脚用砖。这种基础不宜做在地下水和潮湿的土中。由砖基础、大方脚和灰土垫层组成。

（3）混凝土基础

适合于地下水位较高，泵房荷载较大的情况。可以根据需要做成任何形式，其总高度小于 0.35m 时，截面长做成矩形；总高度在 0.35 ~ 1.0m 之间，用踏步形；基础宽度大于 2.0m，高度大于 1.0m 时，如果施工方便常做成梯形。

（4）钢筋混凝土基础

适用于泵房荷载较大，而地基承载力又较差和采用以上基础不经济的情况。由于这种基础底面有钢筋，抗拉强度较高，故其高宽比较前述基础小。

第二章　水利水电工程规划建设

第一节　水资源与水利工程

一、水资源

根据世界气象组织和联合国教科文组织的（ⅠNTERNATⅠONAL GLOSSARY OF HYDROLOGY）（国际水文学名词术语，第三版，2012年）中有关水资源的定义，水资源是指可资利用或有可能被利用的水源，这个水源应具有足够的数量和合适的质量，并满足某一地方在一段时间内具体利用的需求。

根据全国科学技术名词审定委员会公布的水利科技名词中有关水资源的定义，水资源是指地球上具有一定数量和可用质量能从自然界获得补充并可资利用的水。

（一）水资源分布现状

1. 世界水资源

地球表面的72%被水覆盖，但淡水资源仅占所有水资源的0.5%，近70%的淡水固定在南极和格陵兰的冰层中，其余多为土壤水分或深层地下水，不能被人类利用。地球上只有不到1%的淡水或约0.007%的水可被人类直接利用，而中国人均淡水资源只占世界人均淡水资源的四分之一。

地球的储水量是很丰富的，共有14.5亿立方千米之多。地球上的水，尽管数量巨大，而能直接被人们生产和生活利用的却少得可怜。第一，海水又咸又苦，不能饮用，不能浇地，也难以用于工业。第二，地球的淡水资源仅占其总水量的2.5%，而在这极少的淡水资源中，又有70%以上被冻结在南极和北极的冰盖中，加上高山冰川和永冻积雪，有87%的淡水资源难以利用。人类真正能够利用的淡水资源是江河湖泊和地下水中的一部分，约占地球总水量的0.26%。全球淡水资源不仅短缺而且地区分布极不平衡。按地区分布，巴西、俄罗斯、加拿大、中国、美国、印度尼西亚、印度、哥伦比亚和刚果9个国家的淡水资源占世界淡水资源的60%。

2. 中国水资源

中国水资源总量为2.8万亿m3，居世界第6位。我国2014年用水总量为6094.9亿立方米，仅次于印度，位居世界第2位。由于人口众多，人均水资源占有量仅为2100m3左右，为世界人均水平的28%。而且，中国属于季风气候，水资源时空分布不均匀，南北自然环境差异大，其中北方 9 个省区，人均水资源不到 500 立方米，实属水少地区，特别是城市人口剧增，生态环境恶化，工农业用水技术落后，浪费严重，水源污染，更使原本贫乏的水"雪上加霜"，成为国家经济建设发展的瓶颈。全国 600 多个城市中，已有 400 多个存在供水不足问题，其中缺水比较严重的城市达 110 个，全国城市缺水总量为 60 亿立方米。

据监测，当前全国多数城市地下水受到一定程度的点状和面状污染，而且有逐年加重的趋势。日趋严重的水污染不仅降低了水体的使用功能，也进一步加剧了水资源短缺的矛盾，对我国正在实施的可持续发展战略带来了严重影响，严重威胁到城市居民的饮水安全和人民群众的健康。

据水利部预测，2030 年中国人口将达到 16 亿，届时人均水资源量仅有 1750 立方米。在充分考虑节水的情况下，预计用水总量为 7000 亿至 8000 亿立方米，要求供水能力比当前增长 1300 亿至 2300 亿立方米，全国实际可利用水资源量接近合理利用水量上限，而且水资源开发难度极大。

中国水资源总量少于巴西、俄罗斯、加拿大、美国和印度尼西亚，居世界第 6 位。若按人均水资源占有量这一指标来衡量，则仅占世界平均水平的 1/4，排名在第 110 名之后。缺水状况在中国普遍存在，而且有不断加剧的趋势。

中国水资源总量虽然较多，但人均量并不丰富。水资源地区分布不均，水土资源组合不平衡；年内分配集中，年际变化大；连丰连枯年份比较突出；河流的泥沙淤积严重。这些特点造成了中国容易发生水旱灾害，水的供需产生矛盾的问题，这也决定了中国开发利用水资源、整治江河的任务十分艰巨。

（二）水资源开发和利用

水资源开发利用是改造自然、利用自然的一个方面，其目的是发展社会经济。最初开发利用目标比较单一，以需定供。随着工农业不断发展，逐渐变为多目的、综合、以供定用、有计划有控制地开发利用。当前各国都强调在开发利用水资源时，必须考虑经济效益、社会效益和环境效益三方面。

水资源开发利用的内容很广，诸如农业灌溉、工业用水、生活用水、水能、航运、港口运输、淡水养殖、城市建设、旅游等。防洪、防涝等。但是在对水资源的开发利用中，仍然有一些亟将解决的问题。例如，大流域调水是否会导致严重的生态失调，森林对水资源的作用到底有多大？大量利用南极冰会不会导致世界未来气候发生重大变化？此外，全球气候变化和冰川进退对未来水资源有什么影响，这些都是今后有待探索的一系列问题。它们对未来人类合理开发利用水资源具有深远的意义。

二、水利工程

水利工程是用于控制和调配自然界的地表水和地下水，从而达到除害兴利目的而修建的工程，也称为水工程。水是人类生产和生活必不可少的宝贵资源，但其自然存在的状态并不完全符合人类的需要。只有修建水利工程，才能控制水流，防止洪涝灾害，并进行水量的调节和分配，以满足人民生活和生产对水资源的需要。水利工程需要修建坝、堤、溢洪道、水闸、进水口、渠道、渡槽、筏道、鱼道等不同类型的水工建筑物，以实现其目标。

（一）分类

水利工程按目的或服务对象可分为：防止洪水灾害的防洪工程；防止旱、涝、渍灾为农业生产服务的农田水利工程，或称灌溉和排水工程；将水能转化为电能的水力发电工程；改善和创建航运条件的航道和港口工程；为工业和生活用水服务，并处理和排除污水、雨水的城镇供水和排水工程；防止水土流失和水质污染，维护生态平衡的水土保持工程和环境水利工程；保护和增进渔业生产的渔业水利工程；围海造田，满足工农业生产或交通运输需要的海涂围垦工程等。一项水利工程同时为防洪、灌溉、发电、航运等多种目标服务的，称为综合利用水利工程。

蓄水工程指水库和塘坝（不包括专为引水、提水工程修建的调节水库），按大、中、小型水库和塘坝分别统计。

引水工程指从河道、湖泊等地表水体自流引水的工程（不包括从蓄水、提水工程中引水的工程），按大、中、小型规模分别统计。

提水工程指利用扬水泵站从河道、湖泊等地表水体提水的工程（不包括从蓄水、引水工程中提水的工程），按大、中、小型规模分别统计。

调水工程指水资源一级区或独立流域之间的跨流域调水工程，蓄、引、提工程中均不包括调水工程的配套工程。

地下水源工程指利用地下水的水井工程，按浅层地下水和深层承压水分别统计。

（二）组成

无论是治理水害还是开发水利，都需要通过一定数量的水工建筑物来实现。按照功用，水工建筑物大体分为三类：挡水建筑物、泄水建筑物以及专门水工建筑物。由若干座水工建筑物组成的集合体称水利枢纽。

1.挡水建筑物

挡水建筑物是阻挡或拦束水流或调节上游水位的建筑物，一般横跨河道的称为坝，沿水流方向在河道两侧修筑的称为堤。坝是形成水库的关键性工程。近代修建的坝，大多数采用当地土石料填筑的土石坝或用混凝土灌筑的重力坝，它依靠坝体自身的重量维持坝的稳定。当河谷狭窄时，可采用平面上呈弧线的拱坝。在缺乏足够筑坝材料时，可采用钢筋混凝土的轻型坝（俗称支墩坝），但它抵抗地震作用的能力和耐久性都较差。砌石坝是一种古老的坝，不易机械化施工，主要用于中小型工程。大坝设计中要解决的主要问题是坝体抵抗滑动或倾覆的稳定性、防止坝体自身的破裂和渗漏。土石坝或沙、土地基，在防止渗流引起的土颗粒移动破坏（即所谓"管涌"和"流土"）中占有更重要的地位。在地震区建坝时，还要注意坝体或地基中浸水饱和的无黏性沙料在地震时发生强度突然消失而引起滑动的可能性，即所谓"液化现象"。

2.泄水建筑物

泄水建筑物是能从水库安全可靠地放泄多余或需要水量的建筑物。历史上曾有不少土石坝，因洪水超过水库容量而漫顶造成溃坝。为保证土石坝的安全，必须在水利枢纽中设河岸溢洪道，一旦水库水位超过规定水位，多余水量将经由溢洪道泄出。混凝土坝有较强的抗冲刷能力，可利用坝体过水泄洪，称溢流坝。修建泄水建筑物，关键是要解决好消能、防蚀和抗磨问题。泄出的水流一般具有较大的动能和冲刷力，为保证下游安全，常利用水流内部的撞击和摩擦消除能量，如水跃或挑流消能等。当流速大于每秒 10 ~ 15 米时，泄水建筑物中行水部分的某些不规则地段可能出现所谓的空蚀破坏，即由高速水流在临近边壁处出现的真空穴所造成的破坏。防止空蚀的主要方法是尽量采用流线型体形，提高压力或降低流速，采用高强材料以及向局部地区通气等。多泥沙河流或当水中夹带有石渣时，还必须解决抵抗磨损的问题。

3. 专门水工建筑物

除上述两类常见的一般性建筑物外，为某一专门目的或为完成某一特定任务所设的。渠道是输水建筑物，多数用于灌溉和引水工程。当遇高山挡路，可盘山绕行或开凿输水隧洞穿过；如与河、沟相交，则需设渡槽或倒虹吸，此外还有同桥梁、涵洞等交叉的建筑物。水力发电站枢纽按其厂房位置和引水方式有河床式、坝后式、引水道式和地下式等。水电站建筑物主要有集中水位落差的引水系统，防止突然停车时产生过大水击压力的调压系统，水电站厂房以及尾水系统等。通过水电站建筑物的流速一般较小，但这些建筑物往往承受着较大的水压力，因此，许多部位要用钢结构。水库建成后大坝会阻拦船只、木筏、竹筏以及鱼类回游等的原有通路，对航运和养殖的影响较大。因此，应专门修建过船、过筏、过鱼的船闸、筏道和鱼道。这些建筑物具有较强的地方性，修建前要做专门研究。

（三）特点

1. 很强的系统性和综合性

单项水利工程是同一流域、同一地区内各项水利工程的有机组成部分，这些工程既相辅相成，又相互制约；单项水利工程自身往往是综合性的，各服务目标之间既紧密联系，又相互矛盾。水利工程和国民经济的其他部门也是紧密相关的。规划设计水利工程必须从全局出发，系统地、综合地进行分析研究，才能得到最经济合理的优化方案。

2. 对环境有很大影响

水利工程不仅通过其建设任务对所在地区的经济和社会产生影响，而且对江河、湖泊以及附近地区的自然面貌、生态环境、自然景观，甚至是区域气候，都将产生不同程度的影响。这种影响有利有弊，规划设计时必须对这种影响进行充分估计，努力发挥水利工程的积极作用，消除其消极影响。

3. 工作条件复杂

水利工程中各种水工建筑物都是在难以确切把握的气象、水文、地质等自然条件下进行施工和运行的，它们又多承受水的推力、浮力、渗透力、冲刷力等的作用，工作条件较其他建筑物更为复杂。

4.效益具有随机性

水利工程的效益具有随机性，根据每年水文状况不同而效益不同，农田水利工程还与气象条件的变化有密切联系。

5.要按照基本建设程序和有关标准进行

水利工程一般规模大，技术复杂，工期较长，投资多，兴建时必须按照基本建设程序和有关标准进行。

三、水利水电工程

（一）水利水电工程简介

水利水电工程按工程作用分为水利工程和水电工程，通常由挡水建筑物、泄水建筑物、水电站建筑物、取水建筑物和通航建筑物构成，较为常见的水利枢纽是以发电为主，同时具有灌溉、供水、通航的功能，实际可以按照具体工程的特性，选取以上几种或全部水工建筑物构成水利枢纽。

水力发电是通过人工的方式升高水位或将水从高处引到低处，从而借助水流的动力带动发电机发电，再通过电网进入到千家万户。水力发电具有可再生、污染小、费用低等特点，同时还可以起到改善河流通航、控制洪水、提供灌溉等作用，促进当地经济的快速发展。

（二）水利水电工程施工特点

水利水电工程项目自身施工的特点决定了其建设方法有别于一般的工程项目施工，具体的施工特点包括以下几个方面：

水利水电工程项目大部分都是在远离城市的偏远山区，交通十分不便利，且离工厂较远，造成施工材料、机械设备的采购难度较大，成本增加。所以，对于施工中的基础原材料，如沙石料、水泥等通常采用在工程项目施工的当地建厂生产的方法。

在水利水电工程建设过程中，涉及危险作业很多，例如爆破开挖、高处作业、洞室开挖、水下作业等，存在的安全隐患很大。

水利水电工程的建设选址一般在水利资源比较丰富的地方，通常是山谷河流之中，这样施工就会容易受到地质、地形、气象、水文等自然因素的影响。在工程建设的过程中主要需要控制的因素包括：施工导流、围堰填筑和主体结构施工。

通常水利水电工程项目的工程量大、环境因素强、技术种类多、劳动强度大，因此，在施工参与人员、设备、选材等方面都要求较高的专项性，施工方案也应该在施工的过程中不断的修改与完善。

第二节　水利水电工程建设成就与发展

一、中国水利水电市场的现状与市场前景

（一）水电市场的现状

中国在努力实现"大国崛起"的梦想，经济的快速发展成为全民生产的活动主流；与此同时，随着能源的极大需求和消耗，中国将在相当长的时期内处于资源高度消耗的阶段，14亿人口的国家进入工业化发展阶段，良性发展、可持续发展将对能源的需求更加迫切。石油、煤炭、核能、天然气、水电、风电、太阳能等形式的能源都将影响经济的发展。我国虽然地大物博，但在人口的天平上，包括能源在内的大多数资源人均水平远远低于世界平均水平。对外开放使我们有条件利用国外资源，中国的发展对石油等能源的依赖，引发了我们对"能源安全"的深思。

中国能源结构中具有可持续发展的水资源的开发和利用对中国能源安全起到举足轻重的重要作用。煤炭在我国能源供给结构中处于主导地位，约占目前一次能源供给的3/4。我国的水力资源较为丰富，可开发水力资源约占世界总量的15%。以人均水平计算，我国人均水力资源约为世界平均值的70%，远高于石油、天然气的相应比值（分别为11%、4.5%），2001—2003年，我国对水力资源进行了复查，结果显示，我国水力资源理论蕴藏量、技术开发装机容量、经济可开发装机容量均居世界首位。然而，我国水力资源的开发程度却较低，远低于工业发达国家开发水平，也低于巴西、印度、越南、泰国等发展中国家。

我们在水电开发中特别强调环境生态保护，利用各种措施将开发中的不利影响降至最低，我们要看到水电对生态的积极影响，调蓄洪水、水量平衡调动、改善鱼类生存环境、调整区域气候、发展水产品养殖，特别是水电开发带来的客观的经济效益，可以长久的为推动地方经济发展提供财力的保证。所以合理有效的开发水电，优先、积极的发展水电是国家能源发展的战略。我国水电开发的步伐不是快了，而是太慢了，在电力开发顺序上，水电开发的位置应该再向前一些，态度要更加积极，要逐渐地形成在水电资源可利用的条件下，用水电取代火电，水电在储量、技术成熟度、开发运营成本等多方面都优于火电，水电开发完全具备可持续发展的最佳竞争优势。

（二）水利水电工程开发的争议

水利水电开发在学术界和行业内外确实存在正反两方面的争议，这个争议直接影响到水电市场的开发决策，争论的焦点集中在环境生态问题和移民问题上。

1.生态问题

负面观点认为建筑水坝会阻断鱼类活动，淹没陆地植被，造成濒危鱼类、陆生植物和动物的灭绝。正面观点认为建筑水坝能够更好地形成新的、良好的生态环境，形

成大面积生态湿地，为野生动物、植物、鱼类创造更好的生存环境。濒危物种需要保护，但不能无限夸大濒危物种的价值，在建水库前的历史长河中，成千上万的野生物种灭绝不是因为建水库造成的。

2. 环境问题

负面观点认为建筑水坝会阻断天然河道，改变泥沙运行规律，形成泥沙淤积；大坝截流使动态水流变为静态水体，富氧和扩散能力下降，加重水体污染；水库建成后会淹没流域植被、土地和文物。正面观点认为通过综合治理、技术措施和手段，完全可以实现减少泥沙淤积（如排洪冲沙、上游退耕还林等）的问题；水库的库容量远远小于河道年径流，水体不但不会静止，还会为下游提供优质水源；任何一项基础建设都有正反两面，一味强调负影响的观念是片面的，长期的国家能源安全问题是我们经济发展的重大问题。

3. 移民问题

负面观点认为水库建设会导致移民生活水平下降，主要是移民费用低、劳动技能丧失；移民工作复杂难做，会造成社会稳定问题。正面观点认为水电建设确实会产生大量的移民，但是不能只看到良田被淹，要看到移民的好处，比如：雅砻江流域的移民很多人在没移民前的生活条件极度恶劣，不通公路、不通电话、不通电视，不能享受公共服务，医疗、教育无法保证，世代感受不到改革成果；移民将造就他们全新的生活；只要我们政策到位、执行政策的尺度到位、工作到位，就业、社会稳定问题是完全可以解决的，因为我们的宗旨是"为人民服务"。

（三）水电开发自身问题也长期影响水电开发建设

水电价格低，水电企业税负重：水电是有大有小的，大的比如三峡水电站，它的投资资金很高，它的电价是由国家核定的。但还有好多水电，比如农村的，有水就发，没有水就不发，有的上网了，有的就在地方用了。像这样一些水电的价格就不确定，因为国家没有核定它，它的价格也不规范。我国上网电价的定价不利于水电的发展，火电的上网电价为 0.31 元 / 度、水电上网电价为 0.25 元 / 度，调整上下的幅度相差在 0.1 元 / 度左右，这样的价格差异不利于水电企业、地方政府对水电资源的积极开发。税制改革后，据贵州省调查，各行业现行增值税的实际税负为：水电 16%、火电 9%、冶金 10%、煤炭 3%、卷烟 10，3%、白酒 11%，水电最高。低电价、高税负降低了水电企业对资金的吸引能力，降低了对水电开发的积极性。

大型水电站影响大，涉及面广，项目的决策、立项和规划期长而又艰难：这种状况是由大型水电站的巨大影响决定的，是不争的事实，这样的做法也是慎重的、必要的，同时对水电建设企业的决策、发展影响是巨大的。

西部地区经济发展缓慢制约水电建设：我国的水电资源主要集中在西部，国家开发西部的战略是英明和正确的。但是西部经济发展落后，基础设施较差，地质环境恶劣，生态环境脆弱，单独开发一个电站会造成基建成本大，流域开发受到跨地区、跨省运行，协调难度更加困难的问题；由于西部缺少基础产业，电力需求较低，大量的电力要"西电东送"，电力输送成本加大；建设材料大部分要从内地调配，增加材料采购和运输成本。

水电开发建设前期投入巨大，工期长，投资风险巨大：从目前水电、火电的经济技术比较情况来看，火电建设每千瓦造价月 5000 元，水电建设每千瓦造价 6000 ～ 10000 元，小水电建设造价略好。前期建设条件艰苦，建设项目进度滞后，影响电站总进度：西部电站的前期准备工程（三通一平）自然条件艰苦，征地移民困难较多，地方政府保护思想固化，沟通、协调难度较大；国内施工企业技术工人严重缺乏，承包商队伍管理混乱，建设各方社会诚信度较低，合同约束能力较低，边界条件变化等，直接影响项目的正常运行，影响工程总目标进度。

二、 21 世纪水利水电工程建设展望

修建水利水电工程能够在认识自然规律的基础上，借助自然条件和工程技术更好地开发水资源和水能资源，起到防洪抗旱、改善人类生存环境和生存条件的作用。水利水电工程对河流洪水径流的调控作用以及在人类经济社会发展中的重要功能不言而喻，而水库大坝也存在一些负面的影响和作用。最明显的是对河流生态环境的深层次影响，这就需要进行深入研究，运用先进的科学技术和方法，通过水库优化管理和调度，使人与自然的和谐相处，并化解用水区域之间的矛盾：既能使水库大坝最大限度地造福于人类，又能最大限度地减轻不利影响。因此，水库大坝建设是解决水资源问题和当前可再生能源发展问题的必然选择。

中国地理位置的特殊性、地形地貌的复杂性、气候条件的季风性以及人多地少的矛盾，使得水资源和水能资源开发利用难度较大，加之经济社会的快速发展和生态环境建设对资源开发的要求愈来愈高，水利水电工程建设面临诸多问题和挑战。与世界上许多自然条件较优越的国家相比，中国水资源问题和水电开发的困难更为突出。因此，必须在转变经济发展方式、实行节地节水节能工作的基础上，科学规划、深入研究论证、合理开发和保护利用水资源及水能资源，不断提高资源利用效率和效益，实现水库大坝与经济社会和谐发展，以水资源和水能资源的可持续利用支撑经济社会的可持续发展。

为实现水资源可持续利用，保障国家水资源安全，促进水资源合理配置的总体要求是：

第一，严格用水总量控制，抑制对水资源的过度消耗。

第二，严格用水定额管理，提高用水效率和效益。

第三，加强生态环境保护，实现水资源可持续利用。

第四，合理调配水资源，提高区域水资源承载能力。

第五，完善供水安全保障体系，保障经济社会又快又好发展。

第六，实行最严格的水资源管理制度，全面提升社会管理能力。

按照建设资源节约、环境友好型社会的要求，中国将实行最严格的水资源管理制度，到 2030 年，全国供需基本平衡的年水量为 7100 亿立方米，万元 GDP 用水量和万元工业增加值用水量分别降低到 70 立方米和 40 立方米，江河湖库的水功能区水质基本达标。

水利建设的重点任务是，在巩固提高中东部地区防洪和供水能力的同时，加强西部水利建设，兴建环境保护和控制性水利枢纽工程，改善西部地区生态环境和民众的生活生产条件。为优化水资源配置，采取东西互补、南北互济，以丰补枯，多途径缓解北部地区水资源紧缺的矛盾，继续做好"南水北调"和"北水南调"的工程建设，争取尽快投入运行。建设必要的大中型骨干水库调蓄工程，增强对天然径流的调控能力。通过调高水资源配置与调控能力，改善重点地区、重点河段、重要城市及粮食生产基地的水源条件，提高供水安全保障程度，满足经济社会发展和生态环境保护对水资源的合理需求。构造以"南水北调"和"北水南调"为骨干，点、线、面结合的综合治理与开发利用体系，基本解决我国洪涝灾害、水资源不足和水环境恶化问题。

第三节 水利水电工程建设程序

一、建设程序

建设程序可分为常规程序与非常规程序两大类。常规的建设程序已流行百余年，其间虽有变化，但其基本模式没变。它以业主—建筑师—承包商的三边关系为基础，基本的程序是：设计—发包—营造。非常规建设程序是二战后发展起来的，主要有两种形式，一种是常规程序的延伸，仍以业主—建筑师—承包商的三边关系为基础，但设计与施工可以适当交叉。

基本建设程序是建设项目从设想、选择、评估、决策、设计、施工到竣工验收、投入使用整个建设过程中，各项工作必须遵守的先后次序的法则。按照建设项目发展的内在联系和发展过程，建设程序分成若干阶段，它们各有不同的工作内容，有机地联系在一起，有着客观的先后顺序，不可违反，必须共同遵守，这是因为它科学地总结了建设工作的实践经验，反映了建设工作所固有的客观自然规律和经济规律，是建设项目科学决策和顺利进行的重要保证。

我国目前对基本建设项目的管理规定，大中型项目由国家计委审批，小型及一般地方项目由地方计委审批。随着投资体制的改革和市场经济的发展，国家对基本建设程序的审批权限几经调整，但建设程序始终未变，我国现行的基本建设程序分为立项、可行性研究、初步设计、开工建设和竣工验收。基本建设程序始终是国家对建设项目管理的一项重要内容。

按照国家有关规定，我市基本建设项目的立项、可行性研究、初步设计、开工建设、竣工验收等审批管理职能，由市计委统一管理。基本建设项目的项目建议书、可行性研究报告、初步设计等，均由项目建设单位委托有资质的单位按国家规定深度编制和上报，开工报告、竣工验收报告等由项目建设单位负责编写上报。市环保、消防、规划、供电、供水、防汛、人防、劳动、电信、防疫、金融等各有关部门和单位按各自的管理职能参与项目各程序的工作，并从行业的角度提出审查意见，但不具备对项目审批的综合职能。市计委在审批项目时应尊重和听取有关管理部门的审查意见。

现将国家规定的基本建设五道程序流程及内容、审批权限分述如下：

（一）立项

项目建议书是对拟建项目的一个轮廓设想，主要作用是为了说明项目建设的必要性，条件的可行性和获利的可能性。对项目建议书的审批即为立项。根据国民经济中长期发展规划和产业政策，由审批部门确定是否立项，并据此开展可行性研究工作。

1.项目建议书主要内容

（1）建设项目提出的必要性和依据

（2）产品方案、拟建规模和建设地点的初步设想

（3）资源情况、建设条件、协作关系等的初步分析

（4）投资估算和资金筹措设想

（5）经济效益和社会效益初步估计

2.立项审批部门和权限

第一，大中型基本建设项目，由市计委报省计委转报国家计委审批立项。

第二，总投资3000万元以上的非大中型及一般地方项目，需国家、市投资，银行贷款和市平衡外部条件的项目，由市计委审批立项。

第三，总投资3000万元以下，符合产业政策和行业发展规划的，能自筹资金，能自行平衡外部条件的项目，由区县计委或企业自行立项，报市计委备案。

（二）可行性研究

可行性研究的主要作用是对项目在技术上是否可行和经济上是否合理进行科学的分析、研究。在评估论证的基础上，由审批部门对项目进行审批。经批准的可行性研究报告是进行初步设计的依据。

1.因项目性质不尽相同可行性研究报告，一般应包括以下内容

（1）项目的背景和依据

（2）建设规模、产品方案、市场预测和确定依据

（3）技术工艺、主要设备和建设标准

（4）资源、原料、动力、运输、供水等配套条件

（5）建设地点、厂区布置方案、占地面积

（6）项目设计方案及其协作配套条件

（7）环保、规划、抗震、防洪等方面的要求和措施

（8）建设工期和实施进度

（9）投资估算和资金筹措方案

（10）经济评价和社会效益分析

（11）研究并提出项目法人的组建方案

2.可行性研究报告审批部门和权限

第一，大中型基本建设项目，由市计委报省计委转报国家计委审批。

第二，市计委立项的项目由市计委审批。

第三，区县和企业自行立项的项目由区县和企业审批。

（三）初步设计审批

初步设计的主要作用是根据批准的可行性研究报告和必要准确的设计基础资料，对设计对象所进行的通盘研究、概略计算和总体安排，目的是阐明在指定的地点、时间和投资内，拟建工程技术上的可能性和经济上的合理性。初步设计由市计委负责审批或上报国家。环保、消防、规划、供电、供水、防汛、人防、劳动、电信、卫生防疫、金融等有关部门按各自管理职能参与项目初步设计审查，从专业角度提出审查意见。初步设计经批准，项目即进入实质性阶段，可以开展工程施工图设计和开工前的各项准备工作。

1.各类项目的初步设计内容不尽相同，大体如下

（1）设计依据和指导思想

（2）建设地址、占地面积、自然和地质条件

（3）建设规模及产品方案、标准

（4）资源、原料、动力、运输、供水等用量和来源

（5）工艺流程、主要设备选型及配置

（6）总图运输、交通组织设计

（7）主要建筑物的建筑、结构设计

（8）公用工程、辅助工程设计

（9）环境保护及"三废"治理

（10）消防

（11）工业卫生及职业安全

（12）抗震和人防措施。

（13）生产组织和劳动定员。

（14）施工组织及建设工期

（15）总概算和技术经济指标

2.初步设计审批部门和权限

第一，大中型基本建设项目，由市计委报省计委转报国家计委审批。

第二，市计委立项的项目由市计委审批初步设计。

第三，区县和企业自行立项的项目由区县和企业审批。

（四）开工审批

建设项目具备开工条件后，可以申报开工，经批准开工建设，即进入建设实施阶段。项目新开工的时间是指建设项目的任何一项永久性工程第一次破土开槽开始施工的日期。不需要开槽的工程，以建筑物的正式打桩作为正式开工。招标投标只是项目开工建设前必须完成的一项具体工作，而不是基本建设程序的一个阶段。

1.项目开工必须具备的条件

（1）项目法人已确定

（2）初步设计及总概算已经批准

（3）项目建设资金（含资本金）已经落实并经审计部门认可

（4）主体施工单位已经招标选定

（5）主体工程施工图纸至少可满足连续三个月施工的需要

（6）施工场地实现"四通一平"（供电、供水、道路、通信、场地平整）

（7）施工监理单位已经招标选定

2.开工审批部门和权限

第一，大中型基本建设项目，由市计委报省计委转报国家计委审批；特大项目由国家计委报国务院审批。

第二，1000万元以上的项目由市计委经报请市人民政府签审后批准开工。

第三，1000万元以下市管项目，由市计委批准开工。

第四，1000万元以下区管项目，由区审批。

第五，1000万元以上的区管项目，报市计委按程序审批。

（五）项目竣工验收

项目竣工验收是对建设工程办理检验、交接和交付使用的一系列活动，是建设程序的最后一环，是全面考核基本建设成果，检验设计和施工质量的重要阶段。在各专业主管部门单项工程验收合格的基础上，实施项目竣工验收，保证项目按设计要求投入使用，并办理移交固定资产手续。竣工验收要根据工程规模大小、复杂程度组成验收委员会或验收组。验收委员会或验收组应由计划、审计、质监、环保、劳动、统计、消防、档案及其他有关部门组成，建设单位、主管单位、施工单位、勘察设计单位应参加验收工作。

1.项目竣工验收必须具备的条件

（1）建设项目已按批准的设计内容建完，能满足使用要求

（2）主要工艺设备经联动负荷试车合格，形成生产能力，能生产出合格的产品

（3）工程质量经质监部门评定质量合格

（4）生产准备工作能适应投产的需要

（5）环境保护设施、劳动安全卫生设施、消防设施已按设计要求与主体工程同时建成使用

（6）编好竣工决算，并经审计部门审计

（7）对所有技术文件材料进行系统整理、立卷，竣工验收后交档案管理部门

2.组织竣工验收部门和权限

第一，大中型基本建设项目，由市计委报国家计委，由国家组织验收或受国家计委委托由市计委组织验收。

第二，地方性建设项目由市计委或受市计委委托由项目主管部门、区县组织验收。

二、水利水电工程基本建设程序

（一）基本建设程序

是基本建设项目从决策、设计、施工到竣工验收整个工作过程中各个阶段必须遵循的先后次序。水利水电基本建设因其规模大、费用高、制约因素多等特点，更具复杂性及失事后的严重性。

1.流域（或区域）规划

流域（或区域）规划就是根据该流域（或区域）的水资源条件和国家长远计划对该地区水利水电建设发展的要求，对该流域（或区域）水资源的梯级开发和综合利用的最优方案。

2.项目建议书

项目建议书又称立项报告。它是在流域（或区域）规划的基础上，由主管部门提出的建设项目轮廓设想，主要是从宏观上衡量分析该项目建设的必要性和可能性，即分析其是否具备建设条件，是否值得投入资金和人力。项目建议书是进行可行性研究的依据。

3.可行性研究

可行性研究的目的是研究兴建本工程技术上是否可行，经济上是否合理。其主要任务是：

（1）论证工程建设的必要性，确定本工程建设任务和综合利用的主次顺序

（2）确定主要水文参数和成果，查明影响工程的地质条件和存在的主要地质问题

（3）基本选定工程规模

（4）选定基本坝型和主要建筑物的基本形式，初选工程总体布置

（5）初选水利工程管理方案。

（6）初步确定施工组织设计中的主要问题，提出控制性工期和分期实施意见

（7）评价工程建设对环境和水土保持设施的影响

（8）提出主要工程量和建材需用量，估算工程投资

（9）明确工程效益，分析主要经济指标，评价工程的经济合理性和财务可行性

4.初步设计

初步设计是在可行性研究的基础上进行的，是安排建设项目和组织施工的主要依据。

初步设计的主要任务是：

第一，复核工程任务及具体要求，确定工程规模，选定水位、流量、扬程等特征值，明确运行要求。

第二，复核区域构造稳定，查明水库地质和建筑物工程地质条件、灌区水文地质条件和设计标准，提出相应的评价和结论。

第三，复核工程的等级和设计标准，确定工程总体布置以及主要建筑物的轴线、结构形式与布置、控制尺寸、高程和工程数量。

第四，提出消防设计方案和主要设施。

第五，选定对外交通方案、施工导流方式、施工总布置和总进度、主要建筑物施工方法及主要施工设备，提出天然（人工）建筑材料、劳动力、供水和供电的需要量及其来源。

第六，提出环境保护措施设计，编制水土保持方案。

第七，拟定水利工程的管理机构，提出工程管理范围、保护范围以及主要管理措施。

第八，编制初步设计概算，利用外资的工程应编制外资概算。

第九，复核经济评价。

5.施工准备阶段

项目在主体工程开工之前，必须完成各项施工准备工作。其主要内容包括：

（1）施工现场的征地、拆迁工作

（2）完成施工用水、用电、通信、道路和场地平整等工程

（3）必需的生产、生活临时建筑工程

（4）组织招标设计、咨询、设备和物资采购等服务

（5）组织建设监理和主体工程招投标，并择优选定建设监理单位和施工承包队伍

6.建设实施阶段

建设实施阶段是指主体工程的全面建设实施。项目法人应按照批准的建设文件组织工程建设，保证项目建设目标的实现。

主体工程开工必须具备以下条件：

第一，前期工程各阶段文件已按规定批准，施工详图设计可以满足初期主体工程施工需要。

第二，建设项目已列入国家或地方水利水电建设投资年度计划，年度建设资金已落实。

第三，主体工程招标已经决标，工程承包合同已经签订，并已得到主管部门同意。

第四，现场施工准备和征地移民等建设外部条件能够满足主体工程开工需要。

第五，建设管理模式已经确定，投资主体与项目主体的管理关系已经理顺。

第六，项目建设所需全部投资来源已经明确，且投资结构合理。

7.生产准备阶段

生产准备是项目投产前要进行的一项重要工作，是建设阶段转入生产经营的必要条件。项目法人应按照建管结合和项目法人责任制的要求，适时做好有关生产准备工作。

生产准备应根据不同类型的工程要求确定，一般应包括如下主要内容：

（1）生产组织准备

（2）招收和培训人员

（3）生产技术准

（4）生产物资准备

（5）正常的生活福利设施准备

（6）及时具体落实产品销售合同协议的签订，提高生产经营效益，为偿还债务和资产的保值、增值创造条件

8.竣工验收，交付使用

竣工验收是工程完成建设目标的标志，是全面考核基本建设成果、检验设计和工程质量的重要步骤。竣工验收合格的项目即可从基本建设转入生产或使用。

当建设项目的建设内容全部完成，并经过单位工程验收，符合设计要求并按水利基本建设项目档案管理的有关规定，完成了档案资料的整理工作，在完成竣工报告、竣工决算等必需文件的编制后，项目法人按照有关规定，向验收主管部门提出申请，根据国家和部颁验收规程，组织验收。

竣工决算编制完成后，须由审计机关组织竣工审计，其审计报告作为竣工验收的基本资料。

（二）基本建设项目审批

1.规划及项目建议书阶段审批

规划报告及项目建议书的编制一般由政府或开发业主委托有相应资质的设计单位承担，并按国家现行规定权限向主管部门申报审批。

2.可行性研究阶段审批

可行性研究报告按国家现行规定的审批权限报批。申报项目可行性研究报告，必须同时提出项目法人组建方案及支行机制、资金筹措方案、资金结构及回收资金办法，并依照有关规定附具有管辖权的水行政主管部门或流域机构签署的规划同意书。

3.初步设计阶段审批

可行性研究报告被批准以后，项目法人应择优选择有与本项目相应资质的设计单位承担勘测设计工作。初步设计文件完成后报批前，一般由项目法人委托有相应资质的工程咨询机构或组织有关专家，对初步设计中的重大问题进行咨询论证。

4.施工准备阶段和建设实施阶段的审批

施工准备工作开始前，项目法人或其代理机构须依照有关规定，向水行政主管部门办理报建手续，项目报建须交验工程建设项目的有关批准文件。工程项目进行项目报建登记后，方可组织施工准备工作。

5.竣工验收阶段的审批

在完成竣工报告、竣工决算等必需文件的编制后，项目法人应按照有关规定，向验收主管部门提出申请，主管部门根据国家和部颁验收规程组织验收。

第四节　水利水电工程项目管理概述

一、项目管理概述

（一）项目的定义及特征

项目一词已被广泛应用于社会的各个方面。国外许多知名的管理学方面的专家或者组织都曾经试图对项目用简明扼要的语句加以概括和描述。目前使用较多的对项目的定义为项目是一个专门组织为实现某一特定目标，在一定约束条件下，所开展的一次性活动或所要完成的一个任务。

与一般生产或服务相比，项目的特征包括其单件性或一次性、一定的约束条件及具有生命期。而具有大批量、可重复进行、目标不明确、局部性等特征的任务，不能称之为项目。

（二）项目管理的基本要素

1. 项目管理定义

项目管理是指在一定的约束条件下，为达到项目目标（在规定的时间和预算费用内，达到所要求的质量）而对项目所实施的计划、组织、指挥、协调和控制的过程。项目管理过程通常包括项目定义、项目计划、项目执行、项目控制及项目结束。

2. 项目管理的职能

不同的管理都有各自不同的职能，项目管理的职能包括：组织职能、计划职能及控制职能。此外，项目管理也同时具有指挥、激励、决策、协调、教育等职能。

3. 项目管理特点

（1）管理程序和管理步骤因各个项目的不同而灵活变化。

（2）应用现代化管理的方法和相应的科学技术手段。

（3）可以采用动态控制作为手段。

（4）项目管理以项目经理为中心。

4. 项目管理的产生和发展

项目管理是在社会生产的迅速发展，科学日新月异的进步过程中产生和发展起来的。它是一门新兴科学，但是直到 20 世纪 60 年代才真正地成为一门科学。因此其必然有着这样或者那样的不足，也因此留有更多的更广阔的空间需要我们努力钻研和积极探讨，使其能够不断地加以完善，从而适应社会生产和发展的需要，使这门科学能够充分的为我们的社会做出更大的贡献。

二、工程项目管理基本理论

（一）工程项目管理基本要素

1. 工程项目管理定义

工程项目管理可以这样定义：为了在一定的约束条件下顺利开展与实施工程项目，业主委托相关从事工程项目管理的企业，企业按照合同的相关规定，代表业主对项目的所有活动的全过程进行若干的管理和服务。

2. 工程项目管理的特点

（1）工程项目管理是一种一次性管理

不同于工业产品的大批量重复生产，更不同于企业或行政管理过程的复杂化，工程项目的生产过程具有明显的单件性，这就决定了它的一次性。因此工程项目管理可以一句话来简略地加以概括：它是以某一个建设工程项目为对象的一次性任务承包管理方式。

（2）工程项目管理是一种全过程的综合性管理

在对项目进行可行性研究、勘察设计、招标投标以及施工等各阶段，都包含着项目管理，对于项目进度、质量、成本和安全的管理又分别穿插其中。工程项目的特性是其生命周期是一个有机的成长过程，项目各阶段有明显界限，又相互有机衔接，不可间断。同时，由于社会生产力的发展，社会分工越来越细，工程项目生命周期的不同阶段逐步由不同专业的公司或独立部门去完成。在这样的背景下，需要提高工程项目管理的要求，综合管理工程项目生产的全部过程。

（3）工程项目管理是一种约束性强的控制管理

项目管理的重要特点是在限定的合同条件范围内，项目管理者需要保质保量完成既定任务，达到预期目标。此外工程项目还具有诸多约束条件，如工程项目管理的一次性、目标的明确性、功能要求的既定性、质量的标准性、时间限定性和资源消耗控制性等，这些就决定了需要加强工程项目管理的约束强度。因此，工程项目管理是强约束管理。这些约束条件是项目管理的条件，也是不可逾越的限制条件。

工程项目管理与施工管理不同。施工管理的对象是具体的工程施工项目，而工程项目管理的对象是具体的建设项目，虽然都具有一次性的特点，但管理范围不同，前者仅限于施工阶段，后者则是针对建设全部生产过程。

（二）工程项目管理的任务

工程项目管理贯穿于一个工程项目进行的全部过程，从拟定规划开始，直到建成投产为止，期间所经历的各个生产过程以及所涉及的建设单位、咨询单位、设计单位等各个不同单位在项目管理中密切联系，但是随项目管理组织形式的不同，在工程项目进展的不同阶段各单位又承担着不同的任务。因此，推进工程项目管理的主体可以包括建设单位、相关咨询单位、设计单位、施工单位以及为特大型工程组织的代表有关政府部门的工程指挥部。

工程项目管理的类型繁多，它们的任务因类型的不同而不同，其主要职能可以归纳为以下几个方面：

1.计划职能

工程项目的各项工作均应以计划为依据，对工程项目预期目标进行统筹安排，并且以计划的形式对工程项目全部生产过程、生产目标以及相应生产活动进行安排，用一个动态的计划系统来对整个项目进行相应的协调控制。工程项目管理为工程项目的有序进行，以及可能达到的目标等提供一系列决策依据。除此之外，它还编制一系列与工程项目进展相关的计划，有效指导整个项目的开展。

2.协调与组织职能

工程项目协调与组织是工程项目管理的重要职能之一，是实现工程项目目标必不可少的方法和手段，它的实现过程充分体现了管理的技术与艺术。在工程项目实施的过程中，协调功能主要是有效沟通和协调加强不同部门在工程项目的不同阶段、不同部门之间的管理，以此实现目标一致和步调一致。组织职能就是建立一套以明确各部门分工、职责以及职权为基础的规章制度，以此充分调动建设员工对于工作的积极主动性和创造性，形成一个高效的组织保证体系。

3.控制职能

控制职能主要包括合同管理、招投标管理、工程技术管理、施工质量管理和工程项目的成本管理这5个方面。其中合同管理中所形成的相关条款是对开展的项目进行控制和约束的有效手段，同时也是保障合同双方合法权益的依据；工程技术管理由于不仅牵涉到委托设计、审查施工图等工程的准备阶段，而且还要对工程实施阶段的相关技术方案进行审定，因此它是工程项目能否全面实现各项预定目标的关键；施工质量管理则是工程项目的重中之重，其包括对于材料供应商的资质审查、操作流程和工艺标准的质量检查、分部分项工程的质量等级评定等。此外招投标管理和工程项目成本管理也是控制职能的不可或缺的有机组成部分。

4.监督职能

工程项目监督职能开展的主要依据是项目合同的相关条款、规章制度、操作规程、相关专业规范以及各种质量标准、工作标准。在工程管理中，监理机构的作用需要得到充分的发挥，除此之外，加强工程项目中的日常生产管理及时发现和解决问题，堵塞漏洞，确保工程项目平稳有序运行，并最终达到预期目标。

5.风险管理

对于现代企业来说，风险管理就是通过对风险的识别、预测和衡量，选择有效的手段，以尽可能降低成本，有计划地处理风险，以获得企业安全生产的经济保障。工程项目的规模不断扩大，所要求的建筑施工技术也日趋复杂，业主和承包商所需要面临的风险越来越多，因此，需要在工程项目的投资效益得到保证的前提下，系统分析、评价项目风险，以提出风险防范对策，形成一套有效的项目风险管理程序。

6.环境保护

现代人们提倡环保意识，一个良好的工程建设项目就是要对环境不造成或者尽可能低造成损坏的前提下，对环境进行改造，为人们的生活环境添加魅力的社会景观，造福人类。因此，在工程项目的开展过程中，需要综合考虑诸多因素，强化环保意识，切实有效地保护环境，防止破坏生态平衡、污染空气和水质、损害自然环境等现象的发生。

第五节　水利水电工程项目管理模式及发展

一、我国工程项目管理模式

（一）我国当前工程项目管理体制

改革开放以后，基本建设领域为了适应不断发展而出现的新情况，也相应进行改革并推出了一系列新的举措，通过推行三项制度（项目法人责任制、招标投标制、建设监理制），形成了以国家宏观监督调控为主导，项目法人责任制为核心，招标投标制和建设监理制为服务体系的工程项目管理体制的基本格局；出现了以项目法人为主体的工程招标发包体系，以设计、施工和材料设备供应单位为主体的投标承包体系，以及以建设监理单位为主体的中介服务体系等市场三原体，三者之间以经济为纽带，以合同为依据，相互监督，相互制约，形成了工程项目组织管理体制的新模式，彻底改变了我国以往以政府投资为主、以指令性投资计划为基础的直接管理型模式，转变为以企业投资为主、政府宏观控制引导和以投资主体自主决策、风险自负为基础的市场调节资本配置机制。这项改革使得项目法人责任制和项目投资风险约束机制得到强化，使项目和企业融为一体。

1. 项目法人责任制

项目法人责任制在我国的推行与实施是发展社会主义市场经济过程中所采取的一项具有战略意义的重大改革措施，这种制度的实施有利于我国转换项目建设与经营体制，提高投资效益，并有助于在项目建设与经营全过程中运用现代企业制度进行管理，在项目管理模式上实现与国际标准的接轨。项目法人责任制在我国工程项目管理改革史中具有里程碑的意义。

2. 招标投标制

在旧的计划经济体制下，我国工程项目管理体制的一个极大的弊端是政府按投资计划采用行政手段分配工程建设任务，而设计、施工和设备材料供应单位靠行政手段获取建设任务，缺乏必要的竞争机制和经济约束机制，从而严重影响我国工程建设投资的经济效益。

针对以往项目管理体制的缺点，1984年我国工程建设实行招投标制。招标投标，是在市场经济条件下进行工程建设项目发包与承包，以及服务项目的采购与提供时所广泛采用的一种竞争性交易方式。在这种交易方式下，采购方通过发布招标公告提供需要采购物品或者服务的相关信息和条件，表明将选择最能够满足采购要求的供应商、承包商与之签订采购合同的意向，由各有意单位提供采购所需货物、工程或服务的报价及其他响应招标要求的条件，参加投标竞争，最终由招标人依据一定的原则标准从投标方中择优选取中标人，并与其签订采购合同。招投标制大大激发了同行业各单位间的竞争，增强了中标人的资金控制，减少了发标人不必要的投资，提高经济效益，符合市场经济的发展原则。

3. 建设监理制

建设监理制指的是对具体的工程项目建设，建设监理单位受项目业主的委托，依据国家批准的工程项目建设文件和工程建设法律、法规和工程建设委托监理合同以及业主所签订的其他工程建设合同，对工程建设进行的监督和管理活动，以实现项目投资的目的。

工程建设监理的主要工作内容包括管理工程建设合同和信息资料，并协调有关各方的工作关系。工程建设监理制的基本模式是委托专业的监理单位代替项目法人对工程项目进行科学、公正和独立地管理。

当前，我国在水利水电建设领域，已深入全面地推行了施工与设备采购方面招标投标制，建设监理制已不再是试点阶段、全面推行阶段，正处于向规范化、科学化、制度化深入发展的阶段。同时，项目法人责任制也已有良好的开端并在水利水电建设领域迅速全面发展。实践证明，三项建设管理制度改革措施的实行，提高了我国的工程建设管理水平，促进我国水利水电建设事业的健康发展。

（二）我国水利水电工程建设管理体制的改革

水利水电工程属于国家基础建设项目的范畴。但是，其建设管理体制改革历程的转折点在云南鲁布革水电站工程项目管理改革的成功实践，之后在二滩水电站建设过程中成立的二滩水电开发有限责任公司为管理体制的显著标志，故其整个管理体制的发展大体上可以划分为以下三个阶段：

第一阶段是传统体制阶段，时间为新中国成立初期至 20 世纪 80 年代初。由于国家实行的是高度的计划经济，水利水电工程的建设基本全部由国家直接下达计划，国家完成从资金的调拨、工程建设队伍的指派以及材料的供应等方方面面的工作，是一种典型的自营式的建设管理体制。丹江口、东风、龚嘴、龙羊峡、刘家峡和葛洲坝等大型水电站都采用此种管理体制建成。

第二阶段改革开始的标志是 1984 年云南鲁布革水电站引水隧洞采取国际公开招标。鲁布革水电站引水系统工程是我国第一个利用世界银行贷款的工程项目，贷款总额 12600 万美元，按照世界银行规定，对于利用世界银行贷款的引水系统工程要实行国际竞争性招标，最终日本大成公司以 8460 万元中标，仅为标底 14958 万元的57%，并比合同期提前 5 月完工。当时，我国在工程建设方面向来是"预算超概算，结算超预算"，鲁布革工程效应促进了我国工程界对工程管理的反思，也引起了我国政府的高度重视，国家 1987 年相关部门要求全国推广鲁布革经验，全面推行建设管理体制的改革。可以说，该事件有力地冲击了我国工程建设管理的旧体制。

第三阶段的开始以 1995 年将二滩水电开发公司改组成为二滩水电开发有限责任公司为标志，由国家开发投资公司、四川省投资公司和四川省电力公司共同投资。在项目前期运作建设过程中，二滩创业者们不仅熟悉了国际惯例，而且创造性地运用了"有条件的中标通知书"等，成功实现了与国际惯例的接轨。自此，我国的水电建设管理体制改革进入了建立适应市场经济要求的建设管理体制的新阶段，我们称之为现行体制形成阶段，直至如今我们仍在对其进行不断地探索、实践、丰富和完善。

二、水利水电工程项目管理的主导模式

（一）我国常用的工程项目管理模式

自我国加入 WTO 后，建筑业的竞争从国内单位的竞争转变为国际市场的竞争，为了能尽快融入国际市场，我国政府积极调整和修改了相关政策法规，采用了国际惯用的职业注册制度。在积极改革应对国际竞争，与国际接轨的同时，还将国外一些先进的应用广泛的工程项目管理模式引进了国内。目前，在我国普遍应用的有监理制、代

建制和 EPC 三种工程项目管理模式。

1. 工程建设监理模式

建设监理在国外通称为项目咨询，其站在投资业主的立场上，采用建设工程项目管理的方式对建设工程项目进行综合管理以实现投资者的目标。目前，我国广泛应用传统模式下、PM 模式下及的 DB 模式下工程监理。

工程建设监理制的真正起源是国外的传统（设计—招标—建造）模式，工程建设监理制是指由项目业主委托监理单位对工程项目进行管理，业主可以根据工程项目的具体情况来决定监理工程师的介入时间和介入范围。现阶段我国的工程建设监理主要是对施工阶段的监督管理。

2. 代建制模式

代建制是中国政府投资非经营性项目委托机构进行管理的制度的特定称谓，在国际上并没有这种说法。我国的代建制管理模式最初是由个别地方政府进行试点试运行，后来得到了一定程度的总结，才逐步扩展到全国各地，经历了由点到面，由下到上的过程。

迄今为止，关于代建制统一的标准的定义在学术界和政府机构的规章汇总并没有得到明确。这里综合各方见解认为，所谓代建制，是针对政府投资的非经营性项目进行公开竞标，选择专业化的项目管理单位作为代建人，负责投资项目建设和施工组织工作，待项目竣工验收后交付给使用单位的工程项目管理模式。

政府投资项目的代建制一般包括政府业主、代建单位和承包商三方主体。一般而言，三者之间的关系形式如下：

第一，业主分别与其他两方以及设计单位签订相应的合同，业主对设计和施工直接负责，代建单位仅向业主提供管理服务，这种形式类似于国外的 PM 模式。

第二，业主与代建单位签订代建合同，代建单位再分别与设计单位、施工单位签订合同，代建单位向业主提供包括管理服务、全部设计工作以及部分施工任务在内的相关工作，这种形式类似于 PMC 模式。

第三，业主与代建单位之间的代建合同范围广泛，包含从项目设计到施工的全部内容。

3. 代建制的特点

第一，政府投资的非经营性项目主要采用代建制。一般情况下，往往是政府公共财政来弥补非经营性项目的投资失误，损害了广大纳税人的利益，有损社会公平。通过招投标方式采用代建制以后，有利于实现项目管理团队的专业化，利于防止出现投资"三超"（概算超估算、预算超概算、结算超预算）、工期拖延等现象，同时项目工程质量也可以得到充分的保证；如实行代建制的北京市回龙观医院工程，施工图预算时超出概算 400 万元，后经反复研究讨论，最终在保证工期、保证工程质量的前提下，消化了 400 万元的超出款。

第二，代建制的实施，使政府得以脱离烦琐、具体的工程项目管理工作，从投资主体的角度站在宏观层面上对项目的实施进行调控和监管，提高工程效益。

第三，代建制模式下建设、管理、使用各环节相互分离，克服了传统模式下政府投资项目"投资、建设、监管、使用"四位一体的弊端，有效防止了腐败的滋生，还可有效解决政府项目投资软约束问题。

（二）平行发包模式

改革的过程不断进行，我国水利水电工程项目管理逐渐形成了一种平行发包模式，它是在项目法人责任制、招标投标制和建设监理制框架下建立的一种项目管理模式，成为现今水利水电工程项目管理的主导模式。

项目法人责任制首先规范了项目业主的建设行为，其次明确了工程项目的产权以及项目建设的经济及法律职责范围内的责任与义务；招标投标制推动了建筑企业由行政指令方式的承包向市场选择方式的承包转变；建设监理制的推行使得监理单位更有效地对招标承包和合同进行管理，而项目业主又通过合同管理来实现自身对工程项目建设的设想，与此同时，承包单位与业主之间订立的具有法律约束力的经济合同关系，割断了其与上级行政主管部门的联系。

1.平行发包模式的概念及其基本特点

平行发包模式是指项目业主将工程建设项目进行分解，按照内容分别发包给不同的单位，并与其签订经济合同，通过合同来约定合同双方的责权利，从而实现工程建设目标的一种项目管理模式。各个参与方相互之间的关系是平行的。

平行发包模式的基本特点是在政府有关部门的监督管理之下，项目业主合理地对工程建设任务进行分解，然后进行分类综合，确定每个合同的发包内容，从而选择适当的承包商。各承包商向项目业主提供服务，监理单位协助或者受到项目业主的委托，管理和监督工程建设项目标的进行。

与传统模式下的阶段法不同的是，平行发包模式借鉴传统模式下细致管理和CM模式的快速轨道法，在未完成施工图设计的情况下即进行施工承包商的招标，采用有条件的"边设计、边施工"的方法进行工程建设。

2.平行发包模式的优缺点

无论是在国内还是在国外，平行发包模式都是一种发展得十分成熟的项目管理模式，它的优点是项目业主通过招投标直接选定各承包人，使业主对工程各方面把握更细致、更深入，设计变更的处理相对灵活；合同个数较多，合同界面之间存在相互制约关系；由于有隶属不同和专业不同的多家承包单位共同承担同一个建设项目，同时工作作业面增多，施工空间扩大，总体力量增大，勘察、设计、施工各个建设阶段以及施工各阶段搭接顺畅，有利于缩短项目建设周期。一般对于一些大型的工程建设项目，即投资大、工期比较长、各部分质量标准、专业技术工艺要求不同，又有工期提前的要求，多采用此种模式。

平行发包模式的主要缺点是项目招标工作量增大，业主合同管理任务量大，合同个数和合同界面增多，增加了协调工作量和管理难度，项目实施过程中管理费用高，设计与施工、施工与采购之间相互脱离，需要频繁的进行业主与各个承包商之间的协调工作，工程造价不能达到最优控制状态。招标代理和建设监理等社会化、专业化的项目管理中介服务机构的推行，有助于解决该模式中存在的问题。

三、我国水利水电工程项目管理模式的选择

（一）工程项目管理模式选择的影响因素

在选择工程项目管理模式时，我们必须考虑以下三个要素：工程的特点、业主的要求及建筑市场的总体情况。

1.工程的特点

在选择工程项目管理模式之初考虑的最主要问题就是工程的特点，其包括工程项目规模、设计深度、工期要求、工程其他的特性等因素。

工程项目规模是工程项目管理模式要考虑的主要因素之一。对于规模较小的工程，如住宅建筑、单层工业厂房等通用性比较强的一般工民建工程，各种模式都可以采用，因为其不但工程结构比较简单，而且比较容易确定设计、施工工作量和工程投资，常用施工总包模式、设计施工总包模式、项目总承包模式。对于工程规模较大的工程，项目管理模式的选择要在综合分析现有情况的条件下做出。例如，如果具有总承包资质的施工单位很少，不一定能满足招标要求，为防止因投标者过少而导致招标失败，业主可选择分项发包模式；如果业主没有经验，而所从事的工程项目又需要承包商具有专业的技术和经验或者是高新技术项目工程，可以采用设计施工总承包模式、项目总承包模式或者代理型 CM 模式。

设计深度也是选择工程项目管理模式要考虑的主要因素之一。如果对于工程的招标需要在初步设计刚完成后就开始，但是业主面临的情况是整个工程施工详图没有完成，甚至没有开始，并不具备施工总包的条件，此时适宜的项目管理模式可以是分项发包模式、详细设计施工总包模式、咨询代理设计施工总包模式、CM 模式；如果设计图纸比较完备，能较为准确的估算工程量，可采用施工总包模式；某些工程在可行性研究完成后就进行招标，可采用传统的设计施工总承包模式。

工期要求也是选择工程项目管理模式要考虑的主要因素之一。大多数工程都对工期有着严格的要求，若工期较短，时间紧促，则可以选择分项发包模式、设计施工总承包模式、项目总承包模式和 CM 模式，而不能采用施工总包模式。

此外工程的复杂程度、业主的管理能力、资金结构以及产权关系等因素对项目管理模式的选择也有一定的影响，必须将以上各种因素综合起来考虑，选择适合的工程项目管理模式，最大程度的、最便捷的达到目标。

2.业主的要求

工程特点所含的因素中，部分包含业主的要求，因此这里所指的主要是业主的其他要求，包括自身的偏好、需要达到的投资控制、参与管理的程度、愿意承担的风险大小等。举个例子来说，如果业主具备一定的管理能力，想亲自参与项目管理，控制投资，可以采用分项发包模式；如果业主既希望节约投资又不希望自己太累，就可以采用 CM 模式，降低自身的工作量。

如果业主时间精力有限，不愿过多的参与项目建设过程，可以优先考虑设计施工总承包模式和项目总承包模式，在这两种模式中，工程项目开展的全部工作交由总承

包商承担，业主只负责宏观层面上的管理。然而在这两种模式中，业主要想有效控制项目的质量有一定的难度。因此，这就需要业主采取其他的管理模式来解决项目控制方面的难题。对一些常用的项目管理模式，按业主参与程度由大到小的排列顺序为：分项发包模式、施工总承包模式、CM模式、设计施工总承包模式、项目总承包模式。

如果业主希望控制工程投资，需要掌控设计阶段的相关决策工作，在此情况下适宜采用分项发包模式、CM模式或者施工总承包模式；若采用设计施工总承包模式和项目总承包模式，业主对设计控制的难度较大。但在施工总承包模式下，由于设计与施工相互脱节，易产生较多的设计变更，不利于项目的设计优化，容易导致较多的合同争议和变更索赔。

随着工程项目的规模越来越大，技术越来越复杂，工程项目所承担的风险也越来越大，因此业主在工程管理模式的选取时应将此作为一个重要的考虑因素。常见项目管理模式按业主承担的管理风险由大到小排序为：分项发包模式、非代理型CM模式、代理型CM模式、施工总承包模式、设计施工总承包模式、项目总承包模式。

3.建筑市场的总体情况

项目管理模式的选择也需要考虑建筑市场的总体情况，因为业主期望开展的相关工程项目在建筑市场上不一定能够找到具有相应承包能力的承包商。例如，像三峡大坝建设这么大的工程，不可能把所有施工工作全部承包给一个建设单位，因为放眼全国尚没有一家建设单位有能力完成此项目。常见项目管理模式按照对承包商的能力要求从高到低的排序为：项目总承包模式、设计施工总包模式、代理型CM模式、施工总包模式、非代理型CM模式、分项发包模式。

（二）水利水电工程项目管理模式选择的原则

1.项目法人集中精力做好全局性工作

一般情况下，水利水电工程都具有规模较大、战线长、工程点多、建设管理复杂的特点，这就对项目法人的要求较高，必须能集中精力做好总体的宏观调控。以南水北调工程为例，南水北调东线工程所要通过的河流之多，输水里程之长，设计的参建单位之多，建设管理所遇到的问题之复杂，一般的工程项目管理模式根本不能够适应，因此需要改变传统的项目管理模式，重点做好事关项目全局的决策工作。

2.坚持"小业主、大咨询"的原则

当前我国经济的快速发展推动了各类工程项目建设尤其是水利水电工程建设的实施，考虑到水利水电类项目建设规模和专业分工的特点，传统的自营建设模式已不能适应这样的情况。项目法人只有利用市场机制对资源的优化配置作用，采用竞争方式选择优秀的建设单位从事相应的工作，唯其如此才能按期、高效和优质完成项目目标。我国历经二十多年的建设管理体制改革，在各个方面已然取得了一定的成绩，但是"自营制"模式仍然或多或少的制约着人们的思维，"小业主、大监理"的应用范围没有广泛展开就是一个明显的例证。因此，水利水电工程的工程项目管理需要摆脱旧模式的影响，按照市场经济的生产组织方式，在项目开展的全部过程中充分依靠社会咨询力量，贯彻"小业主、大咨询"的原则，以提高工程项目管理水平和投资效益，精简项目组织。

3.鼓励工程项目管理创新，与国际惯例接轨

目前，在我国的工程建设项目中，绝大多数的业主都采用建设监理制。在水利水电工程建设的管理上，相关单位需要汲取国际上工程项目管理的先进经验和通行做法，突破传统思维的限制，有所创新，选择项目法人管理工作量小且管理效果好的模式，如CM模式。当然，在条件允许的情况下，也可推行一些设计施工总包模式和施工总包模式的试点。

4.合理分担项目风险的原则

在我国的工程项目管理中，项目的相关风险主要由单一主体予以承担。比如在当前大力推行的建设监理制中，项目法人或业主承担了项目的全部风险，而监理单位基本上不承担任何风险，因此，虽然监理单位和监理工程师是项目管理的主体，但却缺少强烈的责任感。在水利水电工程项目管理模式选择中，应加强风险约束机制的建设，使得项目管理主体承担一定的风险，促进项目法人的意图得到项目管理主体的切实贯彻，有效地监管工程的投资、质量和工期。

5.因地制宜，符合我国的具体国情的原则

目前我国形成了以项目法人责任制、建设监理制和招标投标制为基本框架的建设管理体制。但是大多数的建筑单位依然没有摆脱业务能力单一的现状，能够从事设计、施工、咨询等综合业务的智力密集型企业数量很少，具有从事大型工程项目管理资质、总承包管理能力和设计施工总承包能力的独立建筑单位也几乎没有。因此，在水利水电工程项目管理模式选择时，需要结合我国建筑市场的实际情况，因地制宜，不能生搬硬套国外的模式，建立一套适于中国国情的项目管理模式。

（三）不同规模水利水电工程项目的模式选择

水电站及其他水利水电工程受工程所处的地形、地质和水文气象条件影响会产生很大的差异，水电站在规模上的差异导致各方面的差异也很大。与中小型水利水电工程相比，大型水利水电工程的工程投资更大、影响更深远、风险更高，因此需要应用更为谨慎、严格、规范的工程管理方式，其采用的工程项目管理模式应与中、小型水利水电项目不尽相同。在大型、特大型水利水电项目开发建设中，应该基于现行主导模式，结合投资主体结构的变化和工程实际，对工程项目的建设管理模式开展大胆的创新和实践，真正创造出既能够与国际管理相接轨，又能够适应我国水电项目建设情况的项目管理模式。我国的中、小水利水电项目投资正逐步地向以企业投资和民间投资为主转变，故中小水利水电项目管理模式的选择与民间投资水电项目项目管理模式的创新就有极为相似，大体上可以采用相同的项目管理模式，将在下文进行论述。

（四）不同投资主体的水利水电工程的模式选择

我国水利水电工程的投资主体大致可分为2种：第一种是以国有投资为主体的水利水电开发企业，第二种是以民间投资参股或控股为特征的混合所有制水利水电开发企业。相对于传统的水电投资企业来说，新型水利水电开发企业以现代公司制为特征，

具有比较规范和完善的公司治理结构。目前，大型国有企业的业务主要集中在大中型水利水电项目的开发上，而民间或者混合所有制企业的业务主要集中在开发中小型水利水电项目上。由于具有不同的特点、行为方式和业务范围，这两类投资主体应在项目管理模式的选择上不尽相同。

第一类投资主体应在现有主导模式的基础上，逐步将投资和建设相分离。在专业知识和管理能力达到相当水平的条件下，业主可以组建自己的专业化建设管理公司；当业主自身不能完成工程项目管理任务时，可采用招标或者其他方式选择适于承担该工程项目的管理公司。在国际上出现了将设计和施工加以联合的趋势，因此在开展一些大型或者技术要求复杂、投资量巨大的工程项目时，可以将设计和施工单位组成联合体开展工程总承包，或者对其中的分部分项工程、专业工程开展工程总承包。如果一些大型的企业在经过一段时间的发展壮大后，可以组建相应的具有设计、施工和监理等综合能力的大型公司开展整个工程项目的总承包。

对于民间投资参股或控股的投资主体而言，要想求得更好更快的发展，必须在改革开放的大背景下，加强国际交流，充分吸收国外的项目管理模式的先进经验，并通过自主创新，建立一套适于在我国推广和应用的具有中国特色的水利水电项目管理模式。当这类投资主体具有充足的水电开发专业人才及管理人才，以及相应的技术储备时，可自行组建建设管理机构，充分利用社会现有资源，采用现行主导模式一平行发包模式进行工程项目的开发建设。当项目业主难以组建专业的工程建设管理机构，不能全面有效的对工程项目建设全过程进行控制管理时，可以采取"小业主、大咨询"方式，采用 EPC，PM 或 CM 模式等完成项目的开发任务。

四、水利水电工程项目管理模式发展的建议

现今，无论从水电的开工规模还是年投产容量看，我国都排在世界第一位，成为水利水电建设大国。新中国成立以来，我国水利水电项目管理模式经历了一个曲折的发展过程，正不断地与国际市场接轨，多种国际通行项目管理模式开始发展应用，我国的项目管理取得了巨大的进步，但其仍然发展得不够完善，存在或多或少的问题。针对我国工程项目管理的现状，经过对国际项目管理的研究及对比，对我国水利水电工程项目管理模式的发展提出了以下几点建议：

（一）创建国际型工程公司和项目管理公司

目前在国际和国内工程建设市场呈现出的新特点包括：工程规模的不断扩大带来了工程建设风险的提高；技术的复杂性使得对于施工技术创新更加迫切；国内市场日益国际化，并且竞争的程度日趋激烈；多元化的投资主体等。这些特点为我国项目管理模式的发展以及培育我国国际型工程公司和项目管理公司创造了良好的条件。

1.创建国际型工程公司和项目管理公司的必要性

目前,我国国际型工程公司和项目管理公司的创建有着充分的必要性,主要体现在:

（1）深化我国水电建设管理体制改革的客观需要

在我国水电建设管理体制改革不断取得成绩的大前提下，无论从主观上还是客观

上讲，我国的设计、施工、咨询监理等企业都已具备向国际工程公司或项目管理公司转变的条件。在主观上，通过各项目的实践，各大企业也已认识到企业职能单一化的局限性，部分企业已开始转变观念，承担一些工程总承包或项目管理任务，相应地调整组织机构。在客观上，业主充分认识到了项目管理的重要性，越来越多的业主，特别是以外资或民间投资作为主体的业主，都要求承包商采用符合国际惯例的通行模式进行工程项目管理。

（2）与国际接轨的必然要求

我国想要实现与国际的统一，而一些国际通行的工程项目管理模式如 EPC，PMC 等，都必须依赖有实力的国际型工程公司和项目管理公司来实现。国际工程师联合会于 1999 年推出了四种标准合同范本，包含了适用于不同模式的合同，其中就有适用于 DB 模式的设计施工合同条件，适用于 EPC 模式的合同条件等。我国的企业必须采用世界通行的项目管理模式，顺应这一国际潮流，才有可能在国际工程承包市场上获得大的发展，才有可能实现"走出去"的发展战略。

（3）壮大我国水利水电工程承包企业综合实力的必然选择

现今我国水利水电行业的工程现状是：设计、施工和监理单位各自为战，只完成自己专业内的相关工作，设计与施工没有搭接，监理与咨询服务没有联系，不利于工程项目的投资控制和工期控制。

目前我国是世界水利水电建设的中心，有必要借助水利水电大发展的有利时机，学习和借鉴国际工程公司和项目管理公司成功的经验，通过兼并、联合、重组、改造等方式，加强建设企业之间资源的整合，促使一批大型的工程公司和项目管理公司成长壮大起来，他们自身具有设计、施工和采购综合能力，能够为项目业主提供工程建设全过程技术咨询和管理服务。综上所述，我国有必要创建一批国际型工程公司和项目管理公司，使其成为能够增强我国现有国际竞争力的大型工程承包企业。

2.创建国际型工程公司和项目管理公司的发展模式

我国的水利水电建设工程排在世界第一位，我国创建和发展自己的具有一定市场竞争能力的国际型工程公司已经刻不容缓。对于一个企业来说，竞争能力是重中之重，因此，我国的水利水电工程承包企业有必要通过整合、重组来改善组织结构，培育和发展出一批能够适应国际市场要求的国际型工程公司和项目管理公司。这些公司能够为业主提供从项目可行性分析到项目设计、采购、施工、项目管理及试运行等多阶段或全阶段的全方位服务。

目前，我国工程总承包的主体多种多样，这些主体单位包括：设计单位、施工单位、设计与施工联合体以及监理、咨询单位为项目管理承包主体等多种模式。由于承包主体社会角色和经济属性的不同，决定了其在工程总承包和项目管理中所产生的作用和取得的效果也不尽相同，进而产生了几种可供创建国际型工程公司和项目管理公司选择的发展方式，具体陈述如下。

（1）大型设计单位自我改造成为国际型工程公司

以设计单位作为工程总承包主体的工程公司模式，就是设计单位按照当前国际工程公司的通行做法，在单位内部建立、健全适应工程总承包的组织机构，完成向具有工程总承包能力的国际型工程公司转变。大型设计单位拥有的监理或咨询公司一般也具备一定的项目管理能力，因此，大型设计单位的自我改造是设计单位实现向工程公司转变的一种很好的方式，只需进行稍稍的重组改造，即能为项目业主提供全面服务。大型设计单位向综合方向发展，成为具备项目咨询、设计、采购、施工管理能力的国际型工程公司，形成以设计为主导，以项目管理为基础的工程总承包。

目前我国普遍存在的情况是国内许多设计单位业务能力单一，普遍缺乏施工和项目管理经验以及处理实际工程项目问题的应变能力，尤其在大型复杂项目的综合协调和全面把握中，这将成为阻碍设计单位转型的制约因素。近几年，虽然我国一些大型水电勘测设计单位都提出了向国际型工程公司转变的发展目标，但是现阶段大中型水电站勘测设计任务繁重，尚没有精力向国际型工程公司的转变方面展开实质性工作，设计单位开展工程总承包业务时还普遍面临着管理知识缺乏、专业人才短缺和社会认可度偏低的问题，也急需提高其自身的项目管理水平。

（2）大型施工单位兼并组合发展成为工程公司

可以说，在改革开放40多年里，我国水利水电事业得到了迅猛发展，许多水利水电施工单位也得到了锻炼和成长，积累了相当多的工程经验，其中的一些大型的水利水电施工单位不仅成为我国国内水利水电施工的主体，同时也是开拓国际水利水电承包市场的主导力量，他们除了具有强大施工能力和施工管理能力，也具备一定的项目管理能力。但相对国际水平而言，国内相关单位虽然施工能力很强，但是也不可避免地会存在一些缺点和不足，如勘察、设计和咨询能力不足，不能够为项目业主提供全方位高层次的咨询与管理服务；在对工程项目开展优化设计、控制工程投资和工期方面能力很弱。针对这些问题，通过兼并一些勘察、设计和咨询能力较强中小设计单位，弥补自身在此方面的缺陷，在残酷的市场环境中走向壮大，顺利发展成为大型的综合性工程公司。

（3）咨询监理单位发展成项目管理公司

咨询、监理单位本身就是从事项目管理工作，通过它们之间的兼并组合或者对自身进行改造，形成实力较强的大型项目管理公司，为项目业主提供项目咨询和项目管理服务。我国水利水电咨询监理单位的组建方式多种多样，主要组建方式包括项目业主组建、设计单位组建的、施工单位组建的、民营企业组建的以及科研院校组建的。但是这些单位具有一些共同的特点：组建时间不长、人员综合素质较高，单位的资金实力较弱，服务范围较窄等。如果由这些单位承担工程总承包，则一定具有较高的现场管理水平，具备一定的综合管理和协调能力，但是普遍缺乏高水平的设计人员，加上自身不具备资金实力，所以很难有效地控制工程项目建设过程中的各种风险。因此，可以把监理、咨询单位中一些有实力的单位兼并重组为能够从事工程项目管理服务的大型项目管理公司，在大型水利水电项目建设中提供诸如 PMC 等形式的管理服务。

（4）大型设计单位与大型施工单位联合组建工程公司

所谓大型设计和施工单位联合组建工程公司，是指将大型设计与施工单位进行重组或改造，组建具有项目全阶段、全方位能力的工程公司，这种工程公司的水平最高，能够进行各种项目管理模式的组合。虽然通过这种方式组建工程公司的难度很大、成本很高，但这是利用现有资源创建我国最具竞争力的国际型工程公司的最佳捷径。因为设计施工的组合属于强强联合，双方优势互补，不但设计单位在项目设计方面的专业和技术优势得到了充分发挥，而且将设计与施工进行紧密结合，便于综合控制工程质量、进度、投资和促进设计的优化和技术的革新，这样也有利于进一步提升企业的综合竞争力，使工程公司到国际工程承包市场上去承建更多、更大的工程总承包项目。这种创建工程公司的方式将是我国未来一个阶段发展的重点。

鉴于我国现阶段设计与施工相分离的实际情况，国际型工程公司的组建可以分为两个步骤：第一步，由设计和施工单位组成项目联合体共同投标并参与工程项目总承包管理。目前，在我国水利水电工程投标中，较为常见的是由不同施工单位组成的联合体共同参与投标，设计单位与施工单位之间联合投标的情况很少见，这种现象的出现主要是由于我国水利水电建设中这种模式应用得较少，以及该领域中详细的招标条件不成熟。国家大力倡导在水利水电工程领域采用工程总承包和项目管理模式，有必要支持部分项目业主采用工程总承包模式进行招标，鼓励投标人采取设计与施工联营的方式进行投标，逐步培养和发展工程总承包和项目管理服务意识。一般情况下，联营分为法人型联营、合伙型联营和协作型联营三种形式。目前我国国内水利水电企业之间采用较多的是合伙型联营和协作性联营。未来我国水利水电企业之间联合发展的初期应该是法人型联营，为其最终发展成设计与施工联合型工程公司打下基础。第二步，当工程总承包和项目管理服务的发展较为成熟，成为水利水电建设中的常见模式时，则可以实施将设计与施工单位重组或改造成为大型的项目管理公司，彻底改变设计与施工分割的局面。

（5）中小型企业发展成为专业承包公司

对于中小型的施工单位和设计单位，应扬长避短，突出自身的专长，发展成为专业性承包公司，除了进行自主开发经营外，还可以在大型和复杂的工程项目中配合大型工程公司完成。

（6）发展具有核心竞争力的大型工程公司和项目管理公司

企业项目管理水平的高低直接体现了一个水利水电工程承包单位的核心竞争力，而企业的项目管理水平具体体现在管理体制科学、管理模式独特、经营方法、运营机制等方面，以及由此而带来的规模经济效益。

我国已成为世界水利水电建设的中心，然而我国的水利水电工程承包企业无论从营业额、企业规模，还是企业运作机制等方面，其国际国内工程承包能力却远远比不上国际先进的排名前几位的工程公司，有着巨大的差距，这与我国世界水利水电建设的中心地位极不相符。因此，我国必须加大投入，培育并提高企业的核心竞争力，发展一批具有国际竞争力的大型工程公司和项目管理公司。

五、我国水利水电工程项目管理模式的选择

（一）推广 EPC（工程总承包）模式

工程总承包模式早已在国际建筑界广泛采用，有大量的实践经验，在我国积极推

行工程总承包将会产生一系列积极有效的作用：它有利于深化我国对工程建设项目组织实施方式的改革，提高我国工程建设管理水平，可以有效地对项目进行投资和质量控制，规范建筑市场秩序，有利于增强勘察、设计、施工、监理单位的综合实力，调整企业经营结构，可以加快与国际工程项目管理模式接轨的进程，适应社会主义市场经济发展和加入 WTO 后新形势的要求。

EPC 模式在我国水利水电建设的实践中收到了明显的效果，如白水江梯级电站项目，由九寨沟水电开发有限公司进行设计、采购、施工总承包，避免了业主新组建的项目管理班子不熟悉工程建设的问题，最终在项目建设的过程中确定了工程的总投资、工期以及工程质量。水利水电工程中采用 EPC 模式也存在一些问题，例如业主的主动性变弱，承包商就承担了更多风险，而且其风险承担能力较低等。对于水利水电工程来说，易受地质条件和物价变动影响、建设周期长、投资大等因素影响着 EPC 的具体实践，对于该模式应用条件的研究就显得很有必要，因此作者提出了在推行 EPC 模式的过程中应注意的问题：

1.清晰界定总承包的合同范围

水电工程总承包合同中的合同项目及费用大多是按照概算列项的，为了避免不必要的费用和工期损失，应在合同中明确水电工程初步设计概算中包括项目的具体范围。在水利水电工程项目实施过程中，总承包商有可能会遇到这样一种情况：业主会要求其完成一些在工程设计中没有包括的项目，而这些项目又没有明确的在合同中予以确定，最终导致总承包工程费用增加，损害总承包商的利益。如白水江黑河塘水电站建设中，在工程概算中没有包括库区公路的防护设施、闸坝及厂区的地方电源供电系统，在总承包合同中所列项目也没有明确，最终导致了总承包商的费用损失。

2.确定合理的总承包合同价格

在水利水电工程 EPC 总承包中，总承包商的固定合同价格并不是按照初步设计概算的投资来产生的，因为业主还会要求总承包商在其的基础上"打折"，由此承包商面临的风险大大增加。

（1）概算编制规定的风险。

按照行业的编制规定，编制的水利水电工程概算若干年调整一次。若总承包单位采用的是执行多年但又没有经过修订的编制预算，最后造成了工程预算与实际情况不符。

（2）市场价格的风险。

考虑到水电工程周期长，在工程建设期间总承包商需要充分考虑材料和设备价格的上涨，最大程度避免因此造成的损失和增加的风险。比如黑河塘水电站工程实施期间，国家发改委公布的成品油价格上涨了近40%，又比如双河水电站开工建设后半年，铜的价格上涨了100%，这些都应在总承包商的考虑范围内。

（3）现场状况的不确定性和未知困难的风险。

水利水电工程建设中，可能遇到较大的地质条件变化及很多未知的困难，根据概算编制规定，一般水电工程在基本预备费不足的情况下是可以调整概算的，但按照 EPC 合同的相关条件，EPC 总承包商必须要自己承担这样的风险。因此，一旦发生工程项目概算调整时，固定价格总承包将会给总承包商带来巨额的亏损并造成工期的延误。这些风险的存在提高了总承包商承担的风险，总承包商在订立合同价格时应更加的谨慎，充分了解项目工程情况，综合分析其潜在的风险，并就其与业主进行沟通和协商，以便最终的能够达到获利要求的合同价格。同时，承包商可以根据风险共担的原则，在与业主签订合同时，明确规定一旦发生上述的风险时双方应就最初的固定价格总承包展开磋商，以降低自身的风险。

3.施工分包合同方式

EPC总承包的要旨是在项目实施过程中"边设计、边施工"，这样便于达到降低造价、缩短工期的目的。而水利水电工程在进行施工招标时，设计的进展并不完全能够达到施工的要求，因此在实际施工中更容易发生变更，导致分包的施工承包商的索赔。因此，作者认为，采用成本加酬金的合同方式，比以单价合同结算方式的施工合同更能适应水电工程EPC总承包方式，但到目前为止，我国水利水电行业尚没有相应的施工合同条件适应此类EPC总承包模式。

（二）实施PM模式

近几年来，国内项目管理的范围、深度和水平在不断提高。各行业，包含煤炭、化工、石油天然气、轻工、电力、公路、铁路等，均有先进的项目管理模式出现。如中国石化工程建设公司承建的中海壳牌南海石化项目是目前为止我国最大的石化项目，采用PM模式承建；反观我国水电行业，在实施项目管理、进行工程建设方面大大落后了，我们更应该面对现实，正确定位，找出差距，学习国内其他工程行业的先进经验，奋起直追。

1.PM模式的优势

PM模式相对于我国传统的基建指挥部建设管理模式主要具备以下几点优势：

第一，有助于提高建设期整个项目管理的水平，确保项目如期保质保量完成。

长期以来，我国工程建设所采用的业主指挥部模式主要是因项目开展的需要而临时建立的，随着项目完工交付使用指挥部也就随之解散。这样一种模式使其缺乏连续性，业主不能够在实际的工程项目中累积相应的建设管理经验和提高对于工程项目的管理水平，达到专业化更是遥不可及。针对指挥部模式的种种弊端，工程建设领域引入一系列国外先进的建设管理模式，而PM模式便是其中之一。

第二，有利于帮助业主节约项目投资。

业主在和PM签订合同之初，在合同中就明确规定了在节约了工程项目投资的情况下可以给予相应比例的奖励，这就促使PM在确保项目质量工期等目标的完成下，尽量为业主节约投资。PM一般从设计开始就全面介入项目管理，从基础设计开始，本着节约和优化的方针进行控制，降低项目采购、施工、运行等后续阶段的投资和费用，实现项目全寿命期成本最低的目标。

第三，有利于精简业主建设期管理机构。

在大型工程项目中，组建指挥部需要的人数众多，建立的管理机构层次复杂，在工程项目完成后富余人员的安置也将是一个棘手的问题。而在工程建设期间，PM单位会根据项目的特点组成相应的组织机构协助业主进行项目管理工作，这样的机构简洁高效，极大地减少了业主的负担。

2.水利水电工程实施PM模式的必要性

这是国际国内激烈的市场竞争对我国项目管理能力和水平的要求。在我国加入WTO以后，国内的市场逐步向外开放，同时近几年不断发展的国内经济，使得中国这个巨大的市场引起了全球的关注，大量的外国资本涌入中国，市场竞争日趋激烈。许多世界知名的国际型工程公司和项目管理公司瞄上了中国这块大蛋糕，纷纷进入中国市场，在国内传统的工程企业面前，他们的优势十分明显：优秀的项目管理能力、超前的服务意识、丰富的管理经验和雄厚的经济实力。这使得在国内大型项目竞标中，国内企业难以望其项背。许多国内工程公司认识到了这个差距，并积极通过引进和实施PM项目管理模式，来提升自身的能力和水平。

PM模式的实施也是引入先进的现代项目管理模式，达到国际化项目管理水平的重要途径之一。实现现代化工程项目管理具有5个基本要素：

第一，前提是不断在实践中引入国际化项目管理模式，但是不能单纯地引进，要对其改进，寻求并发展符合我国国情的现代项目管理理论。

第二，关键在于招集和培养各专业的高素质专业人才。

第三，必要条件是计算机技术的支持，需要开发和完善计算机集成项目管理信息系统。

第四，组建专业的、高效的、合理的管理机构，这是实现现代化项目管理的保证。

第五，最根本的基础在于建立完善的项目管理体系。

而PM模式正好具备以上5个特性，PM也因此显示出了强大的生命力。我们可以通过实施PM的水利水电项目，为我国水利水电建设进行先进的项目管理模式的探索。

PM模式能够适应水利水电工程的项目特点。水利水电工程一般都具有以下特点：环境及地质条件复杂、体型庞大、投资多、工程周期长、变更多等，这些就更需要具有丰富经验和实力的项目管理公司对水利水电项目的建设过程进行PM模式的管理，服务于业主，切实有效实施投资控制、质量控制和进度控制，实现业主的预期目标。这样可以使业主不必过于考虑建设过程细节上烦琐的管理工作，把自己的时间和精力放在履行好关键事件的决策、建设资金的筹措等职责上。

（三）推行CM模式

CM模式已经在国际建筑市场上有了近五十年的历史，经实践经验证明这种模式在整个工程控制和管理上有一定的特色，尤其是在信息管理、投资、进度、质量控制及组织协调等方面，是一种值得我国学习和借鉴的新型工程项目管理模式。我国也有某些大型工程引进CM模式，上海证券大厦项目是第一个引入该模式的大型民用建筑项目，但我国水利水电工程方面还没有引入应用过CM模式的项目。如果要在水利水电工程建设管理中引进CM模式，就必须分析CM模式的特点及其适用范围，并与已经被人们熟知的较为成熟的项目管理模式进行比较，同时结合国内水利水电工程项目的实际情况进行改进。

1.将 CM 模式引入我国水利水电项目管理中的原因

第一，经过不断地发展，我国的水利水电工程从勘测、设计到施工都具备了一定的经验，为缩短施工周期，多数的水利水电工程都采用"边设计、边施工"方式进行建设，但是这种方法没有"快速轨道法"科学，"快速轨道法"也能够更加合理的确定施工合同价格。

第二，CM 模式中的 CM 承包商能够协助业主完成大型的复杂的工程的项目管理工作，而通常水利水电工程都存在工程技术复杂、人员及合同管理工作量大的特点。

第三，水利水电工程由于工程大、环境复杂，因此变更较多，而采用 CM 模式能使 CM 承包商早期介入设计过程，对设计提出可施工性的合理建议，使设计和施工相结合，使设计人员深入了解水利水电工程施工过程，减少设计变更，从而减少合同执行过程中的索赔纠纷，使工程顺利进行。

第四，采用 CM 模式可以使业主精简职能部门，压缩工作人员，节约支出。业主可以随时检查 CM 承包商和分包商之间签订的合同，各方之间的合作关系公开透明。同时，CM 承包商承担 GMP（最大工程费用）保证，也利于业主控制工程项目总投资。

第五，随着我国水利水电工程的不断发展，形成了一大批专业的施工能力和管理能力很强的团队，他们具有发展成为 CM 承包商的素质和基础。

基于以上的分析，CM 模式比较适合应用于我国水利水电项目的工程管理，有较大的发展空间，有望改变我国现今的水利水电项目管理状况。

2.在我国水利水电工程发展 CM 模式应注意的问题

（1）从法律法规上规定 CM 模式，承认其合法性。

现今我国有关水利水电工程的项目管理模式得到相关法律法规认可的主要包括施工总承包及工程建设总承包，而且，建设法规中规定在工程建设中需完成施工图设计后才能进行工程招投标，这也对 CM 模式"边设计、边施工"的特点形成了阻力。因此，为了更好地推广 CM 模式，建设机关有必要推出相关的试行条例。

（2）CM 模式的适用性。

每种工程项目管理模式都有一定的特性和适用性，不存在任何一种模式可以通用于任何工程，CM 模式虽然是一种较为新型的项目管理模式，有强大的发展力，但它一般适宜用于较复杂的大型项目，不适宜于常规的水利水电工程。另外，如果采用代理型 CM 模式，签订合同时没有规定 CM 承包商保证最大工程费用，业主就要承担较大的投资风险，需要业主提升自身的投资控制能力。

（3）注意 CM 单位与工程监理的职能划分。

现今我国实行工程监理制，工程监理代表建设单位，依照有关法律、行政法规及有关的技术标准、设计文件和工程承包合同，对承包单位在施工质量、工期和资金使用等方面进行监督，其职能在某些地方与 CM 单位形成冲突。因此，针对我国目前工程监理开展的工作情况，在发展 CM 模式时，可以发挥工程监理的优势，令其完成在施工阶段的质量控制，CM 单位则掌控全局，主要进行协调进度和投资控制。

（4）发展专业的国际化的水利水电工程 CM 公司。

虽然我国的工程项目管理水平难以与国际水平相比，但经过"鲁布革"和"三峡"

等大型水利水电工程管理的实践，我国也形成了一批具有一定经验的水利水电工程建设公司，可以选择在这些公司中进行有目的的培育，培养专业人才，使其能够尽快具备 CM 管理的素质和能力，并在国际水利水电市场提高竞争力，占据一席之地，使我国水利水电事业踏上一个新的台阶。

第三章　水利水电施工排水规划

第一节　施工导流

一、施工导流的基本方法

施工导流方式大体上可以分为两类：一类是分段围堰法导流，也称为河床外导流，即用围堰一次拦断全部河床，将原河道水流引向河床外的明渠或隧洞等泄水建筑物导向下游；另一类是分段围堰法，也称为河床内导流，即采用分期导流，将河床分段用围堰挡水，使原河道水流分期通过被束窄的河道或坝体底孔、缺口、隧洞、涵洞、厂房等导向下游。

此外，按导流泄水建筑物型式还可以将导流方式分为明渠导流、隧洞导流、涵洞导流、底孔导流、缺口导流、厂房导流等。一个完整的施工导流方案，常由几种导流方式组成，以适应围堰挡水的初期导流、坝体挡水的中期导流和施工拦洪蓄水的后期导流等三个不同导流阶段的需要。

（一）全段围堰法

如图 3-1 所示，采用全段围堰法导流方式，就是在河床主体工程的上下游各建一道拦河围堰，使河水经河床以外的临时泄水道或永久泄水建筑物下泄。主体工程建成或接近建成时，再将临时泄水道封堵。在我国黄河等干流上已建成或在建的许多水利工程采用全段围堰法的导流方式，如龙羊峡、大峡、小浪底以及拉西瓦等水利枢纽，在施工过程中均采用河床外隧洞或明渠导流。

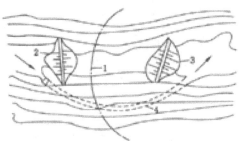

图3-1　全段围堰法施工导流方式示意图

1—水工建筑物轴线；2—上游围堰；3—下游围堰；4—导流洞

采用全段围堰法导流，主体工程施工过程中受水流干扰小，工作面大，有利于高速施工，上下游围堰还可以兼作两岸交通纽带。但是，这种方法通常需要专门修建临时泄水建筑物（最好与永久建筑物相结合，综合利用），从而增加导流工程费用，推迟主体工程开工日期，可能造成施工过于紧张。

全段围堰法导流，其泄水建筑物类型有以下几种：

1. 明渠导流

明渠导流是在河岸上开挖渠道，在水利工程施工基坑的上下游修建围堰挡水，将原河水通过明渠导向下游，如图3-2所示。

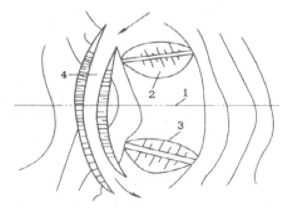

图3-2　明渠导流示意图

1—水工建筑物轴线；2—上游围堰；3—下游围堰；4—导流明渠

明渠导流多用于岸坡较缓，有较宽阔滩地或岸坡上有沟溪、老河道可利用，施工导流流量大，地形、地质条件利于布置明渠的工程。明渠导流费用一般比隧洞导流费用少，过流能力大，施工比较简单，因此，在有条件的地方宜采用明渠导流。目前，世界上最大的河床外明渠导流是印度Tapi（塔壁）河上的Ukai（乌凯）土石坝的导流明渠，长1372 m，梯形断面，渠底最大宽度235 m，设计导流流量45000 m3/s，实际最大流速13.72 m/s，浆砌石护坡。

导流明渠的布置，一定要保证水流通畅，泄水安全，施工方便，轴线短，工程量少。明渠进出口应与上下游水流相衔接，与河道主流的交角以小于或等于30°为宜；到上下游围堰坡脚的距离，以明渠所产生的回流不淘刷围堰地基为原则；明渠水面与基坑水面最短距离要大于渗透破坏所要求的距离；为保证水流畅通，明渠转弯半径不小于渠底宽的3～5倍；河流两岸地质条件相同时，明渠宜布置在凸岸，但是，对于多沙河流则可考虑布置在凹岸。导流明渠断面多选择梯形或矩形，并力求过水断面湿周小，渠道糙率低，流量系数大。渠道的设计过水能力应与渠道内泄水建筑物过水能力相匹配。

2. 隧洞导流

隧洞导流是在河岸中开挖隧洞，在水利工程施工基坑的上下游修筑围堰挡水，将原河水通过隧洞导向下游。隧洞导流多用于山区间流。由于山高谷窄，两岸山体陡峻，无法开挖明渠而有利于布置隧洞。隧洞的造价较高，一般情况下都是将导流隧洞与永久性建筑物相结合，达到一洞多用的目的。通常永久隧洞的进口高程较高，而导流隧洞的进口高程较低，此时，可开挖一段低高程的导流隧洞与永久隧洞低高程部分相连，导流任务完成后，将导流隧洞进口段封堵，这种布置俗称"龙抬头"。

导流隧洞的布置，取决于地形、地质、水利枢纽布置型式以及水流条件等因素。其中地质条件和水力条件是影响隧洞布置的关键因素。地质条件好的临时导流隧洞，一般可以不衬砌或只局部衬砌，有时为了增强洞壁稳定，提高泄水能力，可以采用光面爆破、喷锚支护等施工技术；地质条件较差的导流隧洞，一般都要衬砌，衬砌的作用是承受山岩压力，填塞岩层裂隙，防止渗漏，抵制水流、空气、温度与湿度变化对岩壁的不利影响以及减小洞壁糙率等。导流隧洞的水力条件复杂，运行情况也较难观测，为了提高隧洞单位面积的泄流能力，减小洞径，应注意改善隧洞的过流条件。隧洞进出口应与上下游水流相衔接，与河道主流的交角以 30° 左右为宜；隧洞最好布置成直线，若有弯道，其转弯半径以大于 5 倍洞宽为宜；隧洞进出口与上下游围堰之间要有适当的距离，一般大于 50 m 为宜，防止隧洞进出口水流冲刷围堰的迎水面；采用无压隧洞时，设计中要注意洞内最高水面与洞顶之间留有适当余幅；采用压力隧洞时，设计中要注意无压与有压过渡段的水力条件，尽量使水流顺畅，宣泄能力强，避免空蚀破坏。

导流隧洞的断面形式，主要取决于地质条件、隧洞的工作条件、施工条件以及断面尺寸等。常见的断面形式有圆形、马蹄形和城门洞型（方圆形）。世界上最大断面的导流隧洞是苏联的布烈依土石坝工程右岸的两条隧洞，断面面积均为 350m2（方圆形，宽 17m，高 22m），导流设计流量达 14600m3/s。我国二滩水电站工程的两条导流隧洞，其断面尺寸均为宽 17.5m、高 23m 的方圆形（城门洞型），导流设计流量达 13500m3/s。

3.涵管导流

在河岸枯水位以上的岩滩上筑造涵管，然后在水利工程施工基坑上下游修筑围堰挡水，将原河水通过涵管导向下游，如图 3-3 所示。涵管导流一般用于中、小型土石坝、水闸等工程，分期导流的后期导流也有采用涵管导流的方式。

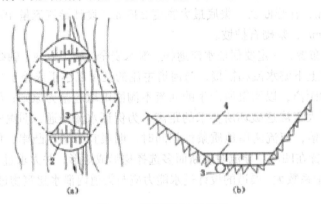

图3-3　涵管导流示意图

（a）平面图；（b）上游立视图

1—上游围堰；2—下游围堰；3—导流涵管；4—坝体

与隧洞相比，涵管导流方式具有施工工作面大，施工灵活、方便、速度快，工程造价低等优点。涵管一般为钢筋混凝土结构。当与永久涵管相结合时，采用涵管导流比较合理。在某些情况下，可在建筑物岩基中开挖沟槽，必要时加以衬砌，然后顶部加封混凝土或钢筋混凝土顶拱，形成涵管。

涵管宜布置成直线，选择合适的进出口型式，使水流顺畅，避免发生冲淤、渗漏、空蚀等现象，出口消能安全可靠。多采用截渗环来防止沿涵管的渗漏，截渗环间距一般为 10 ~ 20 m，环高 1 ~ 2 m，厚度 0.5 ~ 0.8 m。为减少截渗环对管壁的附加应力，有时将截渗环与涵管管身用缝分离，缝周填塞沥青止水。若不设截渗环，则在接缝处加厚凸缘防渗。为防止集中渗漏，管壁周围铺筑防渗填料，做好反滤层，并保证压实质量。涵管管身伸缩缝、沉陷缝的止水要牢靠，接缝结构能适应一定变形要求，在渗流逸出带做好排水措施，避免产生管涌。特殊情况下，涵管布置在硬土层上时，对涵管地基应做适当处理，防止土层压缩变形产生不均匀沉陷，造成涵管破坏事故。

我国岳城水库土石坝施工期导流时，坝下设置钢筋混凝土方圆形导流涵管 9 条，每条净截面 6 m×6.7 m，竣工后，1 条涵管用于引水发电，其余 8 条各安装闸门控制泄洪，1963 年最大泄洪流量达 3620m3/s。

4.渡槽导流

枯水期，在低坝、施工流量不大（通常不超过 20 ~ 30m3/s）、河床狭窄、分期预留缺口有困难，以及无法利用输水建筑物导流的情况下，可采用渡槽导流。渡槽一般为木质（已较少用）或装配式钢筋混凝土的矩形槽，用支架架设在上下游围堰之间，将原河水或渠道水导向下游。它结构简单，建造迅速，适用于流量较小的情况下。对于水闸工程的施工，采用闸孔设置渡槽较为有利。农田水利工程施工过程中，在不影响渠道正常输水情况下修筑渠系建筑物时，也可以采用这种导流方式。如图 3-4 所示。

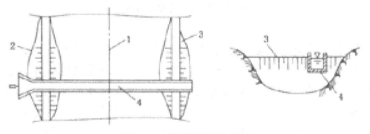

图3-4　渡槽导流示意图

1—坝轴线；2—上游围堰；3—下游围堰；4—渡槽

（二）分段围堰法

如图 3-5 所示，采用分段围堰法导流方式，就是用围堰将水利工程施工基坑分段分期围护起来，使原河水通过被束窄的河床或主体工程中预留的底孔、缺口导向下游的施工方法。由图 3-5 可以看出，分段围堰法的施工程序是先将河床的一部分围护起来，在这里首先将河床的右半段围护起来，进行右岸第一期工程的施工，河水由左岸被束窄的河床下泄。修建第一期工程时，在建筑物内预留底孔或缺口；然后将左半段河床围护起来，进行第二期工程的施工，此时，原河水经由预留的底孔或缺口宣泄。对于临时泄水底孔，在主体工程建成或接近建成，水库需要蓄水时，要将其封堵。我国长江等流域上已建成或在建的水利工程多采用分段围堰法的导流方式，如新安江、葛洲坝及长江三峡等水利枢纽，在施工过程中均采用分段分期的方式导流。

分段围堰法一般适用于河床宽，流量大，施工期较长的工程；在通航或冰凌严重的河道上采用这种导流方式更为有利。一般情况下，与全段围堰法相比施工导流费用较低。

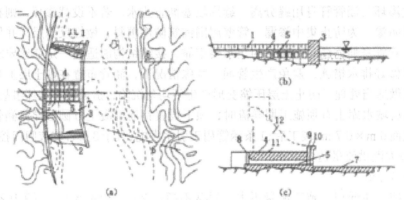

图3-5　分段围堰法导流方式示意图

（a）平面图；（b）下游立视图；（c）导流底孔纵断面图

1—Ⅰ期上游横向围堰；2—Ⅰ期下游横向围堰；3—1、2期纵向围堰；4—预留缺口；

5—导流底孔；6—2期上、下游围堰轴线；7—护坦；8—封堵闸门槽；

9—工作闸门槽；10—事故闸门槽；11—已浇筑的混凝土坝体；

12—未浇筑的混凝土坝体

采用分段围堰法导流时，要因地制宜合理制定施工的分段和分期，避免由于时、段划分不合理给工程施工带来困难，延误工期；纵向围堰位置的确定，也就是河床束窄程度的选择是一个关键问题。在确定纵向围堰位置或选择河床束窄程度时，应重视下列问题：①束窄河床的流速要考虑施工通航、筏运以及围堰和河床防冲等因素，不能超过允许流速；②各段主体工程的工程量、施工强度要比较均衡；③便于布置后期导流用的泄水建筑物，不致使后期围堰尺寸或截流水力条件不合理，影响工程截流。

分段围堰法前期都利用束窄的原河床导流，后期要通过事先修建的泄水建筑物导流，常见的泄水建筑物有以下几种。

1. 底孔导流

混凝土坝施工过程中，采用坝体内预设临时或永久泄水孔洞，使河水通过孔洞导向下游的施工导流方式称为底孔导流。底孔导流多用于分期修建的混凝土闸坝工程中，在全段围堰法的后期施工中，也常采用底孔导流。底孔导流的优点是挡水建筑物上部施工可以不受水流干扰，有利于均衡连续施工，对于修建高坝特别有利。若用坝体内设置的永久底孔作施工导流，则更为理想。其缺点是坝体内设置临时底孔，增加了钢材的用量；如果封堵质量差，不仅造成漏水，还会削弱大坝的整体性；在导流过程中，底孔有被漂浮物堵塞的可能性；封堵时，由于水头较高，安放闸门及止水均较困难。

底孔断面有方圆形、矩形或圆形。底孔的数目、尺寸、高程设置，主要取决于导流流量、截流落差、坝体削弱后的应力状态、工作水头、封堵（临时底孔）条件等因素。长江三峡水利枢纽工程三期截流后，采用22个底孔（每个底孔尺寸6.5m×8.5m）导流，进口水头为33m时，泄流能力达23000m3/s。巴西土库鲁伊（Tucurui）水电站施工期的导流底孔为40个，每尺寸为6.5 m×13m，泄流能力达35000m3/s。

底孔的进出水口体型、底孔糙率、闸槽布置、溢流坝段下孔流的水流条件等都会影响底孔的泄流能力。底孔进水口的水流条件不仅影响泄流能力，也是造成空蚀破坏的重要因素。对盐锅峡水电站的施工导流底孔（4 m×9 m），进口曲线是折线，在该部位设置了两道闸门。对于临时底孔应根据进度计划，按设计要求做好封堵专门设计。

2. 坝体缺口导流

混凝土坝施工过程中，在导流设计规定的部位和高程上，预留缺口，宣泄洪水期部分流量的临时性辅助导流度汛措施。缺口完成辅助导流任务后，仍按设计要求建成永久性建筑物。

缺口泄流流态复杂，泄流能力难以准确计算，一般以水力模型试验值作参考。进口主流与溢流前沿斜交或在溢流前沿形成回流、旋涡，是影响缺口泄流能力的主要因素。缺口的形式和高程不同，也严重影响泄流的分配。在溢流坝段设缺口泄流时，由于其底缘与已建溢流面不协调，流态很不稳定；在非溢流坝段设缺口泄流时，对坝下游河床的冲刷破坏应予以足够的重视。

在某些情况下，还应做缺口导流时的坝体稳定及局部拉应力的校核。

3. 厂房导流

利用正在施工中的厂房的某些过水建筑物，将原河水导向下游的导流方式称为厂房导流。

水电站厂房是水电站的主要建筑物之一，由于水电站的水头、流量、装机容量、水轮发电机组型式等因素及水文、地质、地形等条件各不相同，厂房型式各异，布置也各不相同。应根据厂房特点及发电的工期安排，考虑是否需要和可能利用厂房进行施工导流。

厂房导流的主要方式有：①来水通过未完建的蜗壳及尾水管导向下游；②来水通过泄水底孔导向下游，底孔可以布置在尾水管上部；③来水通过泄水底孔进口，经设置在尾水管锥形体内的临时孔进入尾水管导向下游。我国的大化水电站和西津水电站都采用了厂房导流方式。

以上按全段围堰法和分段围堰法分别介绍了施工导流的几种基本方法。在实际工程中，由于枢纽布置和建筑物型式的不同以及施工条件的影响，必须灵活应用，进行恰当的组合才能比较合理地解决一个工程在整个施工期间的施工导流问题。例如底孔和坝体缺口泄流，并不只适用于分段围堰法导流。在全段围堰法的后期导流中，也常常得到应用；隧洞和明渠泄流，同样并不只适用于全段围堰法导流，也经常被用于分段围堰法的后期导流中。因此，选择一个工程的导流方法时，必须因时因地制宜，绝不能机械死板地套用。

二、围堰

围堰是围护水工建筑物施工基坑，避免施工过程中受水流干扰而修建的临时挡水建筑物。在导流任务完成以后，如果未将围堰作为永久建筑物的一部分，围堰的存在妨碍永久水利枢纽的正常运行时，应予以拆除。

根据施工组织设计的安排，围堰可围占一部分河床或全部拦断河床。按围堰轴线与水流方向的关系，可分为基本垂直水流方向的横向围堰及顺水流方向的纵向围堰；按围堰是否允许过水，可分为过水围堰和不过水围堰。通常围堰的基本类型是按围堰所用材料划分的。

（一）围堰的基本型式及构造

1. 土石围堰

在水利工程中，土石围堰通常是用土和石渣（或砾石）填筑而成的。由于土石围堰能充分利用当地材料，构造简单，施工方便，对地形地质条件要求低，便于加高培厚，所以应用较广。

土石围堰的上下游边坡取决于围堰高度及填土的性质。用沙土、黏土及堆石建造土石围堰，一般将堆石体放在下游，沙土和黏土放在上游以起防渗作用。堆石与土料接触带设置反滤，反滤层最小厚度不小于 0.3 m。用沙砾土及堆石建造土石围堰，则需设置防渗体。若围堰较高、工程量较大，往往要考虑将堰体作为土石坝体的组成部分，此时，对围堰质量的要求与坝体填筑质量要求完全相同。

土石坝常用土质斜墙或心墙防渗，如图 3-6 所示。也有用混凝土或沥青混凝土心墙防渗，并在混凝土防渗墙上部接土工膜材料防渗。当河床覆盖层较浅时，可在挖除覆盖层后直接在基岩上浇筑混凝土心墙，但目前更多的工程则是采用直接在堰体上造孔挖槽穿过覆盖层浇筑各种类型的混凝土防渗墙，如图 3-6（c）所示。早期的堰基覆盖层多用黏土铺盖加水泥灌浆防渗，如图 3-6（d）所示。近年来，高压喷射灌浆防渗逐渐兴起，效果较好。

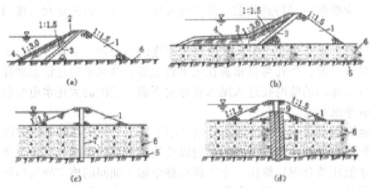

图3-6 土石围堰示意图

（a）斜墙式；（b）带水平铺盖的斜墙式；（c）垂直防渗墙式；（d）灌浆帷幕式

1—堆石体；2—黏土斜墙、铺盖；3—反滤层；4—护面；5—隔水层；6—覆盖层；

7—垂直防渗墙；8—灌浆帷幕；9—黏土心墙

　　土石围堰还可以细分为土围堰和堆石围堰。

　　土围堰由各种土料填筑或水力冲填而成。按围堰结构分为均质和非均质土围堰，后者设斜墙或心墙防渗，土围堰一般不允许堰顶溢流。堰顶宽度根据堰高、构造、防汛、交通运输等要求确定，一般不小于 3 m。围堰的边坡取决于堰高、土料性质、地基条件及堰型等因素。根据不透水层埋藏深度及覆盖层具体条件，选用带铺盖的截水墙防渗或混凝土防渗墙防渗。为保证堰体稳定，土围堰的排水设施要可靠，围堰迎水面水流流速较大时，需设置块石或卵石护坡，土围堰的抗冲能力较差，通常只作横向围堰。

　　堆石围堰由石料填筑而成，需设置防渗斜墙或心墙，采取护面措施后堰顶可溢流。上、下游坡根据堰高、填石要求及是否溢流等条件决定。溢流的堰体则视溢流单宽流量、上下游水位差、上下游水流衔接条件及堰体结构与护坡类型而定，堰体与岸坡连结要可靠，防止接触面渗漏。在土基上建造堆石围堰时，需沿着堰基面预设反滤层。堰体者与土石坝结合，堆石质量要满足土石坝的质量要求。

　　2. 草土围堰

　　为避免河道水流干扰，用麦草、稻草和土作为主要材料建成的围护施工基坑的临时挡水建筑物，如图 3-7（a）所示。

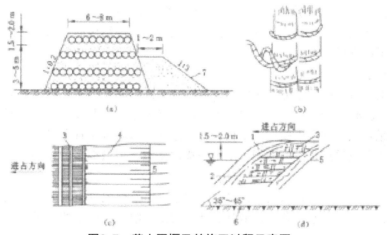

图3-7　草土围堰及其施工过程示意图

（a）草土围堰；（b）草捆；（c）围堰进占平面图；（d）围堰进占纵断面图
1—黏土；2—散草；3—草捆；4—草绳；5—岸坡或已建堰体；6—河底；7—戗台

　　我国两千多年以前，就有将草、土材料用于宁夏引黄灌溉工程及黄河堵口工程的记载，在青铜峡、八盘峡、刘家峡及盐锅峡等黄河上的大型水利工程中，也都先后采用过草土围堰这种筑堰型式。

　　草土围堰底宽约为堰高的 2.0 ～ 3.0 倍，围堰的顶宽一般采用水深的 2.0 ～ 2.5 倍。在堰顶有压重，并能够保证施工质量且地基为岩基时，水深与顶宽比可采用 1：1.5。内外边坡按稳定要求核定，为 1：0.2 ～ 1：0.5。一般每立方米土用草 75 ～ 90 kg，草土体的密度约为 1.1t/m3，稳定计算时草与沙卵石、岩石间的摩擦系数分别采用 0.4 和 0.5，草土体的逸出坡降一般控制在 0.5 左右。堰顶超高取 1.5 ～ 2.0 m。

草土围堰可在水流中修建,其施工方法有散草法、捆草法和端捆法,普遍采用的是捆草法。用捆草法修筑草土围堰时,先将两束直径为 0.3 ~ 0.7 m、长为 1.5 ~ 2.0m、重约 5 ~ 7kg 的草束用草绳扎成一捆,并使草绳留出足够的长度,如图 3-7(b)所示;然后沿河岸在拟修围堰的整个宽度范围内分层铺草捆,铺一层草捆,填一层土料(黄土、粉土、沙壤土或黏土),铺好后的土料只需人工踏实即可,每层草捆应按水深大小叠接 1/3 ~ 2/3,这样层层压放的草捆形成一个斜坡,坡角约为 35°~ 45°,直到高出水面 1 m 以上为止;随后在草捆层的斜坡上铺一层厚 0.20 ~ 0.30m 的散草,再在散草上铺上一层约 0.30m 厚的土层,这样就完成了堰体的压草、铺草和铺土工作的一个循环;连续进行以上施工过程,堰体即可不断前进,后部的堰体则渐渐沉入河底。当围堰出水后,在不影响施工进度的前提下,争取铺土打夯,把围堰逐步加高到设计高程,如图 3-7(c)、(d)所示。

草土围堰具有就地取材、施工简便、拆除容易、适应地基变形、防渗性能好的特点,特别在多沙河流中,可以快速闭气。在青铜峡水电站施工中,只用 40 d 时间,就在最大水深 7.8m、流量 1900m3/s、流速 3m/s 的河流上,建成长 580 m,工程量达 7 万 m3 的草土围堰。但这种围堰不能承受较大水头,一般适用于水深为 6 ~ 8 m,流速为 3 ~ 5 m/s 的场合。草土围堰的沉陷量较大,一般为堰高的 6% ~ 7%。草料易于腐烂,使用期限一般不超过两年。在草土围堰的接头,尤其是软硬结构的连结处比较薄弱,施工时应特别予以重视。

3.混凝土围堰

混凝土围堰的抗冲与抗渗能力大,挡水水头高,底宽小,易于与永久混凝土建筑物相连接,必要时还可过水,既可作横向围堰,又可作纵向围堰,因此采用得比较广泛。在国外,采用拱型混凝土围堰的工程较多。近年,国内贵州省乌江渡、湖南省凤滩等水利水电工程也采用过拱型混凝土围堰作横向围堰,但做得多的还是纵向重力式混凝土围堰。

混凝土围堰对地基要求较高,多建于岩基上。修建混凝土围堰,往往要先建临时土石围堰,并进行抽水、开挖、清基后才能修筑。混凝土围堰的型式主要有重力式和拱型两种。

(1)重力式混凝土围堰

施工中采用分段围堰法导流时,常用重力式混凝土围堰往往可兼作第一期和第二期纵向围堰,两侧均能挡水,还能作为永久建筑物组成的一部分,如隔墙、导墙等。重力式混凝土围堰的断面型式与混凝土重力坝断面型式相同。为节省混凝土,围堰不与坝体接合的部位,常采用空框式、支墩式和框格式等。重力式混凝土围堰基础面一般都设排水孔,以增强围堰的稳定性并可节约混凝土。碾压混凝土围堰投资小、施工速度快、应用潜力巨大。三峡水利枢纽三期上游挡水发电的碾压混凝土围堰,全长 572 m,最大堰高 124 m,混凝土用量 168 万 m3/ 月,最大上升高度 23 m,月最大浇筑强度近 40 万 m3。

(2)拱型混凝土围堰

如图 3-8 所示,一般适用在两岸陡峻、岩石坚实的山区或河谷覆盖层不厚的河流上。

此时常采用隧洞及允许基坑淹没的导流方案。这种围堰高度较高，挡水水头在 20m 以上，能适应较大的上下游水位差及单宽流量，技术上也较可靠。通常围堰的拱座是在枯水期水面以上施工的，当河床的覆盖层较薄时也可进行水下清基、立模、浇筑部分混凝土；若覆盖层较厚则可灌注水泥浆防渗加固。堰身的混凝土浇筑则要进行水下施工，难度较高。在拱基两侧要回填部分沙砾料以利灌浆，形成阻水帐幕。有的工程在堆石体上修筑重力式拱型围堰，其布置如图 3-9 所示。围堰的修筑通常从岸边沿

围堰轴线向水中抛填沙砾石或石渣进占；出水后进行灌浆，使抛填的沙砾石体或石渣体固结，并使灌浆帷幕穿透覆盖层直至隔水层；然后在沙砾石体或石渣体上浇筑重力式拱型混凝土围堰。

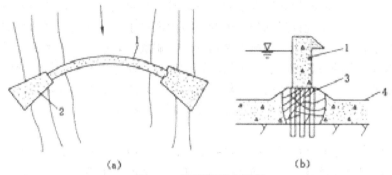

图3-8　拱形混凝土围堰

（a）平面图；（b）横断面图

1—拱身；2—拱座；3—覆盖层；4—地面

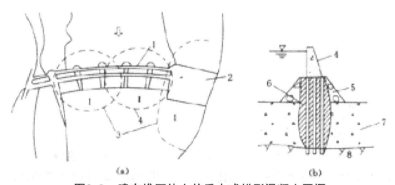

图3-9　建在堆石体上的重力式拱形混凝土围堰

（a）平面图；（b）横断面图

1—主体建筑物；2—水电站；3—一期围堰；4—二期围堰；

5—堆石体；6—灌浆帷幕；7—覆盖层；8—隔水层

拱型混凝土围堰与重力式混凝土围堰相比，断面较小，节省混凝土用量，施工速度较快。

4.过水围堰

过水围堰是在一定条件下允许堰顶过水的围堰。过水围堰既能担负挡水任务，又能在汛期泄洪，适用于洪枯流量比值大，水位变幅显著的河流。其优点是减小施工导流泄水建筑物规模，但过流时基坑内不能施工。对于可能出现枯水期有洪水而汛期又有枯水的河流，可通过施工强度和导流总费用（包括导流建筑物和淹没基坑的总费用总和）的技术经济比较，选用合理的挡水设计流量。一般情况下，根据水文特性及工程重要性，给出枯水期5%～10%频率的几个流量值，通过分析论证选取，选取的原则是力争在枯水年能全年施工。为了保证堰体在过水条件下的稳定性，还需要通过计算或试验确定过水条件下的最不利流量，作为过水设计流量。

当采用允许基坑淹没的导流方案时，围堰堰顶必须允许过水。如前所述，土石围堰是散粒体结构，是不允许过水的。因为土石围堰过水时，一般受到两种破坏作用：第一是水流往下游坡面下泄，动能不断增加，冲刷堰体表面；第二是由于过水时水流渗入堆石体所产生的渗透压力引起下游坡面同堰顶一起深层滑动，最后导致溃堰的严重后果。因此，土石过水围堰的下游坡面及堰脚应采用可靠的加固保护措施。目前采用的有：大块石护面、钢丝笼护面、加钢筋护面及混凝土板护面等，较普遍的是混凝土板护面。

混凝土板护面过水土石围堰：江西省上犹江水电站采用的便是混凝土板护面过水土石围堰。围堰由维持堰体稳定的堆石体、防止渗透的黏土斜墙、满足过水要求的混凝土护面板以及维持堰体和护面板抗冲稳定的混凝土挡墙等部分所构成，如图3-10所示。

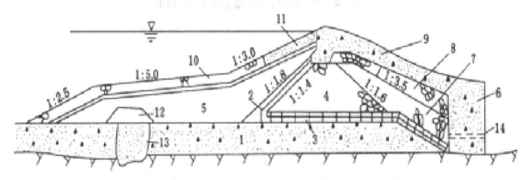

图3-10　江西上犹江水电站混凝土板护面过水土石围堰

1—堆石体；2—反滤层；3—柴排护体；4—堆石体；5—黏土防渗斜墙；
6—毛石混凝土挡墙；7—回填块石；8—干砌块石；9—混凝土护面板；
10—块石护面板；11—混凝土护面板；12—黏土顶盖；
13—水泥灌浆；14—排水孔

混凝土护面板的厚度初拟时可为0.4～0.6 m、边长为4～8m，其后尺寸应通过强度计算和抗滑稳定验算确定。

混凝土护面板要求不透水，接缝要设止水，板面要平顺，以免在高速水流影响下发生气蚀或位移。为加强面板间的相互牵制作用，相邻面板可用 φ（6～16）mm 的钢筋连接在一起。

混凝土护面板可以预制也可以现浇，但面板的安装或浇筑应错缝、跳仓，施工顺序应从下游面坡脚向堰顶进行。

过水土石围堰的修建，需将设计断面分成两期。第一期修建所谓"安全断面"，即在导流建筑物泄流情况下，进行围堰截流、闭气、加高培厚，先完成临时断面然后抽水排干基坑，见图3-11（a），第二期在安全断面挡水条件下修建混凝土挡墙，见图3-11（b），并继续加高培厚修筑堰顶及下游坡护面等，直至完成设计断面，见图3-11（c）。

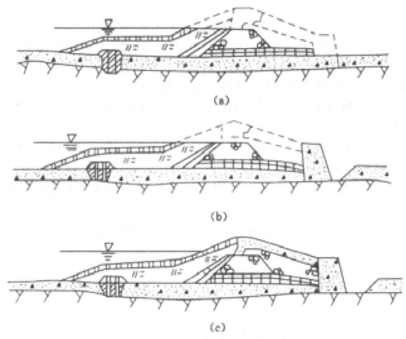

图3-11 过水围堰施工程序示意图

（a）一期断面；（b）二期断面；（c）设计断面

（2）加筋过水土石围堰：20世纪50年代以来，为了解决堆石坝的度汛、泄洪问题，国外已成功地建成了多座加筋过水堆石坝，坝高达20～30m左右，坝顶过水泄洪能力近千立方米每秒。加筋过水土石坝解决了堆石体的溢洪过水问题，从而为解决土石围堰过水问题开辟了新的途径。加筋过水土石围堰，如图3-12所示，是在围堰的下游坡面上铺设钢筋网，以防坡面的石块被冲走，并在下游部位的堰体内埋设水平向主锚筋以防止下游坡连同堰顶一起滑动。下游面采用钢筋网护面可使护面石块的尺寸减小、下游坡角加大，其造价低于混凝土板护面过水土石围堰。

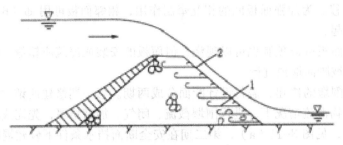

图3-12　加筋过水土石围堰

1—水平向主锚筋；2—钢筋网

必须指出的是：①加筋过水土石围堰的钢筋网应保证质量，不然过水时随水挟带的石块会切断钢筋网，使土石料被水流淘刷成坑，造成塌陷，导致溃口等严重事故；②过水时堰身与两岸接头处的水流比较集中，钢筋网与两岸的连接应十分牢固，一般需回填混凝土直至堰脚处，以利钢筋网的连接生根；③过水以后要进行检修和加固。

5. 木笼围堰

木笼围堰是用方木或两面锯平的圆木叠搭而成的内填块石或卵石的框格结构，具有耐水流冲刷，能承受较高水头，断面较小，既可作为横向围堰，又可作为纵向围堰，其顶部经过适当处理后还可以允许过水，如图 3-13 所示。通常木笼骨架在岸上预制，水下沉放。

木笼需耗用大量木材，造价较高，建造和拆除都比较困难，现已较少使用。

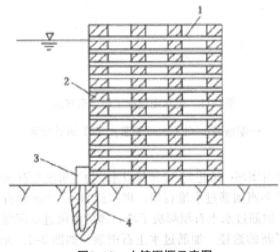

图3-13　木笼围堰示意图

1—木笼；2—木板夹油毛毡防渗板；3—水下混凝土封底；4—水泥灌浆帷幕

6. 钢板桩围堰

用钢板桩设置单排、双排或格型体，既可建于岩基，又可建于土基上，抗冲刷能力强，断面小，安全可靠。堰顶浇筑混凝土盖板后可溢流。钢板桩围堰的修建、拆除可用机械施工，钢板桩回收率高，但质量要求较高，涉及的施工设备亦较多。

钢板桩格型围堰按挡水高度不同，其平面型式有圆筒形格体、扇形格体及花瓣形格体，如图3-14所示，应用较多的是圆筒形格体。

圆筒形格体钢板桩围堰是由一字形钢板桩拼装而成，由一系列主格体和联弧段所构成，如图3-14（a）所示。格体内填充透水性较强的填料，如沙、沙卵石或石渣等。

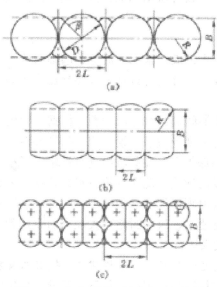

图3-14　钢板桩格型围堰平面型式

（a）圆筒形格体；（b）扇形格体；（c）花瓣型格体

圆筒形格体的直径D，根据经验一般取挡水高度H的90%～140%，平均宽度B为0.85D，2L为（1.2～1.3）D。圆筒形格体钢板桩围堰不是一个刚性体，而是一个柔性结构，格体挡水时允许产生一定幅度的变位，提高圆筒内填料本身抗剪强度及填料与钢板之间的抗滑能力，有助于提高格体抗剪稳定性。钢板桩锁口由于受到填料侧压力作用，需校核其抗拉强度。

圆筒形格体钢板桩围堰的修建由定位、打设模架支柱、模架就位、安插钢板桩、打设钢板桩、填充料渣、取出模架及其支柱和填充料渣到达设计高程等工序组成。

（二）围堰型式的选择

围堰的基本要求：①具有足够的稳定性、防渗性、抗冲性及一定的强度；②造价低，工程量较少，构造简单，修建、维护及拆除方便；③围堰之间的接头、围堰与岸坡的连结要安全可靠；④混凝土纵向围堰的稳定与强度，需充分考虑不同导流时期，双向先后承受水压的特点。

选择围堰型式时，必须根据当地具体条件，施工队伍的技术水平、施工经验和特长，在满足对围堰基本要求的前提下，通过技术经济分析对比，加以选择。

（三）导流标准

导流建筑物级别及其设计洪水的标准称为导流标准。导流标准是确定导流设计流量的依据，而导流设计流量是选择导流方案、确定导流建筑物规模的主要设计依据。导流标准与工程所在地的水文气象特征、地质地形条件、永久建筑物类型、施工工期等直接相关，需要结合工程实际，全面综合分析其技术上的可行性和经济上的合理性，准确选择导流建筑物级别及设计洪水标准，使导流设计流量尽量符合实际施工流量，以减少风险，节约投资。

1.导流时段的划分

施工过程中，随着工程进展，施工导流所用的临时或永久挡水、泄水建筑物（或结构物）也在相应发生变化。导流时段就是按照导流程序划分的各施工阶段的延续时间。

水利工程在整个施工期间都存在导流问题。根据工程施工进度及各个时期的泄水条件，施工导流可以分为初期导流、中期导流和后期导流三个阶段。初期导流即围堰挡水阶段的导流。在围堰保护下，在基坑内进行抽水、开挖及主体工程施工等工作；中期导流即坝体挡水阶段的导流。此时导流泄水建筑物尚未封堵，但坝体已达拦洪高程，具备挡水条件，故改由坝体挡水。随着坝体的升高、库容加大，防洪能力也逐渐增大；后期挡水即从导流泄水建筑物封堵到大坝全面修建到设计高程时段的导流。这一阶段，永久建筑物已投入运行。

通常河流全年流量的变化具有一定的规律性。按其水文特征可分为枯水期、中水期和洪水期。在不影响主体工程施工的条件下，若导流建筑物只负担枯水期的挡水及泄水任务，显然可以大大减少导流建筑物的工程量，改善导流建筑物的工作条件，具有明显的技术经济效益。因此，合理划分导流时段，明确不同时段导流建筑物的工作状态，是既安全又经济地完成导流任务的基本要求。

导流时段的划分与河流的水文特征、水工建筑物的型式、导流方案、施工进度等有关。

一般情况下，土坝、堆石坝和支墩坝不允许过水，因此当施工期较长，而汛期来临前又不能建完时，导流时段就要考虑以全年为标准。此时，按导流标准要求，应该选择一定频率下的年最大流量作为导流设计流量；如果安排的施工进度能够保证在洪水来临前，使坝体达到拦洪高程，则导流时段即可按洪水来临前的施工时段作为划分的依据，并按导流标准要求，该时段内具有一定频率的最大流量即为导流设计流量。当采用分段围堰法导流，后期用临时底孔导流来修建混凝土坝时，一般宜划分为三个导流时段：第一时段河水由束窄河床通过，进行第一期基坑内的工程施工；第二时段河水由导流底孔下泄，进行第二期基坑内的工程施工；第三时段进行底孔封堵，坝体全面升高，河水由永久泄水建筑物下泄，也可部分或完全拦蓄在水库中，直到工程完建。在各时段中，围堰和坝体的挡水高程和泄水建筑物的泄水能力，均应按相应时段内一定频率的最大流量作为导流设计流量。

山区型河流，其特点是洪水期流量大、历时短，而枯水期流量则特别小，因此水位变幅很大。例如上犹江水电站，坝型为混凝土重力坝，坝身允许过水，其所在河道正常水位时水面宽仅40m，水深为6～8m，当洪水来临时，河宽增加不大，但水深却增大到18m。若按一般导流标准要求来设计导流建筑物，不是挡水围堰修得很高，就是泄水建筑物的尺寸要求很大，而使用期又不长，这显然是不经济的。在这种情况下可以考虑采用允许基坑淹没的导流方案，即洪水来临时围堰过水，基坑被淹没，河床部分停工，待洪水过后围堰挡水时，再继续施工。这种方案由于基坑淹没引起的停工天数很短，不致影响施工总进度，而导流总费用（导流建筑物费用与淹没损失费用之和）却较省，所以是合理可行的。

导流总费用最低的导流设计流量，必须经过技术经济比较确定，其计算程序为：

第一，根据河流的水文特征，假定一系列的流量值，分别求出泄水建筑物上、下游的水位。

第二，根据这些水位决定导流建筑物的主要尺寸、工程量，估算导流建筑物的费用。

第三，估算由于基坑淹没一次所引起的直接和间接损失费用。属于直接损失的有基坑排水费，基坑清淤费，围堰及其他建筑物损坏的修理费，施工机械撤离和返回基坑的费用及无法搬运的机械被淹没后的修理费，道路、交通和通信设施的修理费用，劳动力和机械的窝工损失费等；属于间接损失的项目是，由于有效施工时间缩短，而增加的劳动力、机械设备、生产企业的规模、临时房屋等的费用。

第四，根据历年实测水文资料，用统计超过上述假定流量值的总次数除以统计年数得到年平均超过次数，亦即年平均淹没次数。根据主体工程施工的跨汛年数，即可算得整个施工期内基坑淹没的总次数及淹没损失总费用。

第五，绘制流量与导流建筑物费用、基坑淹没损失费用的关系曲线，如图3-15的曲线1和2所示，并将它们叠加求得流量与导流总费用的关系曲线3。显然，曲线3上的最低点，即为导流总费用最低时的导流设计流量。

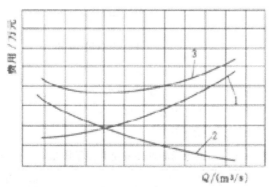

图3-15　导流建筑物费用、基坑淹没损失费用与导流设计流量的关系
1—导流建筑物费用曲线；2—基坑淹没损失费用曲线；3—导流总费用曲线

2.导流设计标准

导流设计标准是对导流设计中所采用的设计流量频率的规定。导流设计标准一般随永久建筑物级别以及导流阶段的不同而有所不同，应根据水文特性、流量过程线特

性、围堰类型、永久建筑物级别、不同施工阶段库容、失事后果及影响等确定导流设计标准。总的要求是：初期导流阶段的标准可以低一些，中期和后期导流阶段的标准应逐步提高；当要求工程提前发挥效益时，相应的导流阶段的设计标准应适当提高；对于特别重要的工程或下游有重要工矿企业、交通枢纽以及城镇时，导流设计标准亦应适当提高。

（四）围堰的平面布置与堰顶高程

1.围堰平面位置

围堰的平面布置是一项很重要的设计任务。如果布置不当，围护基坑的面积过大，会增加排水设备容量；面积过小，会妨碍主体工程施工，影响工期；严重的话，会造成水流不畅，围堰及其基础被水冲刷，直接影响主体工程的施工安全。

根据施工导流方案、主体工程轮廓、施工对围堰的要求以及水流宣泄通畅等条件进行围堰的平面布置。全部拦断河床采用河床外导流方式，只布置上、下游横向围堰；分期导流除布置横向围堰外，还要布置纵向围堰。横向围堰一般布置在主体工程轮廓线以外，并要考虑给排水设施、交通运输、堆放材料及施工机械等留有充足的空间；纵向围堰与上、下游横向围堰共同围住基坑，以保证基坑内的工程施工。混凝土纵向围堰的一部分或全部常作为永久性建筑物的组成部分。围堰轴线的布置要力求平顺，以防止水流产生旋涡淘刷围堰基础。迎水一侧，特别是在横向围堰接头部位的坡脚，需加强抗冲保护。对于松软地基要进行渗透坡降验算，以防发生管涌破坏。纵向围堰在上、下游的延伸视冲刷条件而定，下游布置一般结合泄水条件综合予以考虑。

2.堰顶高程

堰顶高程的确定取决于导流设计流量以及围堰的工作条件。

不过水围堰堰顶高程可按下式计算：

$$H1 = h1 + hb1 + \delta \qquad (3-1)$$

$$H2 = h2 + hb2 + \delta \qquad (3-2)$$

式中　H1、H2——上、下游围堰堰顶高程，m；

h1、h2——上、下游围堰处的设计洪水静水位，m；

hb1、hb2——上、下游围堰处的波浪爬高，m；

δ——安全超高，m，见表3-16

表3-16　不过水围堰堰顶安全超高下限值　　　　　m

围堰型式	围堰级别	
	Ⅲ	Ⅳ～Ⅴ
土石围堰	0.7	0.5
混凝土围堰	0.4	0.3

上游设计洪水静水位取决于设计导流洪水流量及泄水能力。当利用永久性泄水建筑物导流时，若其断面尺寸及进口高程已给定，则可通过水力计算求出上游设计洪水静水位；当用临时泄水建筑物导流时，可求出不同上游设计洪水静水位时围堰与泄水

建筑物总造价，从中选出最经济的上游设计洪水静水位。

上游设计洪水静水位的具体计算方法如下。

当采用渡槽、明渠、明流式隧洞或分段围堰法的束窄河床导流时，设计洪水静水位按下式计算：

$$H1=H+h+Z \qquad (3-3)$$

式中　H——泄水建筑物进口底槛高程，m；

h——进口处水深，m；

Z——进口水位落差，m。

计算进口处水深，首先应判断其流态。对于缓流，应做水面曲线进行推算，但近似计算时，可采用正常水深；对于急流，可以近似采用临界水深计算。

进口水位落差 Z 可用下式计算：

$$Z=v2/（2g\phi 2）-v02/（2g） \qquad (3-4)$$

式中　v——进口内流速，m/s；

V0——上游行进流速，m/s；

ϕ——考虑侧向收缩的流速系数，随紧扣形状不同而变化，一般取 0.8～0.85；

g 重力加速度，9.81 m/s2。

当采用隧洞、涵管或底孔导流，并为压力流时，设计洪水静水位按下式计算：

$$h1=H+h \qquad (3-5)$$

$$h=hp-ⅠL+（v2/（2g））（1+\sum \xi 1+\xi 2L）-v02/2g \qquad (3-6)$$

式中　H——隧洞等进水口底槛高程，m；

h——隧洞进水前水深，m；

Hp——从隧洞出口底槛算起的下游计算水深，当出口实际水深小于洞高时，按 85% 洞高计算；

$\sum \xi 1$——局部水头损失系数总和；

$\xi 2$——沿程水头损失系数；

v——洞内平均流速，m/s；

Ⅰ——隧洞纵向坡降；

L——隧洞长度，m。

下游围堰的设计洪水静水位，可以根据该处的水位—流量关系曲线确定。当泄水建筑物出口较远，河床较陡，水位较低时，也可能不需要下游围堰。

纵向围堰的堰顶高程，要与束窄河段宣泄导流设计流量时的水面曲线相适应。因此，纵向围堰的顶面通常做成倾斜状或阶梯状，其上、下端分别与上、下游围堰同高。

过水围堰的高程应通过技术经济比较确定。从经济角度出发，求出围堰造价与基坑淹没损失之和为最小的围堰高程；从技术角度出发，对修筑一定高度过水围堰的技术水平作出可行性评价。一般过水围堰堰顶高程按静水位加波浪爬高确定，不再加安全超高。

（五）围堰的防渗、防冲

围堰的防渗和防冲是保证围堰正常工作的关键问题，对土石围堰来说尤为突出。一般土石围堰在流速超过 3.0m/s 时，会发生冲刷现象，尤其在采用分段围堰法导流时，若围堰布置不当，在束窄河床段的进、出口和沿纵向围堰会出现严重的涡流，淘刷围堰及其基础，导致围堰失事。

如前所述，土石围堰的防渗一般采用斜墙、斜墙接水平铺盖、垂直防渗墙或灌浆帷幕等措施。围堰一般需在水中修筑，因此如何保证斜墙和水平铺盖的水下施工质量是一个关键课题。大量工程实践表明，尽管斜墙和水平铺盖的水下施工难度较高，但只要施工方法选择得当，是能够保证质量的。

围堰遭到冲刷在很大程度上与其平面布置有关，尤其在分段围堰法导流时，水流进入围堰区受到束窄，流出围堰区又突然扩大，这样就不可避免地在河底引起动水压力的重新分布，流态发生急剧改变。此时在围堰的上游转角处产生很大的局部压力差，局部流速显著提高，形成螺旋状的底层涡流，流速方向自下而上，从而淘刷堰脚及基础。为了避免由局部淘刷而导致溃堰的严重后果，必须采取护底措施。一般多采用简易的抛石护底措施来保护堰脚及其基础的局部冲刷。关于围堰区护底的范围及抛石尺寸的大小，应通过水工模型试验确定为宜。解决围堰及其基础的防冲问题，除了抛石护底或其他措施（如柴排）外，还应对围堰的布置给予足够的重视，力求使水流平顺地进、出束窄河段。通常在围堰的上、下游转角处设置导流墙，以改善束窄河段进、出口的水流条件。在大、中型水利水电工程中，纵向围堰一般都考虑作为永久建筑物的隔墩或导水墙的一部分，所以均采用混凝土结构，导流墙实质上是混凝土纵向围堰分别向上、下游的延伸。尽管设置导流墙后，河底最大局部流速有所增加，但混凝土的抗冲能力较强，不会发生冲刷破坏。

三、截流

施工导流中截断原河道，迫使原河床水流流向预留通道的工程措施称为截流。为了施工需要，有时采用全河段水流截断方式，通过河床外的泄水建筑物把水流导向下游。有时采用河床内分期导流方式，分段把河道截断，水流从束窄的河床或河床内的泄水建筑物导向下游。截流实际上就是在河床中修筑横向围堰的施工。

截流是一项难度比较大的工作，在施工导流中占有重要地位。截流在施工导流中占有重要的地位，如果截流不能按时完成，就会延误整个河床部分建筑物的开工日期；如果截流失败，失去了以水文年计算的良好截流时机，则可能拖延工期达一年。所以在施工导流中，常把截流视为影响工程施工全局的一个控制性项目。

截流之所以被重视，还因为截流本身无论在技术上和施工组织上都具有相当的艰巨性和复杂性。为了成功截流，必须充分掌握河流的水文特性和河床的地形、地质条件，掌握在截流过程中水流的变化规律及其对截流的影响。为了顺利地进行截流，必须在非常狭小的工作面上以相当大的施工强度在较短的时间内进行截流的各项工作，为此必须有极严密的施工组织与措施。特别是大河流的截流工程，事先必须进行缜密的设计和水工模型试验，对截流工作作出充分的论证。此外，在截流开始之前，还必须切实做好器材、设备和组织上的充分准备。

截流的施工过程为：先在河床的一侧或两侧向河床中填筑截流俄堤，这种向水中筑堤的工作也叫进占。俄堤填筑到一定程度，把河床束窄，形成了流速较大的龙口。封端龙口的工作称为合龙。合龙开始之前，为了防止龙口河床或俄堤端部被冲毁，必须对龙口采取防冲加固措施。合龙以后，龙口部位的俄堤虽已高出水面，但堤身仍然漏水，因此须在其迎水面布置防渗设施。在俄堤全线布置防渗设施的工作叫作闭气。最后按设计要求的尺寸将俄堤培高加厚。所以，整个截流过程包括俄堤的进占、龙口范围的加固、合龙、闭气和培高加厚等五项工作。

（一）截流的基本方法

1. 平堵截流

沿俄堤轴线的龙口架设浮桥或固定式栈桥，或利用缆机等其他跨河设备，并沿龙口全线均匀抛筑俄堤（抛投料形成的堆筑体），逐渐上升，直至截断水流，俄堤露出水面，如图 3-16 所示。平堵截流方式的水力条件好，但准备工作量大，造价高。

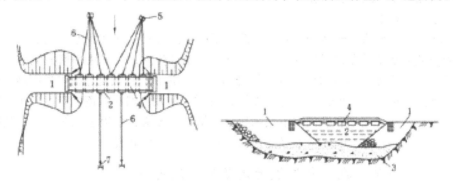

图3-16　平堵法截流示意图

（a）平面图；（b）龙口断面图

1—截流俄堤；2—龙口；3—覆盖层；4—浮桥；5—锚墩；6—钢缆；7—铁锚

2. 立堵截流

由龙口一端向另一端，或由龙口两端向中间抛投截流材料，逐步进占，直至合龙的截流方式，如图 3-17 所示。立堵截流方式无需架设桥梁，准备工作量小，截流前一般不影响通航，抛投技术灵活，造价较低。但龙口束窄后，水流流速分布不均匀，水力条件较平堵差。立堵截流截流量最大的是我国长江三峡水利枢纽，其实测指标为：流量 11600 ～ 8480m3/s，最大流速 4.22m/s；抛投的一部分岩块最大重量达 10t 以上；最大抛投强度 19.4 万 m3/d。

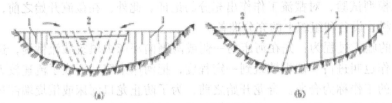

图3-17 立堰法截流示意图
(a) 双向进占；(b) 单向进占
1—截流俄堤；2—龙口

3.平立堰截流

平堰与立堰截流相结合、先平堰后立堰的截流方式。这种方式主要是指先用平堰抛石方式保护河床深厚覆盖层，或在深水河流中先抛石垫高河床以减小水深，再用立堰方式合龙完成截流任务。青铜峡水电站原河床沙砾覆盖层厚6～8 m，截流施工中，采取平抛块石护底后，立堰合龙。三峡水利枢纽截流时，最大水深达50 m，用平抛块石垫高河深近40 m后立堰截流成功。

4.立平堰截流

立堰截流与平堰截流结合、先立堰后平堰的截流方式。这种截流方式的施工为，先在未设截流栈桥的龙口段立堰进占，达到预定部位后，再采用平堰截流方式完成合龙任务。其优点是，可以缩短截流桥的长度，节约造价；将截流过程中最困难区段，由水力条件相对优越一些的平堰截流来完成，比单独采用立堰法截流的难度要小一些。多瑙河上捷尔达普高坝和铁门水电站采用立平堰方式截流，俄堤全长2495m，其中立堰进占1495m，其余1000m在栈桥上抛投截流材料，平堰截流。

（二）截流日期、截流设计流量及截流材料

1.截流日期与截流设计流量

选择截流日期，既要把握截流时机，选择最枯流量进行截流，又要为后续的基坑工作和主体建筑物施工留有余地，不致影响整个工程的施工进度。

在确定截流日期时，应当考虑下述条件：

第一，截流以后，需要继续加高围堰，完成排水、清基、基础处理等大量基坑工作，并应把围堰或永久建筑物在汛期前抢修到拦洪高程以上。为了保证这些工作的完成，截流日期应尽量提前。

第二，在通航的河流上进行截流，截流日期最好选择在对通航影响最小的时期内。因为截流过程中，航运必须停止，即使船闸已经修好，但因截流时水位变化较大，须暂停航运。

第三，在北方有冰凌的河流上，截流不应在流冰期进行。因为冰凌很容易堵塞河床或导流泄水建筑物，壅高上游水位，给截流带来极大的困难。

此外在截流开始前，应修好导流泄水建筑物，并做好过水准备，如消除影响泄水建筑物正常运行的围堰或其他设施，开挖引水渠，完成截流所需的一切材料、设备、

交通道路的准备等。

因此，截流日期一般多选在枯水期间流量已有显著下降的时段，而不一定选在流量最小的时刻。然而，在截流设计时，根据历史水文资料确定的枯水期和截流流量与截流时的实际水文条件往往有一定出入，必须在实际施工中，根据当时的水文气象预报及实际水情分析进行修正，最后确定截流日期。龙口合龙所需的时间往往是很短的，一般从数小时到几天。为了估计在此时段内可能会出现的水情，以便制定应对策略，须选择合理的截流设计流量。一般可按工程的重要程度选用截流时期内5%～10%频率的旬或月平均流量。如果水文资料不足，可用短期的水文观测资料或根据条件类似的工程来选择截流设计流量。无论用什么方法确定截流设计流量，都必须根据当时实际情况和水文气象预报加以修正，按修正后的流量作为指导截流施工的依据，并做好截流的各项准备工作。

2.龙口位置与宽度

龙口位置的选择对截流工作的顺利与否有密切关系。选择龙口位置时，需要考虑以下技术要求：

第一，一般说来，龙口应设置在河床主流部位，龙口水流力求与主流平顺一致，以使截流过程中河水能顺畅地经龙口下泄。但有时也可以将龙口设置在河滩上，此时，为了使截流时的水流平顺，根据流量大小，应在龙口上、下游沿河流流向开挖引渠。龙口设在河滩上时一些准备工作就不必在深水中进行。这对确保施工进度和施工质量均有益处。

第二，龙口应选择在耐冲河床上，以免截流时因流速增大，引起过分冲刷。如果龙口段河床覆盖层较薄时，则应予以清除。

第三，龙口附近应有较宽阔的场地，以便合理规划并布置截流运输路线及制作、堆放截流材料的场地。

龙口宽度原则上应尽可能窄一些，这样合龙的工程量较小，截流持续时间也短些，但以不引起龙口及其下游河床的冲刷为限。为了提高龙口的抗冲能力，减少合龙的工程量，须对龙口加以保护。龙口的防护包括护底和裹头。护底一般采用抛石、沉排、竹笼、柴石枕等。裹头就是用石块、块石铁丝笼、黏土麻袋包或草包、竹笼、柴石枕等把欲堤的端部保护起来，以防被水流冲坍。裹头多用于平堵依堤两端或立堵进占端对面的钱堤。龙口宽度及其防护措施，可根据相应的流量及龙口的抗冲流速来确定。在通航河道上，当截流准备期通航设施尚不能投入运用时，船只仍需在拟截流的龙口通过，这时龙口宽度便不能太窄，流速也不能太大，以免影响航运。

3.截流材料

截流材料的选择主要取决于截流时可能发生的流速及工地所用开挖、起重、运输等机械设备的能力，一般应尽可能就地取材。在黄河上，长期以来使用梢料、麻袋、草包、石料、土料等作为提防溃口的截流堵口材料；在南方，如四川都江堰，则常用卵石竹笼、砾石和相槎等作为截流堵河分流的主要材料。国内外大河流截流的实践证明，块石是截流的基本材料。此外，当截流水力条件较差时，还须使用混凝土六面体、四面体、四脚体及钢筋混凝土构架等。

（三）截流水力计算

截流水力计算主要解决两个问题：一是确定截流过程中龙口各水力参数，如单宽流量 q、落差 z 及流速 v 等的变化规律；二是确定截流材料的尺寸或重量。通过水力计算，赶在截流前可以有计划、有目的地准备各种尺寸或重量的截流材料，规划截流现场的场地布置，选择起重及运输设备，而且在截流时，能预先估算出不同龙口宽度的截流参数，以便制定详细的截流施工方案，如抛投截流材料的尺寸、重量、形状、数量及抛投时间和地点等。

在截流过程中，上游来水量，也就是截流设计流量，将分别经由龙口、分水建筑物及俄堤的渗漏下泄，并有一部分拦蓄在水库中。截流过程中，若库容不大，拦蓄在水库中的水量可以忽略不计。对于立堵截流，作为安全因素，也可忽略经由俄堤渗漏的水量。这样，截流时的水量平衡方程式为：

$$Q0=Q1+Q2 \tag{3-7}$$

式中 Q0——截流设计流量，m3/s；

Q1——分水建筑物的泄流量，m3/s；

Q2——龙口的泄流量（可按宽顶堰计算），m3/s。

随着截流俄堤的进占，龙口逐渐被束窄，由于经分水建筑物和龙口的泄流量是变化的，但二者之和恒等于截流设计流量。其变化规律是：截流开始时，截流设计流量的大部分经龙口泄流。随着截流俄堤的逐步进占，龙口断面不断缩小，上游水位不断上升，经由龙口的泄流量越来越小，而经由分水建筑物的泄流量则越来越大。龙口合龙闭气以后截流设计流量全部经由分水建筑物泄流。

为了计算方便，可采用图解法。图解时，先绘制上游水位 Hu 与分水建筑物泄流量 Q1 和不同龙口宽度 B 的泄流量关系曲线，如图 3-18 所示。在绘制曲线时，下游水位可根据截流设计流量，在下游水位—流量关系曲线上查得。这样在同一上游水位情况下，当分水建筑物泄流量与某宽度龙口泄流量之和为 Q0 时，即可分别得到 Q1 和 Q2。

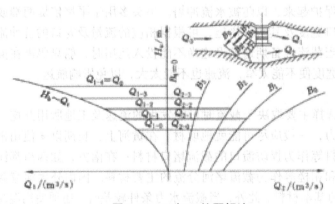

图3-18 Q1与Q2的图解法

根据图解法可同时求得不同龙口宽度时的 Hu、Q1 和 Q2 值，在此基础上通过水力学计算即可求得截流过程中龙口诸水力参数的变化规律。由获得的龙口流速，查表 3-19。

表3-19　截流材料的适用流速

截流材料	适用流速/（m/s）	截流材料	适用流速/（m/s）
土料	0.5～0.7	3 t大块石或铁丝笼	3.5
20～30 kg石块	0.8～1.0	4.5 t混凝土六面体	4.5
50～70 kg石块	1.2～1.3	5 t大块石、大石串或铁丝笼	4.5～5.5
麻袋装土（0.7 m×0.4 m×0.2 m）	1.5	12～15 t混凝土四面体	7.2
φ0.5 m×2 m装石竹笼	2.0	20 t混凝土四面体	7.5
φ0.6 m×4 m装石竹笼	2.5～3.0	φ1.0 m，长15 m的柴石枕	7～8
φ0.8 m×6 m装石竹笼	3.5～4.0		

由于平堵、立堵截流的水力条件非常复杂，尤其是立堵截流，上述计算只能作为初步依据。在大、中型水利水电工程中，截流工程必须进行模型试验。但模型试验对抛投体的稳定也只能给出定性的分析，还不能满足定量要求。放在试验的基础上，还必须参考类似工程的截流经验，作为修改截流设计的依据。

四、施工度汛

保护跨年度施工的水利工程，在施工期间安全度过汛期而不遭受洪水损害的措施称为施工度汛。施工度汛，需根据已确定的当年度汛洪水标准，制订度汛规划及技术措施。

（一）施工度汛阶段

水利枢纽在整个施工期间都存在度汛问题，一般分为 3 个施工度汛阶段：①基坑在围堰保护下进行抽水、开挖、地基处理及坝体修筑，汛期完全靠围堰挡水，叫作围堰挡水的初期导流度汛阶段；②随着坝体修筑高度的增加，坝体高于围堰，从坝体可以挡水到临时导流泄水建筑物封堵这一时段，叫作大坝挡水的中期导流度汛阶段；③从临时导流泄水建筑物封堵到水利枢纽基本建成，永久建筑物具备设计泄洪能力，工程开始发挥效益这一时段，叫作施工蓄水期的后期导流度汛阶段。施工度汛阶段的划分与前面提到的施工导流阶段是完全吻合的。

（二）施工度汛标准

不同的施工度汛阶段有不同的施工度汛标准。根据水文特征、流量过程线特征、围堰类型、永久性建筑物级别、不同施工阶段库容、失事后果及影响等制订施工度汛标准。特别重要的城市或下游有重要工矿企业、交通设施及城镇时，施工度汛标准可适当提高。由于导流泄水建筑物泄洪能力远不及原河道的泄流能力，如果汛期洪水大于建筑物泄洪能力时，必有一部分水量经过水库调节，虽然使下泄流量得到削减，但却抬高了坝体上游水位。确定坝体挡水或拦洪高程时，要根据规定的拦洪标准，通过调洪演算，求得相应最大下泄量及水库最高水位再加上安全超高，便得到当年坝体拦洪高程。

（三）围堰及坝体挡水度汛

由于土石围堰或土石坝一般不允许堰（坝）体过水，因此这类建筑物是施工度汛研究的重点和难点。

1. 围堰挡水度汛

截流后，应严格掌握施工进度，保证围堰在汛前达到拦洪度汛高程。若因围堰土石方量太大，汛前难以达到度汛要求的高程时，则需要采取临时度汛措施，如设计临时挡水度汛断面，并满足安全超高、稳定、防渗及顶部宽度能适应抢险子堰等要求。临时断面的边坡必要时应做适当防护，避免坡面受地表径流冲刷。在堆石围堰中，则可用大块石、钢筋笼、混凝土盖面、喷射混凝土层、顶面和坡面钢筋网以及伸入堰体内水平钢筋系统等加固保护措施过水。若围堰是以后挡水坝体的一部分，则其度汛标准应参照永久建筑物施工过程中的度汛标准，其施工质量应满足坝体填筑质量的要求。长江三峡水利枢纽二期上游横向围堰，深槽处填筑水深达 60m，最大堰高 82.5m，上下游围堰土石填筑总量达 1060 万 m3，混凝土防渗墙面积达 9.2 万 m3（深槽处设双排防渗墙），要求在截流后的第一个汛期前全部达到度汛高程有困难，放在围堰上游部位设置临时子堰度汛，并在它的保护下施工第二道混凝土防渗墙。

2. 坝体挡水度汛

水利水电枢纽施工过程中，中、后期的施工导流，往往需要由坝体挡水或拦洪。例如主体工程为混凝土坝的枢纽中，若采用两段两期围堰法导流，在第二期围堰放弃时，未完建的混凝土建筑物，就不仅要担负宣泄导流设计流量的任务，而且还要起一定的挡水作用。又如主体工程为土坝或堆石坝的枢纽，若采用全段围堰隧洞或明渠导流，则在河床断流以后，常常要求在汛期到来以前，将坝体填筑到拦洪高程，以保证坝身能安全度汛。此时由于主体建筑物已开始投入运用，水库已拦蓄一定水量，此时的导流标与临时建筑物挡水时应有所不同。一般坝体挡水或拦洪时的导流标准，视坝型和拦洪库容的大小而定。

度汛措施一般根据所采用的导流方式、坝体能否溢流及施工强度而定。

当采用全段围堰时，对土石坝采用围堰拦洪，围堰必定很宽而不经济，故应将上游围堰作为坝体的一部分。如果用坝体拦洪而施工强度太大，则可采用度汛临时断面进行施工。如果采用度汛临时断面仍不能在汛前达到拦洪高程，则需降低溢洪道底槛高程，或开挖临时溢洪道，或增设泄洪隧洞等以降低拦洪水位，也可以将坝基处理和坝体填筑分别在两个枯水期内完成。

对允许溢流的混凝土坝或浆砌石坝，则可采用过水围堰，允许汛期过水而暂停施工也可在坝体中预留底孔或缺口，坝体的其余部分在汛前修筑到拦洪高程以上，以便汛期继续施工。

当采用分段围堰时，汛期一般仍由原束窄河床泄洪。由于泄流段一般有相当的宽度，因而洪水水位较低，可以用围堰拦洪。如果洪水位较高，难以用围堰拦洪时，对于非溢流坝，施工段坝体应在汛前修筑到洪水位以上，并采取好防洪保护措施。对能溢流的坝，则允许坝体过水，或在施工段坝体预留底孔或缺口，以便汛期继续施工。

3. 临时断面挡水度汛应注意的问题

土坝、堆石坝一般是不允许过水的。若坝身在汛期前不可能填筑到拦洪高程时，可以考虑采用降低溢洪道高程、设置临时溢洪道并用临时断面挡水，或经过论证采用临时坝顶保护过水等措施。

采用临时断面挡水时，应注意以下几点：

第一，在拦洪高程以上顶部应有足够的宽度，以便在紧急情况下，仍有余地抢筑子堰，确保安全。

第二，临时断面的边坡应保证稳定。其安全系数一般应不低于正常设计标准。为防止施工期间由于暴雨冲刷和其他原因而坍坡，必要时应采取简单的防护措施和排水措施。

第三，斜罐坝或心墙坝的防渗体一般不允许采用临时断面，以保证防渗体的整体性。

第四，上游垫层和块石护坡应按设计要求筑到拦洪高程，如果不能达到要求，则应考虑临时的防护措施。

为满足临时断面的安全要求，在基础治理完毕后，下游坝体部位应按全断面填筑几米后再收坡，必要时应结合设计的反滤排水设施统一安排考虑。

采用临时坝面过水时，应注意以下几点：

第一，过水坝面下游边坡的稳定是一个关键，应加强保护或做成专门的溢流堰，例如利用反滤体加固后作为过水坝面溢流堰体等，并应注意堰体下游的防冲保护。

第二，靠近岸边的溢流体堰顶高程应适当抬高，以减小坝面单宽流量，减轻水流对岸坡的冲刷。

第三，为了避免过水坝面的冲淤，坝面高程一般应低于溢流罐体顶 0.5 ~ 2.0 m 或修筑成反坡式坝面。

第四，根据坝面过流条件合理选择坝面保护型式，防止淤积物渗入坝体，特别应注意防渗体、反滤层等的保护。

第五必要时上游设置拦污设施，防止漂木、杂物等淤积坝面，撞击下游边坡。

五、蓄水计划与封堵技术

在施工后期，当坝体已修筑到拦洪高程以上，能够发挥挡水作用时，其他工程项目如混凝土坝已完成了基础灌浆和坝体纵缝灌浆，库区清理、水库坍岸和渗漏处理已经完成，建筑物质量和闸门设施等也均经检验合格。这时，整个工程就进入了所谓完建期。根据发电、灌溉及航运等国民经济各部门所提出的综合要求，应确定竣工运用日期，有计划地进行导流用临时泄水建筑物的封堵和水库的蓄水工作。

1. 蓄水计划

水库的蓄水与导流用临时泄水建筑物的封堵有密切关系，只有将导流用临时泄水建筑物封堵后，才有可能进行水库蓄水。因此，必须制订一个积极可靠的蓄水计划，既能保证发电、灌溉及航运等国民经济各部门所提出的要求，如期发挥工程效益，又要力争在比较有利的条件下封堵导流用的临时泄水建筑物，使封堵工作得以顺利进行。

水库蓄水解决两个问题，第一是制订蓄水历时计划，并据此确定水库开始蓄水的日期，即导流用临时泄水建筑物的封堵日期。水库蓄水一般按保证率为 75% ～ 85% 的月平均流量过程线来制订。可以从发电、灌溉及航运等国民经济各部门所提出的运用期限和水位的要求，反推出水库开始蓄水的日期。具体做法是根据各月的来水量减去下游要求的供水量，得出各月份留蓄在水库的水量，将这些水量依次累计，对照水库容积与水位关系曲线，就可绘制水库蓄水高程与历时关系曲线 1（如图 3-20 所示）；第二是校核库水位上升过程中大坝施工的安全性，并据此拟定大坝浇筑的控制性进度计划和坝体纵缝灌浆进程。大坝施工安全的校核洪水标准，通常选用 20 年一遇的月平均流量。核算时，以导流用临时泄水建筑物的封堵日期为起点，按选定的洪水标准的月平均流量过程线，用顺推法绘制水库蓄水过程线 2（如图 3-20 所示）。曲线 3（如图 3-20 所示）为大坝分月浇筑高程进度线，它应包络曲线 2，否则，应采取措施加快混凝土浇筑进度，或利用坝身永久底孔、溢流坝段、岸坡溢洪道或泄洪隧洞放水，调节并限制库水位上升。

蓄水计划是施工后期进行施工导流、安排施工进度的主要依据。

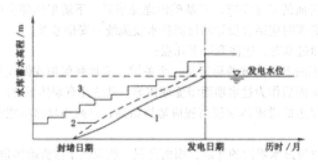

图3-20　水库蓄水高程与历时关系曲线

1—水库蓄水高程与历时关系曲线；2—导流泄水建筑物封堵后坝体度汛水库蓄水高程与历时关系曲线；3—坝体全线浇筑高程过程线

2.封堵技术

导流用临时泄水建筑物封堵下闸的设计流量，应根据河流水文特征及封堵条件，选用封堵期 5 ～ 10 年一遇的月或旬平均流量。封堵工程施工阶段的导流标准，可根据工程的重要性、失事后果等因素在该时段 5% ～ 20% 重现期范围内选取。

导流用的泄水建筑物，如隧洞、涵管及底孔等，若不与永久建筑物相结合，在蓄水时都要进行封堵。由于具体工程施工条件和技术特点不同，封堵方法也多种多样。过去多采用金属闸门或钢筋混凝土叠梁：金属闸门耗费钢材；钢筋混凝土叠梁比较笨重，大都需用大型起重运输设备，而且还需要一些预埋件，这对争取迅速完成封堵工作不利。近年来有些工程中也采用了一些简易可行的封堵方法，如利用定向爆破技术快速修筑拟封堵建筑物进口围堰，再浇筑混凝土封堵；或现场浇筑钢筋混凝土闸门；

或现场预制钢筋混凝土闸门，再起吊下放封堵等。

导流用底孔一般为坝体的一部分，因此，封堵时需要全孔堵死。而导流用的隧洞或涵管则并不需要全洞堵死，常浇筑一定长度的混凝土塞，就足以起永久挡水作用。混凝土塞的最小长度可根据极限平衡条件由下式求出：

$$l = (KP) / (\omega \gamma gf + \lambda c) \quad (3-8)$$

式中 K——安全系数，一般取 1.1～1.3；

P——作用水头的推力，N；

ω——导流隧洞或涵管的截面面积，m2；

γ——混凝土重度，kg/m3；

f——混凝土与岩石（或混凝土接触面）的黏接力，一般取 0.60～0.65；

c——混凝土与岩石（或混凝土接触面）的摩阻系数，一般取（5～20）×104Pa；

λ——导流隧洞或涵管的周长，m；

g——重力加速度，m/s2。

此外，当导流隧洞的断面面积较大时，混凝土塞的浇筑必须考虑降温措施，不然产生的温度裂缝会影响其止水质量。在堵塞导流底孔时，深水堵漏问题也应予以重视。不少工程在封堵的关键时刻，漏水不止，使封堵施工出现紧张和被动局面。

第二节　施工现场排水

一、大面积场地及坡面坡度不大时

第一，在场地平整时，按向低洼地带或可泄水地带平整成缓坡，以便排出地表水。
第二，场地四周设排水沟，分段设渗水井，以防止场地集水。

二、大面积场地及地面坡度较大时

在场地四周设置主排水沟，并在场地范围内设置纵横向排水支沟，也可在下游设集水井，用水泵排出。

三、大面积场地地面遇有山坡地段时

应在山坡底脚处挖截水沟，使地表水流入截水沟内排出场地外。

四、施工现场排水具体措施

第一，施工现场应按标准实现现场硬化处理。
第二，根据施工总平面图、规划和设计排水方案及设施，利用自然地形确定排水方向，按规定坡度挖好排水沟。

第三，设置连续、通畅的排水设施和其他应急设施，防止泥浆、污水、废水外流或堵塞下水道和排水河沟。

第四，若施工现场临近高地，应在高地的边缘（现场上侧）挖好截水沟，防止洪水冲入现场。

第五，汛期前做好傍山施工现场边缘的危石处理，防止滑坡、塌方威胁工地。

第六，雨期指定专人负责，及时疏浚排水系统，确保施工现场排水畅通。

第三节　基坑排水

围堰建好后，为了尽快创造干地施工条件，需要将基坑内的积水及施工过程中的渗水、降水排到基坑以外。按排水时间和性质，可分为初期排水和经常性排水；按排水方法可分为明式排水（排水沟排水）和人工降低地下水位（暗式排水）。

一、初期排水

基坑开挖前的初期排水，包括排除围堰完成后的基坑积水和基坑积水排除过程中围堰及基坑的渗水、降水的排除。

初期排水通常采用离心式水泵抽水。抽水时，基坑水位的允许下降速度要视围堰型式、地基特性及基坑内水深而定。水位下降太快，则围堰或基坑边坡中动水压力变化过大，容易引起塌坡；水位下降太慢，则影响基坑开挖时间。因此，一般水位下降速度限制在 0.5 ~ 1.0m/ 昼夜以内，土围堰应小于 0.5m/ 昼夜；木笼及板桩围堰应小于 1.0m/ 昼夜。

根据初期排水流量可确定所需排水设备容量，并应妥善布置水泵站，以免由于水泵站布置不当降低排水效果，影响其他工作，甚至被迫中途转移，造成人力、物力及时间上的浪费。一般初期排水可采用固定或浮动的水泵站。当水泵的吸水高度足够时，水泵站可布置在围堰上。水泵的出水管口最好放置于水面以下，可利用虹吸作用减轻水泵的工作，见图 3-21。

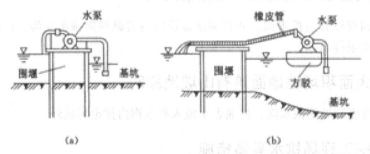

（a） （b）

图3-21　初期抽水站

固定式；（b）浮动式

二、经常性排水

基坑开挖及建筑物施工过程中的经常性排水，包括围堰和基坑渗水、降水、地基岩石冲洗与混凝土养护用废水等的排除。

（一）明式排水

1.基坑开挖过程中的排水系统布置

基坑开挖过程中布置排水系统，应以不妨碍开挖和运输工作为原则，一般将排水干沟布置在基坑中部，以利两侧出土，见图3-22。随着基坑开挖工作的进展，应逐渐加深排水沟，通常保持干沟深度为1.0～1.5 m，支沟深度为0.3～0.5 m。集水井底部应低于干沟的沟底。

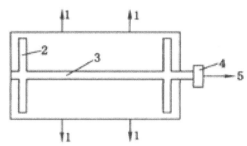

图3-22　基坑开挖过程中的排水系统布置

1—运土方向；2—支沟；3—干沟；4—集水井；5—抽水

2.基坑开挖完成后修建建筑物时的排水系统布置

修建建筑物时的排水系统，通常布置在基坑四周，见图3-23。排水沟、集水井应布置在建筑物轮廓线外侧，且距离基坑边坡坡脚0.3～0.5 m。排水沟的断面尺寸和底坡大小，取决于排水量的大小。集水井应布置在建筑物轮廓线以外较低的地方，与建筑物外缘的距离必须大于井的深度。井的容积至少要能保证水泵停工10～15 min，而由排水沟流入井中的水量不致浸溢。

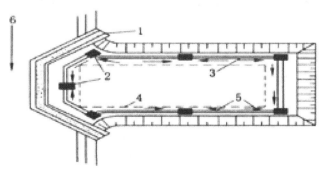

图2-23　修建建筑物时基坑排水系统布置

1—围堰；2—集水井；3—排水沟；4—建筑物轮廓线；5—水流方向；6—河流

（二）人工降低地下水位

经常性排水过程中，常需多次变换排水沟、水泵站的高程和位置，影响开挖。同时，开挖细沙土、沙壤土这类地基时，随着基坑底面下降，地下水渗透压力增大，又易发生边坡塌滑，产生流沙和管涌，给施工带来较大困难。为避免上述缺点，可采用人工降低地下水位方法。根据排水工作原理，人工降低地下水位的方法有管井法和井点法两种。

1.管井法排水

管井法排水，是在基坑周围布置一些单独工作的管井，地下水在重力作用下流入井中，用抽水设备将水抽走，见图3-24。管井按材料分有木管井、钢管井、预制无沙混凝土管井，工程中常用后两种。管井埋设主要采用水力冲填法和钻井法。埋设时要先下套管后下井管。井管下设妥当后，再一边下反滤填料，一边起拔套管。

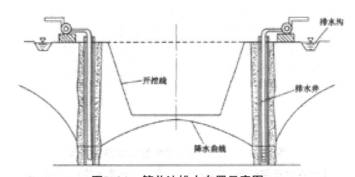

图3-24 管井法排水布置示意图

在要求降低地下水位较大的深井中抽水时，最好采用专用的离心式深井水泵。深井水泵一般适用深度大于20m的深井，排水效果高，需要井数少。

采用管井法降低地下水位，可大大减少基坑开挖的工程量，提高挖土工效，降低造价，缩短工期。

2.轻型井点排水

轻型井点是一个由井管、集水总管、普通离心式水泵、真空泵和集水箱等组成的排水系统，如图3-25所示。

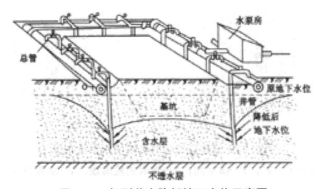

图3-25 轻型井点降低地下水位示意图

轻型井点系统的井管直径为 38 ~ 50 mm，地下水从井管下端的滤水管凭借真空泵和水泵的抽吸作用流入管内，汇入集水总管，流入集水箱，由水泵排出。

井点系统排水时，地下水位的下降深度，取决于集水箱内的真空度与管路的漏气和水力损失，一般下降深度为 3 ~ 5 m。

井管安设时，一般用射水法下沉。在距孔口 1.0 m 范围内，需填塞黏土密封，井管与总管的连接也应注意密封，以防漏气。排水工作完成后，可利用杠杆将井管拔出。

第四节　施工排水安全防护

一、施工导流

（一）围堰

第一，在施工作业前，对施工人员与作业人员进行安全技术交底，每班召开班前五分钟和危险预知活动，让作业人员明了施工作业程序和施工过程存在的危险因素，作业人员在施工过程中，设置专人进行监护，督促人员按要求正确佩戴劳动防护用品，杜绝不规范工作行为的发生。

第二，施工作业前，要求对作业人员进行检查，当天身体状态不佳人员以及个人穿戴不规范（未按正确方式佩戴必需的劳保用品）的人员，不得进行作业；对高处作业人员定期进行健康检查，对患有不适宜高处作业的病人不准进行高处作业。

第三，杜绝非专业电工私拉乱扯电线，施工前要认真检查用电线路，发现问题时要有专业电工及时处理。

第四，施工设备、车辆由专人驾驶，且从事机械驾驶的操作工人必须进行严格培训，经考核合格后方可持证上岗。

第五，施工人员必须熟知本工种的安全操作规程，进入施工现场，必须正确使用个人防护用品，严格遵守"三必须"、"五不准"，严格执行安全防范措施，不违章操作，不违章指挥，不违反劳动纪律。

第六，机械在危险地段作业时，必须设明显的安全警告标志，并应设专人站在操作人员能看清的地方指挥。驾机人员只能接受指挥人员发出的规定信号。

第七，配合机械作业的清底、平地、修坡等辅助工作应与机械作业交替进行。机上、机下人员必须密切配合，协同作业。当必须在机械作业范围内同时进行辅助工作时，应停止机械运转后，辅助人员方可进入。

第八，施工中遇有土体不稳、发生坍塌、水位暴涨、山洪暴发或在爆破警戒区内听到爆破信号时，应立即停工，人机撤至安全地点。当工作场地发生交通堵塞，地面出现陷车（机），机械运行道路发生打滑，防护设施毁坏失效，或工作面不足以保证安全作业时，亦应暂停施工，待恢复正常后方可继续施工。

（二）截流

第一，截流过程中的抛填材料开采、加工、堆放和运输等土建作业安全应符合现行《水利水电工程劳动安全与工业卫生设计规范》（GB 50706）、《水电水利工程施工通用安全技术规程》（DL/T 5370）、《水电水利工程土建施工安全技术规程》（DL/T 5371）、《水电水利工程金属结构与机电设备安装安全技术规程》（DL/T 5372）的有关规定。施工作业人员安全应符合《水电水利工程施工作业人员安全技术操作规程》（DL/T 5373）的有关规定。

第二，在截流施工现场，应划出重点安全区域，并设专人警戒。

第三，截流期间，应对工作区域内进行交通管制。

第四，施工车辆与俄堤边缘的安全距离不应小于2.0m。

第五，施工车辆应进行编号。现场施工作业人员应佩戴安全标识，并穿戴救生衣。

（三）度汛

根据《水利水电工程施工安全管理导则》（SL 721—2015）第7.5条规定：

第一，项目法人应根据工程情况和工程度汛需要，组织制订工程度汛方案和超标准洪水应急预案，报有管辖权的防汛指挥机构批准或备案。

第二，度汛方案应包括防汛度汛指挥机构设置，度汛工程形象，汛期施工情况，防汛度汛工作重点，人员、设备、物资准备和安全度汛措施，以及雨情、水情、汛情的获取方式和通信保障方式等内容。防汛度汛指挥机构应由项目法人、监理单位、施工单位、设计单位主要负责人组成。

第三，超标准洪水应急预案应包括超标准洪水可能导致的险情预测、应急抢险指挥机构设置、应急抢险措施应急队伍准备及应急演练等内容。

第四，项目法人应和有关参建单位签订安全度汛目标责任书，明确各参建单位防汛度汛责任。

第五，施工单位应根据批准的度汛方案和超标准洪水应急预案，制订防汛度汛及抢险措施，报项目法人批准，并按批准的措施落实防汛抢险队伍和防汛器材、设备等物资准备工作，做好汛期值班，保证汛情、工情、险情信息渠道畅通。

第六，项目法人在汛前应组织有关参建单位，对生活、办公、施工区域内进行全面检查，对围堰、子堤、人员聚集区等重点防洪度汛部位和有可能诱发山体滑坡、垮塌和泥石流等灾害的区域、施工作业点进行安全评估，制订和落实防范措施。

第七，项目法人应建立汛期值班和检查制度，建立接收和发布气象信息的工作机制，保证汛情、工情、险情信息渠道畅通。

第八，项目法人每年应至少组织一次防汛应急演练。

第九，施工单位应落实汛期值班制度，开展防洪度汛专项安全，检查及时整改发现的问题。

（四）蓄水

《水利水电工程施工安全防护设施技术规范》（SL 714—2015）规定蓄水池的布

设应符合以下要求：

①基础稳固。

②墙体牢固，不漏水。

③有良好的排污清理设施。

④在寒冷地区应有防冻措施。

⑤水池上有人行通道并设安全防护装置。

⑥生活专用水池须加设防污染顶盖。

二、施工现场排水

第一，施工区域排水系统应进行规划设计，并应按照工程规模、排水时段等，以及工程所在地的气象、地形、地质、降水量等情况，确定相应的设计标准，作为施工排水规划设计的基本依据。

第二，应考虑施工场地的排水量、外界的渗水量和降水量，配备相应的排水设施和备用设备。施工排水系统的设备、设施等安装完成后，应分别按相关规定逐一进行检查验收，合格后方可投入使用。

第三，排水系统设备供电应有独立的动力电源（尤其是洞内排水），必要时应有备用电源。

第四，排水系统的电气、机械设备应定期进行检查维护、保养。排水沟、集水井等设施应经常进行清淤与维护，排水系统应保持畅通。

第五，在现场周围地段应修设临时或永久性排水沟、防洪沟或挡水堤，山坡地段应在坡顶或坡脚设环形防洪沟或截水沟，以拦截附近坡面的雨水、潜水防止排入施工区域内。

第六，现场内外原有自然排水系统尽可能保留或适当加以整修、疏导、改造或根据需要增设少量排水沟，以利排泄现场积水、雨水和地表滞水。

第七，在有条件时，尽可能利用正式工程排水系统为施工服务，先修建正式工程主干排水设施和管网，以方便排除地面滞水和地表滞水。

第八，现场道路应在两侧设排水沟，支道应两侧设小排水沟，沟底坡度一般为2% ~ 8%，保持场地排水和道路畅通。

第九，土方开挖应在地表流水的上游一侧设排水沟，散水沟和截水挡土堤，将地表滞水截住；在低洼地段挖基坑时，可利用挖出之土沿四周或迎水一侧、二侧筑0.5 ~ 0.8 m高的土堤截水。

第十，大面积地表水，可采取在施工范围区段内挖深排水沟，工程范围内再设纵横排水支沟，将水流流干，再在低洼地段设集水、排水设施，将水排走。

第十一，在可能滑坡的地段，应在该地段外设置多道环形截水沟，以拦截附近的地表水，修设和疏通坡脚的原排水沟，疏导地表水，处理好该区域内的生活和工程用水，阻止渗入该地段。

第十二，湿陷性黄土地区，现场应设有临时或永久性的排洪防水设施，以防基坑受水浸泡，造成地基下陷。施工用水、废水应设有临时排水管道；贮水构筑物、灰地、防洪沟、排水沟等应有防止漏水措施，并与建筑物保持一定的安全距离。安全距离：一般在非自重湿陷性黄土地区应不小于12m，在自重湿陷性黄土地区不小于20m，对自重湿陷性黄土地区在25m以内不应设有集水井。材料设备的堆放，不得阻碍雨水排泄。需要浇水的建筑材料，宜堆放在距基坑5m以外，并严防水流入基坑内。

三、基坑排水

（一）排水注意事项：

①雨季施工中，地面水不得渗漏和流入基坑，遇大雨或暴雨时及时将基坑内积水排除。

②基坑在开挖过程中，沿基坑壁四周做临时排水沟和集水坑，将水泵置于集水坑内抽水。

③尽量减少晾槽时间，开挖和基础施工工序紧密连接。

④遇到降雨天气，基坑两侧边坡用塑料布铺盖，防止雨水冲刷。

⑤鉴于地表积水，同时施工过程中也可能出现地表的严重积水，因此，进场后根据现场地形修筑挡水设施，修建排水系统确保排水渠道畅通。

（二）开挖排水沟、集水管施工过程中的几点注意事项

1.水利工程整体优先。

排水沟和集水管的设计不用干扰水利工程的整体施工，一定要有坡度，以便集水，水沟的宽度和深度均要与排水量相适应，出于排水的考虑，基坑的开挖范围应当适当扩大。

2.水泵安排有讲究。

水利工程建成后，要根据抽水的数据结果来选择适当的排水泵，一味的大泵并不一定都好，因为其抽出水量超过其正常的排出水量，其流速过大会抽出大量沙石。并且管壁之间要有过滤器，在管井正常抽水时，其水位不能超过第一个取水含水层的过滤器，以免过滤管的缠丝因氧化、坏损而导致涌沙。

3.防备特殊情况，以备不时之需。

为防止基坑排水任务重，排水要求高，必须准备一些备用的水泵和动力设备，以便在发生突发地质灾害如暴雨或机器故障时能立即补救。有条件的地区还可以采用电力发动水泵，但是供电要及时，还要保证特殊情况发生时，机器设备都能及时撤出，以免损失扩大。

因此，基坑排水工作的科学方案能保证一个水利工程的稳固，并为其施工提供良好的基础条件，妥善处理好基坑的排水问题，可谓之解决水之源、木之本的根基问题。排水系统的科学设计，能够保证地基不受破坏，也能增强地基的承载能力，从长远意义上讲更可以减少水利工程的整体开支，如果基坑排水问题处理不当，会给水利工程的运行带来巨大的安全隐患，增加了将来对水利工程的维护成本，也降低了水利工程的质量。

第五节　施工排水人员安全操作

第一，水泵作业人员应经过专业培训，并经考试合格后方可上岗操作。

第二，安装水泵以前，应仔细检查水泵，水管内应无杂物。

第三，吸水管管口应用莲蓬头，在有杂草与污泥的情况下，应外加护罩滤网。

第四，安装水泵前应估计可能的最低水位，水泵吸水高度不超过 6 m。

第五，安装水泵宜在平整的场地，不得直接在水中作业。

第六，安装好的水泵应用绳索固定拖放或用其他机械放至指定吸水点，不宜由人直接下水搬运。

第七，开机前的检查准备工作：

①检查原动机运转方向与水泵符合。

②检查轴承中的润滑油油量、油位、油质应符合规定，如油色发黑，应换新油。

③打开吸水管阀门，检查填料压盖的松紧应合适。

④检查水泵转向应正确。

⑤检查联轴器的同心度和间隙，用手转动皮带轮和联轴器，其转动应灵活无杂声。

⑥检查水泵及电动机周围应无杂物妨碍运转。

⑦检查电气设备应正常。

第八，正常运行应遵守下列规定：

①运转人员应带好绝缘手套、穿绝缘鞋才能操作电气开关。

②开机后，应立即打开出水阀门，并注意观察各种仪表情况，直至达到需要的流量。

③运转中应做到四勤：勤看（看电流表、电压表、真空表、水压表等）、勤听、勤检查、勤保养。

④经常检查水泵填料处不得有异常发热、滴水现象。

⑤经常检查轴承和电动机外壳温升应正常。

⑥在运转中如水泵各部有漏水、漏气、出水不正常、盘根和轴承发热，以及发现声音、温度、流量等不正常时，应立即停机检查。

第九，停机应遵守下列规定：

①停机前应先关闭出水阀门，再行停机。

②切断电源，将闸箱上锁，把吸水阀打开，使水泵和水箱的存水放出，然后把机械表面的水、油渍擦干净。

③如在运行中突然造成停机，应立即关闭水阀和切断电源，找出原因并处理后方可开机。

第四章　水利水电土石方规划

第一节　土石方工程概述

在水利工程中，土石方开挖广泛应用于场地平整和削坡，水工建筑物（水闸、坝、溢洪道、水电站厂房、泵站建筑物等）地基开挖，地下洞室（水工隧洞，地下厂房，各类平洞、竖井和斜井）开挖，河道、渠道、港口开挖及疏浚，填筑材料、建筑石料及混凝土骨料开采，围堰等临时建筑物或砌石、混凝土结构物的拆除等。因而，土石方工程是水利工程建设的主要项目，存在于整个工程的大部分建设过程。

土石方作业受作业环境、气候等影响较大，并存在施工队伍多处同时作业等问题，管理比较困难，因而在土石施工过程中易引发安全生产事故。在土石方工程施工的过程中，容易发生的伤亡事故主要有坍塌、机械伤害、高处坠落、物体打击、触电等。要确保水利水电土石方工程的施工安全，一般应遵循以下基本规定：

第一，土石方工程施工应由具有相应的工程承包资质及安全生产许可证的企业承担。

第二，土石方工程应编制专项施工开挖支护方案，必要时应进行专家论证，并应严格按照施工组织方案实施。

第三，施工前应针对安全风险进行安全教育及安全技术交底。特种作业人员必须持证上岗，机械操作人员应经过专业技术培训。

第四，施工现场发现危及人身安全和公共安全的隐患时，必须立即停止作业，排除隐患后方可恢复施工。

第五，在土方施工过程中，当发现古墓、古物等地下文物或其他不能辨认的液体、气体及异物时，应立即停止作业，做好现场保护，并报有关部门处理后方可继续施工。

第二节　土石的分类及作业

一、土石的分类

土石的种类繁多，其工程性质会直接影响土石方工程的施工方法、劳动力消耗、工程费用和保证安全的措施，应予以重视。

（一）按开挖方式分类

土石按照坚硬程度和开挖方法及使用工具分为松软土、普通土、坚土、沙砾坚土、软石、次坚石、坚石、特坚石等八类，见表4-1。

表4-1　土石的工程分类表

土的分类	土的级别	岩、土名称	重力密度/（kN/m³）	抗压强度/MPa	坚固系数f	开挖方法及工具
一类土（松软土）	I	略有黏性的沙土、粉土、腐殖土及疏松的种植土，泥炭（淤泥）	6～15	—	0.5～0.6	用锹，少许用脚蹬或用板锄挖掘
二类土（普通土）	II	潮湿的黏性土和黄土，软的盐土和碱土，含有建筑材料碎屑、碎石、卵石的堆积土和种植土	11～16	—	0.6～0.8	用锹、条锄挖掘、需用脚蹬，少许用镐
三类土（坚土）	III	中等密实的黏性土或黄土，含有碎石、卵石或建筑材料碎屑的潮湿的黏性土或黄土	18～19	—	0.8～1.0	主要用镐、条锄，少许用锹
四类土（沙砾坚土）	IV	坚硬密实的黏性土或黄土，含有碎石、砾石（体积在10%～30%、质量在25 kg以下的石块）的中等黏性土或黄土；硬化的重盐土；坚实的白垩；软泥灰岩	19	—	1～1.5	全部用镐、条锄挖掘，少许用插棍挖掘
五类土（软石）	V～VI	硬的石炭纪黏土；胶结不紧的砾石；软石、节理多的石灰岩及贝壳石灰岩；坚实的白垩；中等坚实的页岩、泥灰岩	12～27	20～40	1.5～4.0	用镐或撬棍、大锤挖掘，部分使用爆破方法
六类土（次坚石）	VII～IX	坚硬的泥质页岩；坚实的泥灰岩；角砾状花岗岩；泥灰质石灰岩；黏土质砾岩；云母页岩及砂质页岩；风化的花岗岩、片麻岩及正常岩；滑石质的蛇纹岩；密实的石灰岩；硅质胶结的砾岩；沙岩；沙质石灰岩	22～29	40～80	4～10	用爆破方法开挖，部分用风镐
七类土（坚石）	X～XI	白云岩；大理石；坚实的石灰岩、石灰质及石英质的砾岩；坚硬的砾质页岩；蛇纹岩；粗粒正长岩；有风化痕迹的安山岩及玄武岩；片麻岩；粗面岩；中粗花岗岩；坚实的片麻岩；辉绿岩；珍岩；中粗正长岩	25～31	80～160	10～18	用爆破的方法开挖
八类土（特坚岩）	XIV～XVI	坚实的细花岗岩；花岗片麻岩；闪长岩；坚实的玲岩；角闪岩、辉长岩、石英岩、安山岩、玄武岩、最坚实的辉绿岩、石灰岩及闪长岩；橄榄石质玄武岩；特别坚实的辉长岩、石英岩及珍岩	27～33	160～250	18～25以上	用爆破的方法开挖

注：1. 土的级别为相当于一般16级土石分类级别；

　　2. 坚固系数f为相当于普氏岩石强度系数。

（二）按性状分类

土石按照性状亦可分为岩石、碎石土、沙土、粉土、黏性土和人工填土。

第一，岩石按照坚硬程度分为坚硬岩、较坚硬、较软岩、软岩、极软岩等五类，按照风化程度可分为未风化、微风化、中等风化、强风化和全风化等五类。

第二，碎石土，为粒径大于 2 mm 的颗粒含量超过全重 50% 的土。按形态可分为漂石、块石、卵石、碎石、圆砾和角砾；按照密实度可分为松散、稍密、中密、密实。

第三，沙土，为粒径大于 2 mm 的颗粒含量不超过全重 50%、粒径大于 0.075 mm 的颗粒超过全重 50% 的土。按粒径大小可分为砾沙、粗沙、中沙、细沙和粉沙。

第四，黏性土，塑性指数大于 10 且粒径小于等于 0.075 mm 为主的土，按照液性指数为坚硬、硬塑、可塑、软塑和流塑。

第五，粉土，介于沙土与黏性土之间，塑性指数（如）小于或等于 10 且粒径大于 0.075 mm 的颗粒含量不超过全重 50% 的土。

第六，人工填土可分为素填土、压实填土、杂填土和冲填土。

二、土石方作业

（一）土石方开挖

1. 土方开挖方式

（1）人工开挖

在我国的水利工程施工中，一些土方量小及不便于机械化施工的地方，用人工挖运比较普遍。挖土用铁锹、镐等工具。

人工开挖渠道时，应自中心向外，分层下挖，先深后宽，边坡处可按边坡比挖成台阶状，待挖至设计要求时，在进行削坡。应尽可能做到挖填平衡，必须弃土时，应先规划堆土区，做到先挖后倒，后挖近倒，先平后高。一般下游应先开工，并不得阻碍上游水量的排泄，以保证水流畅通。开挖主要有两种形式：

1）一次到底法

适用于土质较好，挖深 2 ~ 3m 的渠道。开挖时应先将排水沟挖到低于渠底设计高程 0.5 m 处，然后再按阶梯状逐层向下开挖，直至渠底。

2）分层下挖法

此法适用于土质不好且挖深较大的渠道。中心排水沟是将排水沟布置在渠道中部，先逐层挖排水沟，再挖渠道，直至挖到渠底为止，如图 4-2（a）所示。如渠道较宽，可采用翻滚排水沟，如图 4-2（b）所示。这种方法的优点是排水沟分层开挖，沟的断面小，土方量少，施工较安全。

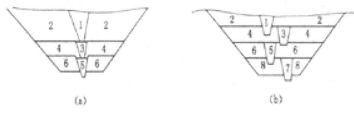

图4-2　分层下挖法

（a）中心排水沟；（b）翻滚排水沟

1～8——开挖顺序；1、3、5、7——排水

（2）机械开挖

开挖和运输是土方工程施工两项主要过程，承担这两个过程施工的机械是各类挖掘机械、铲运机械和运输机械。

1）挖掘机械

挖掘机械的作用主要是完成挖掘工作，并将所挖土料卸在机身附近或装入运输工具。挖掘机械按工作机构可分为单斗式或多斗式两类。

①单斗式挖掘机

单斗式挖掘机由工作装置、行驶装置和动力装置等组成。工作装置有正向铲、反向铲、拉铲和抓铲等。工作装置可用钢索或液压操作。行驶装置一般为履带式或轮胎式。动力装置可分为内燃机拖动、电力拖动和复合式拖动等几种类型。

②多斗式挖掘机

多斗式挖掘机是有多个铲土斗的挖掘机械。它能够连续地挖土，是一种连续工作的挖掘机械。按其工作方式不同，分为链斗式和斗轮式两种。

2）铲运机械

铲运机械是指用一种机械能同时完成开挖、运输和卸土任务，这种具有双重功能的机械，常用的有推土机、铲运机、平土机等。

①推土机

推土机是一种在履带式拖拉机上安装推土板等工作装置而成的一种铲运机械，是水利水电建设中最常用、最基本的机械，可用来完成场地平整，基坑、渠道开挖，推平填方，堆积土料，回填沟槽，清理场地等作业，还可以牵引振动碾、松土器、拖车等机械作业。它在推运作业中，距离不能超过 $60 \sim 100$ m，挖深不宜大于 $1.5 \sim 2.0$ m，填高小于 $2 \sim 3$ m。

推土机按安装方式分为固定式和万能式；按操纵方式分为钢索操纵和液压操纵；按行驶方式分为履带式和轮胎式。固定式推土机的推土板，仅能上下升降，强制切土能力差，但结构简单，应用广泛；万能式推土机不仅能升降，还可左右、上下调整角度，用途多。

②铲运机

铲运机是一种能连续完成铲土、运土、卸土、铺土、平土等工序的综合性土方工程机械，能开挖黏土、沙砾石等，适用于大型基坑、渠道、路基开挖，大型场地的平整，土料开采，填筑堤坝等。

铲运机按牵引方式分为自行式和拖式；按操纵方式分为钢索操纵和液压操纵；按卸土方式分为自由卸土、强制卸土、半强制卸土。铲运机土斗较大，但切土能力相对不足。为了提高生产效率，可采取下坡取土、硬土预松、推土机助推等方法。

③装载机

装载机是一种工作效率高、用途广泛的工程机械。它不仅可对堆积的松散物料进行装、运卸作业，还可以对岩石、硬土进行轻度的铲掘工作，并能用于清理、刮平场地及牵引作业。如更换工作装置，还可完成堆土、挖土、松土、起重以及装载棒状物料等工作，因此被广泛应用。

装载机按行走装置可分为轮胎式和履带式两种；按卸载方式可分为前卸式、后卸式和回转式三种；按铲斗的额定重量可分为小型（＜Ｉt）、轻型（1～3t）、中型（4～8t）和重型（＞10t）等四种。

3）水力开挖机械

水力开挖机械有水枪式开挖和吸泥船开挖。

①水枪式开挖

水枪式开挖是利用水枪喷嘴射出的高速水流切割土体形成泥浆，然后输送到指定地点的开挖方法。水枪可在平面上回转360°，在立面上仰俯50°～60°，射程达20～30 m，切割分解形成泥浆后，沿输泥沟自流或由吸泥泵经管道输送至填筑地点。利用水枪开挖土料场、基坑，节约劳力和大型挖运机械，经济效益明显。水枪开挖适于沙土、亚黏土和淤泥。可用于水力冲填筑坝。对于硬土，可先进行预松，提高水枪挖土的工效。

②吸泥船开挖

吸泥船开挖是利用挖泥船下的绞刀将水下土方绞成泥浆，再由泥浆泵吸起，经浮动输泥管运至岸上或运泥船。

（3）机械化施工的基本原则

①充分发挥主要机械的作业。

②挖运机械应根据工作特点配套选择。

③机械配套要有利于使用、维修和管理。

④加强维修管理工作，充分发挥机械联合作业的生产力，提高其时间利用系数。

⑤合理布置工作面，改善道路条件，减少连续的运转时间。

（4）机械化施工方案选择

土石方工程量大，挖、运、填、压等多个工艺环节环环相扣，因而选择机械化施工方案通常应考虑以下原则：

①适应当地条件，保证施工质量，生产能力满足整个施工过程的要求。

②机械设备机动、灵活、高效、低耗、运行安全、耐久可靠。

③通用性强，能承担先后施工的工程项目，设备利用率高。

④机械设备要配套，各类设备均能充分发挥效率，特别应注意充分发挥主导机械

的效率。

⑤应从采料工作面、回车场地、路桥等级、卸料位置、坝面条件等方面创造相适应的条件,以便充分发挥挖、运、填、压各种机械的效能。

2.石方开挖方式

从水利工程施工的角度考虑,选择合理的开挖顺序,对加快工程进度和保障施工安全具有重要作用。

(1)开挖程序

水利水电的石方开挖,一般包括岸坡和基坑的开挖。岸坡开挖一般不受季节的限制,而基坑开挖则多在围堰的防护下施工,也是主体工程控制性的第一道工序。石方开挖程序及适用条件见表4-3。

表4-3 石方开挖程序和适用条件

开挖程序	安排步骤	适用条件
自上而下开挖	先开挖岸坡,后开挖基坑;或先开挖边坡,后开挖底板	用于施工场地狭窄、开挖量大且集中的部位
自下而上开挖	先开挖下部,后开挖上部	用于施工场地较大、岸边(边坡)较低缓或岩石条件许可,并有可靠技术措施
上下结合开挖	岸坡与基坑,或边坡与底板上下结合开挖	用于有较宽阔的施工场地和可以避开施工干扰的工程部位
分期或分段开挖	照施工工段或开挖部位、高程等进行安排	用于分期导流的基坑开挖或有临时过水要求的工程项目

(2)开挖方式

1)基本要求

在开挖程序确定之后,根据岩石的条件、开挖尺寸、工程量和施工技术的要求,拟定合理的开挖方式,基本要求是:

①保证开挖质量和施工安全。

②符合施工工期和开挖强度的要求。

③有利于维护岩体完整和边坡稳定性。

④可以充分发挥施工机械的生产能力。

⑤辅助工程量小。

3.土石方开挖安全规定

土石方开挖作业的基本规定是:

第一,土石方开挖施工前,应掌握必要的工程地质、水文地质、气象条件、环境因素等勘测资料,根据现场的实际情况,制订施工方案。施工中应遵循各项安全技术规程和标准,按施工方案组织施工,在施工过程中注重加强对人、机、物、料、环等因素的安全控制,保证作业人员、设备的安全。

第二,开挖过程中应注意工程地质的变化,遇到不良地质构造和存在事故隐患的部位应及时采取防范措施,并设置必要的安全围栏和警示标志。

第三，开挖程序应遵循自上而下的原则，并采取有效的安全措施。

第四，开挖过程中，应采取有效的截水、排水措施，防止地表水和地下水影响开挖作业和施工安全。

第五，应合理确定开挖边坡比，及时制订边坡支护方案。

三、土石方爆破

（一）一般规定

第一，土石方爆破工程应由具有相应爆破资质和安全生产许可证的企业承担。爆破作业人员应取得有关部门颁发的资格证书，做到持证上岗。爆破工程作业现场应由具有相应资格的技术人员负责指导施工。

第二，爆破前应对爆区周围的自然条件和环境状况进行调查，了解危及安全的不利环境因素，采取必要的安全防范措施。

第三，爆破作业环境有下列情况时，严禁进行爆破作业

①爆破可能产生不稳定边坡、滑坡、崩塌的危险；

②爆破可能危及建（构）筑物、公共设施或人员的安全；

③恶劣天气条件下。

第四，爆破作业环境有下列情况时，不应进行爆破作业：

①药室或炮孔温度异常，而无有效针对措施；

②作业人员和设备撤离通道不安全或堵塞。

第五，装药工作应遵守下列规定：

①装药前应对药室或炮孔进行清理和验收；

②爆破装药量应根据实际地质条件和测量资料计算确定；当炮孔装药量与爆破设计量差别较大时，应经爆破工程技术人员核算同意后方可调整；

③应使用木质或竹质炮棍装药；

④装起爆药包、起爆药柱和敏感度高的炸药时，严禁投掷或冲击；

⑤装药深度和装药长度应符合设计要求；

⑥装药现场严禁烟火和使用手机。

第六，填塞工作应遵守下列规定：

①装药后必须保证填塞质量，深孔或浅孔爆破不得采用无填塞爆破；

②不得使用石块和易燃材料填塞炮孔；

③填塞时不得破坏起爆线路；发现有填塞物卡孔应及时进行处理；

④不得用力捣固直接接触药包的填塞材料或用填塞材料冲击起爆药包；

⑤分段装药的炮孔，其间隔填塞长度应按设计要求执行。

第七，严禁硬拉或拔出起爆药包中的导爆索、导爆管或电雷管脚线。

第八，爆破警戒范围由设计确定。在危险区边界，应设有明显标志，并派出警戒人员。

第九，爆破警戒时，应确保指挥部、起爆站和各警戒点之间有良好的通信联络。

第十，爆破后应检查有无盲炮及其他险情。当有盲炮及其他险情时，应及时上报

并处理，同时在现场设立危险标志。

（二）作业要求

主要介绍了浅孔爆破、深孔爆破以及光面爆破或预裂爆破三种爆破方法的作业要求。

1. 浅孔爆破

第一，浅孔爆破宜采用台阶法爆破。在台阶形成之前进行爆破时应加大警戒范围。

第二，装药前应进行验孔，对于炮孔间距和深度偏差大于设计允许范围的炮孔，应由爆破技术负责人提出处理意见。

第三，装填的炮孔数量，应以当天一次爆破为限。

第四，起爆前，现场负责人应对防护体和起爆网路进行检查，并对不合格处提出整改措施。

第五，起爆后，应至少 5 min 后方可进入爆破区检查。当发现问题时，应立即上报并提出处理措施。

2. 深孔爆破

第一，深孔爆破装药前必须进行验孔，同时应将炮孔周围（半径 0.5 m 范围内）的碎石、杂物清除干净；对孔口岩石不稳固者，应进行维护。

第二，有水炮孔应使用抗水爆破器材。

第三，装药前应对第一排各炮孔的最小抵抗线进行测定，当有比设计最小抵抗线差距较大的部位时，应采取调整药量或间隔填塞等相应的处理措施，使其符合设计要求。

第四，深孔爆破宜采用电爆网路或导爆管网路起爆，大规模深孔爆破应预先进行网路模拟试验。

第五，在现场分发雷管时，应认真检查雷管的段别编号，并应由有经验的爆破工和爆破工程技术人员连接起爆网路，并经现场爆破和设计负责人检查验收。

第六，装药和填塞过程中，应保护好起爆网路；当发生装药卡堵时，不得用钻杆捣捅药包。

第七，起爆后，应至少经过 15 min 并等待炮烟消散后方可进入爆破区检查。当发现问题时，应立即上报并提出处理措施。

3. 光面爆破或预裂爆破

第一，高陡岩石边坡应采用光面爆破或预裂爆破开挖。钻孔、装药等作业应在现场爆破工程技术人员指导监督下，由熟练爆破工操作。

第二，施工前应做好测量放线和钻孔定位工作，钻孔作业应做到"对位准、方向正、角度精"。

第三，光面爆破或预裂爆破宜采用不耦合装药，应按设计装药量、装药结构制作药串。药串加工完毕后应标明编号，并按药串编号送入相应炮孔内。

第四，填塞时应保护好爆破引线，填塞质量应符合设计要求。

第五，光面（预裂）爆破网路采用导爆索连接引爆时，应对裸露地表的导爆索进行覆盖，降低爆破冲击波和爆破噪声。

（三）土石方爆破的安全防护及器材管理

第一，爆破安全防护措施、盲炮处理及爆破安全允许距离应按现行国家标准《爆破安全规程》（GB 6722）的相关规定执行。

第二，爆破器材的采购、运输、贮存、检验、使用和销毁应按现行国家标准《爆破安全规程》（GB 6722）的有关规定。

三、土石方填筑

（一）土石方填筑的一般要求

第一，土石方填筑应按施工组织设计进行施工，不应危及周围建筑物的结构或施工安全，不应危及相邻设备、设施的安全运行。

第二，填筑作业时，应注意保护相邻的平面、高程控制点，防止碰撞造成移位及下沉。

第三，夜间作业时，现场应有足够照明，在危险地段设置明显的警示标志和护栏。

（二）陆上填筑应遵守的规定

第一，用于填筑的碾压、打夯设备，应按照厂家说明书规定操作和保养，操作者应持有效的上岗证件。进行碾压、打夯时应有专人负责指挥。

第二，装载机、自卸车等机械作业现场应设专人指挥，作业范围内不应有人平土。

第三，电动机械运行，应严格执行"三级配电两级保护"和"一机、一闸、一漏、一箱"要求。

第四，人力打夯时工作人员精神应集中，动作应一致。

第五，基坑（槽）土方回填时，应先检查坑、槽壁的稳定情况，用小车卸土不应撒把，坑、槽边应设横木车挡。卸土时，坑槽内不应有人。

第六，基坑（槽）的支撑，应根据已回填的高度，按施工组织设计要求依次拆除，不应提前拆除坑、槽内的支撑。

第七，基础或管沟的混凝土、沙浆应达到一定的强度，当其不致受损坏时方可进行回填作业。

第八，已完成的填土应将表面压实，且宜做成一定的坡度以利排水。

第九，雨天不应进行填土作业。如需施工，应分段尽快完成，且宜采用碎石类土和沙土、石屑等填料。

第十，基坑回填应分层对称，防止造成一侧压力，引起不平衡，破坏基础或构筑物。

第十一，管沟回填，应从管道两边同时进行填筑并夯实。填料超过管顶 0.5m 厚时，方可用动力打夯，不宜用振动辗压实。

（三）水下填筑应遵守的规定：

第一，所有施工船舶航行、运输、驻位、停靠等应参照水下开挖中船舶相关操作规程的内容执行。

第二，水下填筑应按设计要求和施工组织设计确定施工程序。

第三，船上作业人员应穿救生衣、戴安全帽，并经过水上作业安全技术培训。

第四，为了保证抛填作业安全及抛填位置的准确率，宜选择在风力小于3级、浪高小于0.5m的风浪条件下进行作业。

第五，水下埋坡时，船上测量人员和吊机应配合潜水员，按"由高到低"的顺序进行埋坡作业。

四、土石方施工安全防护设施

（一）土石方开挖施工的安全防护设施

1.土石方明挖施工应符合的要求：

第一，作业区应有足够的设备运行场地和施工人员通道。

第二，悬崖、陡坡、陡坎边缘应有防护围栏或明显警告标志。

第三，施工机械设备颜色鲜明，灯光、制动、作业信号、警示装置齐全可靠。

第四，凿岩钻孔宜采用湿式作业，若采用干式作业必须有捕尘装置。

第五，供钻孔用的脚手架，必须设置牢固的栏杆，开钻部位的脚手板必须铺满绑牢，架子结构应符合有关规定。

2.在高边坡、滑坡体、基坑、深槽及重要建筑物附近开挖，应有相应可靠防止坍塌的安全防护和监测措施

3.在土质疏松或较深的沟、槽、坑、穴作业时应设置可靠的挡土护栏或固壁支撑

4.坡高大于5 m、小于100 m，坡度大于45°的低、中、高边坡和深基坑开挖作业，应符合的规定

（1）清除设计边线外5 m范围内的浮石、杂物。

（2）修筑坡顶截水天沟。

（3）坡顶应设置安全防护栏或防护网，防护栏高度不得低于2 m，护栏材料宜采用硬杂圆木或竹跳板，圆木直径不得小于10cm。

（4）坡面每下降一层台阶应进行一次清坡，对不良地质构造应采取有效的防护措施。

5.坡高大于100 m的超高边坡和坡高大于300m的特高边坡作业，应符合的规定

第一，边坡开挖爆破时应做好人员撤离及设备防护工作。

第二，边坡开挖爆破完成20 min后，由专业爆破工进入爆破现场进行爆后检查，存在哑炮及时处理。

第三，在边坡开挖面上设置人行及材料运输专用通道。在每层马道或栈桥外侧设置安全栏杆，并布设防护网以及挡板。安全栏杆高度要达到2 m以上，采用竹夹板或木板将马道外缘或底板封闭。施工平台应专门设置安全防护围栏。

第四，在开挖边坡底部进行预裂孔施工时，应用竹夹板或木板做好上下立体防护。

第五，边坡各层施工部位移动式管、线应避免交叉布置。

第六，边坡施工排架在搭设及拆除前，应详细进行技术交底和安全交底。

第七，边坡开挖、甩渣、钻孔产生的粉尘浓度按规定进行控制。

6. 隧洞洞口施工应符合下列要求

第一，有良好的排水措施。

第二，应及时清理洞脸，及时锁口。在洞脸边坡外侧应设置挡渣墙或积石槽，或在洞口设置网或木构架防护棚，其顺洞轴方向伸出洞口外长度不得小于 5 mo

第三，洞口以上边坡和两侧岩壁不完整时，应采用喷锚支护或混凝土永久支护等措施。

7. 洞内施工应符合下列规定：

第一，在松散、软弱、破碎、多水等不良地质条件下进行施工，对洞顶、洞壁应采用锚喷、预应力锚索、钢木构架或混凝土衬砌等围岩支护措施。

第二，在地质构造复杂、地下水丰富的危险地段和洞室关键地段，应根据围岩监测系统设计和技术要求，设置收敛计、测缝计、轴力计等监测仪器。

第三，进洞深度大于洞径 5 倍时，应采取机械通风措施，送风能力必须满足施工人员正常呼吸需要［3m3/（人·min）］，并能满足冲淡、排除爆炸施工产生的烟尘需要。

第四，凿岩钻孔必须采用湿式作业。

第五，设有爆破后降尘喷雾洒水设施。

第六，洞内使用内燃机施工设备，应配有废气净化装置，不得使用汽油发动机施工设备。

第七，洞内地面保持平整、不积水、洞壁下边缘应设排水沟。

第八，应定期检测洞内粉尘、噪声、有毒气体。

第九，开挖支护距离：Ⅱ类围岩支护滞后开挖 10 ~ 15 m，Ⅲ类围岩支护滞后开挖 5 ~ 10m，Ⅳ类、Ⅴ类围岩支护紧跟掌子面。

第十，相向开挖的两个工作面相距 30 m 爆破时，双方人员均需撤离工作面。相距 15 m 时，应停止一方工作。

第十一，爆破作业后，应安排专人负责及时清理洞内掌子面、洞顶及周边的危石。遇到有害气体、地热、放射性物质时，必须采取专门措施并设置报警装置。

8. 斜、竖井开挖应符合下列要求

第一，及时进行锁口。

第二，井口设有高度不低于 1.2m 的防护围栏。围栏底部距 0.5m 处应全封闭。

第三，井壁应设置人行爬梯。爬梯应锁定牢固，踏步平齐，设有拱圈和休息平台。

第四，施工作业面与井口应有可靠的通信装置和信号装置。

第五，井深大于 10 m 应设置通风排烟设施。

第六，施工用风、水、电管线应沿井壁固定牢固。

（二）爆破施工安全防护设施

第一，工程施工爆破作业周围 300 m 区域为危险区域，危险区域内不得有非施工生产设施。对危险区域内的生产设施设备应采取有效的防护措施。

第二，爆破危险区域边界的所有通道应设有明显的提示标志或标牌，标明规定的爆破时间和危险区域的范围。

第三，区域内设有有效的音响和视觉警示装置，使危险区内人员都能清楚地听到和看到警示信号。

（三）土石方填筑施工安全防护设施

第一，土石方填筑机械设备的灯光、制动、信号、警告装置齐全可靠。

第二，截流填筑应设置水流流速监测设施。

第三，向水下填掷石块、石笼的起重设备，必须锁定牢固，人工抛掷应有防止人员坠落的措施和应急施救措施。

第四，自卸汽车向水下抛投块石、石渣时，应与临边保持足够的安全距离，应有专人指挥车辆卸料，夜间卸料时，指挥人员应穿反光衣。

第五，作业人员应穿戴救生衣等防护用品。

第六，土石方填筑坡面碾压、夯实作业时，应设置边缘警戒线，设备、设施必须锁定牢固，工作装置应有防脱、防断措施。

第七，土石方填筑坡面整坡、砌筑应设置人行通道，双层作业设置遮挡护栏。

第三节　边坡工程施工

一、边坡稳定因素

边坡工程是为满足工程需要而对自然边坡和人工边坡进行改造的工程，根据边坡对工程影响的时间差别，可分为永久边坡和临时边坡两类；根据边坡与工程的关系，可分为建、构筑物地基边坡、邻近边坡和影响较小的延伸边坡。

（一）边坡稳定因素

边坡失稳坍塌的实质是边坡土体中的剪应力大于土的抗剪强度。凡能影响土体中的剪应力、内摩擦力和凝聚力的，都能影响边坡的稳定。

1.土类别的影响

不同类别的土，其土体的内摩擦力和凝聚力不同。例如沙土的凝聚力为零，只有内摩擦力，靠内摩擦力来保持边坡的稳定平衡；而黏性土则同时存在内摩擦力和凝聚力。因此不同的土能保持其边坡稳定的最大坡度不同。

2.土的含水率的影响

土内含水越多，土壤之间产生润滑作用越强，内摩擦力和凝聚力降低，因而土的抗剪强度降低，边坡就越容易失稳。同时，含水率增加，使土的自重增加，裂缝中产生静水压力，增加了土体的内剪应力。

3.气候的影响

气候使土质变软或变硬，如冬季冻融又风化，可降低土体的抗剪强度。

4.基坑边坡上附加荷载或者外力的影响

使土体的剪应力大大增加，甚至超过土体的抗剪强度，使边坡失去稳定而塌方。

（二）土方边坡的最陡坡度

为了防止塌方，保证施工安全，当土方达到一定深度时，边坡应做成一定的深度，土石方边坡坡度的大小和土质、开挖深度、开挖方法、边坡留置时间的长短、排水情况、附近堆积荷载有关。开挖深度越深，留置时间越长，边坡应设计得平缓一些，反之则可陡一些。边坡可以做成斜坡式，亦可做成踏步式。地下水位低于基坑（槽）或管沟底面标高时，挖方深度在5 m内，不加支撑的边坡的最陡坡度应符合表4-4的规定。

表4-4　土石方边坡坡度规定

土的类型	边坡坡度（高：宽）		
	坡顶无荷载	坡顶有静载	坡顶有动载
中密的沙土	1：1.00	1：1.25	1：1.50
中密的碎石类土	1：0.75	1：1.00	1：1.25
硬塑的轻亚黏土	1：0.67	1：0.75	1：1.00
中密的碎石类土（充填物为黏性土）	1：0.50	1：0.67	1：0.75
硬塑的亚黏土、黏土	1：0.33	1：0.50	1：0.67
老黄土	1：0.10	1：0.25	1：0.33
软土（经井点降水后）	1：1.00		

（三）挖方直壁不加支撑的允许深度

土质均匀且地下水位低于基坑（槽）或管沟的底面标高时，其边坡可做成直立壁不加支撑，挖方深度应根据土质确定，最大深度见表4-5。

表4-5　基坑（槽）做成直立壁不加支撑的深度规定

土的类别	挖方深度/m
密实、中密的沙土和碎石类土（充填物为沙土）	1.00
硬塑、可塑的轻亚黏土及亚黏土	1.25
硬塑、可塑的黏土和碎石类土（充填物为黏性土）	1.50
坚硬的黏土	2.00

二、边坡支护

在基坑或者管沟开挖时，常因受场地的限制不能放坡，或者为了减少挖填的土石方量，工期以及防止地下水渗入等要求，一般采用设置支撑和护壁的方法。

（一）边坡支护的一般要求

第一，施工支护前，应根据地质条件、结构断面尺寸、开挖工艺、围岩暴露时间等因素进行支护设计，制订详细的施工作业指导书，并向施工作业人员进行交底。

第二，施工人员作业前，应认真检查施工区的围岩稳定情况，需要时应进行安全处理。

第三，作业人员应根据施工作业指导书的要求，及时进行支护。

第四，开挖期间和每茬炮后，都应对支护进行检查维护。

第五，对不良地质地段的临时支护，应结合永久支护进行，即在不拆除或部分拆除临时支护的条件下，进行永久性支护。

第六，施工人员作业时，应佩戴防尘口罩、防护眼镜、防尘帽、安全帽、雨衣、雨裤、长筒胶靴和乳胶手套等劳保用品。

（二）锚喷支护

锚喷支护应遵守下列规定：

第一，施工前，应通过现场试验或依工程类比法，确定合理的锚喷支护参数。

第二，锚喷作业的机械设备，应布置在围岩稳定或已经支护的安全地段。

第三，喷射机、注浆器等设备，应在使用前进行安全检查，必要时应在洞外进行密封性能和耐压试验，满足安全要求后方可使用。

第四，喷射作业面，应采取综合防尘措施降低粉尘浓度，采用湿喷混凝土。有条件时，可设置防尘水幕。

第五，岩石渗水较强的地段，喷射混凝土之前应设法把渗水集中排出。喷后应钻排水孔，防止喷层脱落伤人。

第六，凡锚杆孔的直径大于设计规定的数值时，不应安装锚杆。

第七，锚喷工作结束后，应指定专人检查锚喷质量，若喷层厚度有脱落、变形等情况，应及时处理。

第八，沙浆锚杆灌注浆液时应遵守下列规定：

①作业前应检查注浆罐、输料管、注浆管是否完好。

②注浆罐有效容积应不小于 $0.02m^3$，其耐力不应小于 0.8MPa（$8kg/cm^2$），使用前应进行耐压试验。

③作业开始（或中途停止时间超过 30min）时，应用水或 0.5～0.6 水灰比的纯水泥浆润滑注浆罐及其管路。

④注浆工作风压应逐渐升高。

⑤输料管应连接紧密、直放或大弧度拐弯不应有回折。

⑥注浆罐与注浆管的操作人员应相互配合，连续进行注浆作业，罐内储料应保持在罐体容积的 1/3 左右。

第九，喷射机、注浆器、水箱、油泵等设备，应安装压力表和安全阀，使用过程中如发现破损或失灵时，应立即更换。

第十，施工期间应经常检查输料管、出料弯头、注浆管以及各种管路的连接部位，如发现磨薄、击穿或连接不牢等现象，应立即处理。

第十一，带式上料机及其他设备外露的转动和传动部分，应设置保护罩。

第十二，施工过程中进行机械故障处理时，应停机、断电、停风；在开机送风、送电之前应预先通知有关的作业人员。

第十三，作业区内严禁在喷头和注浆管前方站人；喷射作业的堵管处理，应尽量采用敲击法疏通，若采用高压风疏通时，风压不应大于0.4MPa（4kg/cm2），并将输料管放直，握紧喷头，喷头不应正对有人的方向。

第十四，当喷头（或注浆管）操作手与喷射机（或注浆器）操作人员不能直接联系时，应有可靠的联系手段。

第十五，预应力锚索和锚杆的张拉设备应安装牢固，操作方法应符合有关规程的规定。正对锚杆或锚索孔的方向严禁站人。

第十六，高度较大的作业台架安装，应牢固可靠，设置栏杆；作业人员应系安全带。

第十七，竖井中的锚喷支护施工应遵守下列规定：

①采用溜筒运送喷混凝土的干混合料时，井口溜筒喇叭口周围应封闭严密。

②喷射机置于地面时，竖井内输料钢管宜用法兰联结，悬吊应垂直固定。

③采取措施防止机具、配件和锚杆等物件掉落伤人。

第十八，喷射机应密封良好，从喷射机排出的废气应进行妥善处理。

第十九，宜适当减少锚喷操作人员连续作业时间，定期进行健康体检。

（三）构架支撑

构架支撑包括木支撑、钢支撑、钢筋混凝土支撑及混合支撑，其架设应遵守下列规定：

1. 采用木支撑的应严格检查木材质量
2. 支撑立柱应放在平整岩石面上，应挖柱窝
3. 支撑和围岩之间，应用木板、楔块或小型混凝土预制块塞紧
4. 危险地段，支撑应跟进开挖作业面；必要时，可采取超前固结的施工方法
5. 预计难以拆除的支撑应采用钢支撑
6. 支撑拆除时应有可靠的安全措施

支撑应经常检查，发现杆件破裂、倾斜、扭曲、变形及其他异常征兆时，应仔细分析原因，采取可靠措施进行处理。

第四节　坝基开挖施工技术

一、坝基开挖的特点

进行岩基开挖，通常是在充分明确坝址的工程地质资料、明确水工设计要求的基础上，结合工程的施工条件，由地质、设计、施工几方面的人员一起进行研究，确定坝基的开挖深度、范围及开挖形态。如发现重大问题，应及时协商处理，修改设计，报上级审批。

在水利水电工程中坝基开挖的工程量达数万立方米，甚至达数十万、百万立方米，需要大量的机械设备（钻孔机械、土方挖运机械等）、器材、资金和劳力，工程地质

复杂多变，如节理、裂隙、断层破碎带、软弱夹层和滑坡等，还受河床岩基渗流的影响和洪水的威胁，需占用相当长的工期，从开挖程序来看属多层次的立体开挖作业。因此，经济合理的坝基开挖方案及挖运组织，对安全生产和加快工程进度具有重要的意义。

二、坝基开挖的程序

岩基开挖要保证质量，加快施工进度，做到安全施工，必须要按照合理的开挖程序进行。开挖程序因各工程的情况不同而不尽统一，但一般都要以人身安全为原则，遵守自上而下、先岸后坡基坑的程序进行，即按事先确定的开挖范围，从坝基轮廓线的岸坡部分开始，自上而下、分层开挖，直到坑基。

对大、中型工程来说，当采用河床内导流分期施工时，往往是先开挖围护段一侧的岸坡，或者坝头开挖与一期基坑开挖基本上同时进行，而另一岸坝头的开挖在最后一期基坑开挖前基本结束。

对中、小型工程，由于河道流量小，施工场地紧凑，常采用一次断流围堰（全段围堰）施工。一般先开挖两岸坝头，后进行河床部分基坑开挖。对于顺岩层走向的边坡、滑坡体和高陡边坡的开挖，更应按照开挖程序进行开挖。开挖前，首先要把主要地质情况弄清，对可疑部位及早开挖暴露并提出处理措施。对一些小型工程，为了赶工期也有采用岸坡、河床同时开挖的。这时由于上下分层作业，施工干扰大，应特别注意施工安全。

河槽部分采用分层开挖逐步下降的方法。为了增加开挖工作面，扩大钻孔爆破的效果，提高挖运机械的工作效率，解决开挖施工中的基坑排水问题，通常要选择合适的部位先抽槽，即开挖先锋槽。先锋槽的平面尺寸以便于人工或机械装运出渣为度，深度不大于2/3（即预留基础保护层），随后就利用此槽壁作为爆破自由面，在其两侧布设有多排炮孔进行爆破扩大，依次逐层进行。当遇有断层破碎带，应顺断层方向挖槽，以便及早查明情况，作出处理方案。抽槽的位置一般选在地形低较、排水方便及容易引入出渣运输道路的部位，也可结合水工建筑物的底部轮廓，如布置，但截水槽、齿槽部位的开挖应做专题爆破设计。尤其对基础防渗、抗滑稳定起控制作用的沟槽，更应慎重地确定其爆破参数，以防因爆破原因而对基岩产生破坏。

三、坝基开挖的深度

坝基开挖深度，通常是根据水工要求按照岩石的风化程度（强风化、弱风化、微风化和新鲜岩石）来确定的。坝基一般要求岩基的抗压强度约为最大主应力的20倍左右，高坝应坐落在新鲜微风化下限的完善基岩上，中坝应建在微风化的完整基岩上，两岸地形较高部位的坝体及低坝可建在弱风化下限的基岩上。

岩基开挖深度，并非一挖到新鲜岩石就可以达到设计要求，有时为了满足水工建筑物结构形式的要求，还须在新鲜岩石中继续下挖。如高程较低的大坝齿槽、水电站厂房的尾水管部位等，有时为了减少在新鲜岩石上的开挖深度，可提出改变上部结构形式，以减少开挖工程量。

总之，开挖深度并不是一个多挖几米少挖几米的问题，而是涉及大坝的基础是否坚实可靠、工程投资是否经济合理、工期和施工强度有无保证的大问题。

四、坝基开挖范围的确定

一般水工建筑物的平面轮廓就是岩基底部开挖的最小轮廓线。实际开挖时，由于施工排水、立模支撑、施工机械运行以及道路布置等原因，常需适当扩挖，扩挖的范围视实际需要而定。

实际工程中扩挖的距离，有从数米到数十米的。

坝基开挖的范围必须充分考虑运行和施工的安全。随着开挖高程的下降，对坡（壁）面应及时测量检查，防止欠挖，并避免在形成高边坡后再进行坡面处理。开挖的边坡一定要稳定，要防止滑坡和落石伤人。如果开挖的边坡太高，可在适当的高程设置平台和马道，并修建挡渣墙和拦渣栅等相应的防护措施。近年来，随着开挖爆破技术的发展，工程中普遍采用预裂爆破来解决或改善高边坡的稳定问题。在多雨地区，应十分注意开挖区的排水问题，防止由于地表水的侵蚀，引起新的边坡失稳问题。

开挖深度和开挖范围确定之后，应绘出开挖纵、横断面及地形图，作为基础开挖施工现场布置的依据。

五、开挖的形态

重力坝坝段，为了维持坝体稳定，避免应力集中，要求开挖以后基岩面比较平整，高差不宜太大，并尽可能略向上游倾斜。

岩基岩面高差过大或向下游倾斜，宜开挖成一定宽度的平台。平台面应避免向下游倾斜，平台面的宽度以及相邻平台之间的高差应与混凝土浇筑块的尺寸协调。通常在一个坝段中，平台面的宽度约为坝段宽度的1/3左右。在平台较陡的岸坡坝段，还应根据坝体侧向稳定的要求，在坝轴线方向也开挖成一定宽度的平台。

拱坝要径向开挖，因此岸坡地段的开挖面将会倾向下游。在这种情况下，沿径向也应设置开挖平台。拱座面的开挖，应与拱的推力方向垂直，以保证按设计要求使拱的推力传向两岸岩体。

支墩坝坝基同样要求开挖比较平整，并略向上游倾斜。支墩之间高差变大时，应该使各支墩能够坐落在各自的平台上，并在支墩之间用回填混凝土或支墩墙等结构措施加固，以维护支墩的侧向稳定。

遇有深槽或凹槽以及断层破碎带情况时，应做专门的研究，一般要求挖去表面风化破碎的岩层以后，用混凝土将深槽或凹槽以及断层破碎带填平，使回填的混凝土形成混凝土塞和周围的基岩一起作为坝体的基础。为了保证混凝土塞和周围基岩的结合，还可以辅以锚筋和接触灌浆等加固措施。

六、坝基开挖的深层布置

（一）坝基开挖深度

一般是根据工程设计提出的要求来确定的。在工程设计中，不同的坝高对基岩的风化程度的要求也不一样：高坝应坐落在新鲜微风化下限的完整基岩上；中坝应建在微风化的完整基岩上；两岸地形较高部位的坝体及低坝可建在弱风化下限的基岩上。

（二）坝基开挖范围

在坝基开挖时，因排水、立模、施工机械运行及施工道路布置等原因，使得开挖范围比水工建筑物的平面轮廓尺寸略大一些，若岩基底部扩挖的范围应根据时间需要而定。实际工程中放宽的距离，一般数米到数几米不等。基础开挖的上部轮廓应根据边坡的稳定要求和开挖的高度而定。如果开挖的边坡太高，可在适当高程设置平台和马道，并修建挡渣墙等防护措施。

七、岩基开挖的施工

岩基开挖主要是用钻孔爆破，分层向下，留有一定保护层的方式进行开挖。

坝基爆破开挖的基本要求是保证质量，注意安全，方便施工。

保证质量，就是要求在爆破开挖过程中防止由于爆破震动影响而破坏基岩，防止产生爆破裂缝或使原有的构造裂隙有所发展；防止由于爆破震动影响而损害已经建成的建筑物或已经完工的灌浆地段。为此，对坝基的爆破开挖提出了一些特殊的要求和专门的措施。

为保证基岩岩体不受开挖区爆破的破坏，应按留足保护层（系指在一定的爆破方式下，建筑物基岩面上预留的相应安全厚度）的方式进行开挖。当开挖深度较大时，可采用分层开挖。分层厚度可根据爆破方式、挖掘机械的性能等因素确定。

遇有不利的地质条件时，为防止过大震裂或滑坡等，爆破孔深和最大装药量应根据具体条件由施工、地质和设计单位共同研究，另行确定。

开挖施工前，应根据爆破对周围岩体的破坏范围及水工建筑物对基础的要求，确定垂直向和水平向保护层的厚度。

保护层以上的开挖，一般采用延长药包梯段爆破，或先进行平地抽槽毫秒起爆，创造条件再进行梯段爆破。梯段爆破应采用毫秒分段起爆，最大一段起爆药量应不大于500 kg。

保护层的开挖，是控制基岩质量的关键。基本要求：

第一，如留下的保护层较厚，距建基面1.5m以上部分，仍可采用中（小）孔径且相应直接的药卷进行梯段毫秒爆破。

第二，紧靠建基面土1.5m以上的一层，采用手风钻钻孔，仍可用毫秒分段起爆，其最大一段起爆药量应不大于300kg。

第三，建基面土1.5m以内的垂直向保护层，采用手风钻钻孔，火花起爆，其药卷直径不得大于 32 ~ 36mm。

第四，最后一层炮孔，对于坚硬、完整岩基，可以钻至建基面终孔，但孔深不得超过 50cm；对于软弱、破碎岩基，要求留 20 ~ 30cm 的撬挖层。

在安排施工进度时，应避免在已浇的坝段和灌浆地段附近进行爆破作业，如无法避免时，则应有充分的论证和可靠的防震措施。

根据建筑物对基岩的不同要求以及混凝土不同的龄期所允许的质点振速度值（即破坏标准），规定相应的安全距离和允许装药量。

在邻近建筑物的地段（10m 以内）进行爆破时，必须根据被保护对象的允许质点振动速度值，按该工程实例的振动衰减规律严格控制浅孔火花起爆的最小装药量。当装药量控制到最低程度仍不能满足要求时，应采取打防震孔或其他防震措施解决。

在灌浆完毕地段及其附近，如因特殊情况需要爆破时，只能进行少量的浅孔火花爆破。还应对灌浆区进行爆前和爆后的对比检查，必要时还须进行一定范围的补灌。

此外，为了控制爆破的地震效应，可采用限制炸药量或静态爆破的办法。也可采用预裂防震爆破、松动爆破、光面爆破等行之有效的减震措施。

在坝基范围进行爆破和开挖，要特别注意安全。必须遵守爆破作业的安全规程。在规定坝基爆破开挖方案时，开挖程序要以人身安全为原则，应自上而下，先岸坡后河槽的顺序进行，即要按照事先确定的开挖范围，从坝基轮廓线的岸坡部分开始，自上而下，分层开挖，直到河槽，不得采用自下而上或造成岩体倒悬的开挖方式。但经过论证，局部宽敞的地方允许采用"自下而上"的方式，拱坝坝肩也允许采用"造成岩体倒悬"的方式。如果基坑范围比较集中，常有几个工种平行作业，在这种情况下，开挖比较松散的覆盖层和滑坡体，更应自上而下进行。如稍有疏忽，就可能造成生命财产的巨大损失，这是过去一些工程得到的经验教训，应引以为戒。

河槽部分也要分层、逐步下挖，为了增加开挖工作面，扩大钻孔爆破的效果，解决开挖施工时的基坑排水问题，通常要选择合适的部位，抽槽先进。抽槽形成后，再分层向下扩挖。抽槽的位置，一般选在地形较低，排水方便，容易引入出渣运输道路的部位，常可结合水工建筑物的底部轮廓，如截水槽、齿槽等部位进行布置。但截水槽、齿槽的开挖，应做专题爆破设计。尤其对基础防渗、抗滑稳定起控制作用的沟槽，更应慎重地确定其爆破参数。

方便施工，就是要保证开挖工作的顺利进行，要及时做好排水工作。岸坡开挖时，要在开挖轮廓外围，挖好排水沟，将地表水引走。河槽开挖时，要配备移动方便的水泵，布量好排水沟和集水井，将基坑积水和渗水抽走。同时，还必须从施工进度安排、现场布置及各工种之间互相配合等方面来考虑，做到工种之间互相协调，使人工和设备充分发挥效率，施工现场井然有序以及开挖进度按时完成。为此，有必要根据设备条件将开挖地段分成几个作业区，每个作业区又划分几个工作面，按开挖工序组织平行流水作业，轮流进行钻孔爆破、出渣运输等工作。在确定钻孔爆破方法时，需考虑到炸落石块粒径的大小能够与出渣运输设备的容量相适应，尽量减少和避免二次爆破的工作量。出渣运输路线一端应直接连到各层的开挖工作面的下面，另一端应和通向上、下游堆渣场的运输干线连接起来。出渣运输道路的规划应该在施工总体布置中，尽可

能结合场内交通半永久性施工道

路干线的要求一并考虑，以节省临时工程的投资。

基坑开挖的废渣最好能加以利用，直接运至使用地点或暂时堆放。因此，需要合理组织弃渣的堆放，充分利用开挖的土石方。这不仅可以减少弃渣占地，而且还可以节约资金，降低工程造价。

不少工程利用基坑开挖的弃渣来修筑土石副坝和围堰，或将合格的沙石料加工成混凝土骨料，做到料尽其用。另外，在施工安排有条件时，弃渣还应结合农业上改地造田充分利用。为此，必须对整个工程的土石方进行全面规划，综合平衡，做到开挖和利用相结合。通过规划平衡，计算出开挖量中的使用量及弃渣量，均应有堆存和加工场地。弃渣的堆放场地，或利用于填筑工程的位置，应有沟通这些位置的运输道路，使其构成施工平面图的一个组成部分。

弃渣场地必须认真规划，并结合当地条件做出合理布局。弃渣不得恶化河道的水流条件，或造成下游河床淤积；不得影响围堰防渗，抬高尾水和堰前水位，阻滞水流；同时，还应注意防止影响度汛安全等情况的发生。特别需要指出的是：弃渣堆放场地还应力求不占压或少占压耕地，以免影响农业生产。临时堆渣区，应规划布置在非开挖区或不干扰后续作业的部位。

近年来，在岩石坝基开挖中，国内一些工程采用了预裂爆破、扇形爆破开挖等新技术，获得了优良的开挖质量和较好的经济效应，目前正在日益广泛地推广应用。

第五节　岸坡开挖施工

一、分层开挖法

平原河流枢纽的岩坡较低较缓，其开挖施工方法与河床开挖无大的差别。高岸坡开挖方法大体上可分为分层（梯段）开挖法、深孔爆破开挖法和辐射孔开挖法三类。

这是应用最广泛的一种方法，即从岸坡顶部起分梯段逐层下降开挖。主要优点是施工简单，用一般机械设备可以进行施工。对爆破岩块大小和岩坡的振动影响均较容易控制。

岸坡开挖时，如果山坡较陡，修建道路很不经济或根本不可能时，则可用竖井出渣或将石渣堆于岸坡脚下，即将道路通向开挖工作面是最简单的方法。

（一）道路出渣法

岸坡开挖量大时，采用此法施工，层厚度根据地质、地形和机械设备性能确定，一般不宜大于15 m。如岸坡较陡，也可每隔40 m高差布置一条主干道（即工作平台）。上层爆破石渣抛弃工作平台或由推土机推至工作平台，进行二次转运。如岸坡陡峭，道路开挖工程量大，也要由施工隧洞通至各工作面。采用预裂爆破或光面爆破形成岸坡壁面。

（二）竖井出渣法

当岸坡陡峭无法修建道路，而航运、过木或其他原因在截流前不允许将岩渣推入河床内时，可采用竖井出渣法。图4-6为意大利柳米耶坝坑道竖井出渣岸坡开挖图。工程施工时在截流前不允许将石渣抛入河床，而岸坡很陡无法修建道路，岸坡开挖高度达135 m以上，右岸开挖量为4.4万m3，左岸为1.8万m3，左右岸均开挖有斜井，斜井与平洞相连通。上面用小间距钻孔爆破，使岩石成为小碎块，用推土机将其推入斜井内，再经平洞运走。这种方法一般应用在开挖量不太大的地方，当挖方量很大时，只能作为辅助设施。

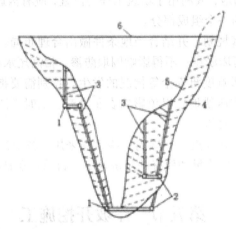

图4-6　意大利柳米耶坝坑道竖井出渣岸坡开挖图

1—坑道；2—运输洞；3竖井；4—开挖设计线；5—地面线；6—坝顶

（三）抛入河床法

这是一种由上而下的分层开挖法，无道路通至开挖面，而是用推土机或其他机械将爆破石渣推入河床内，再由挖掘机装汽车运走。这种方法应用较多，但需在河床允许截流前抛填块石的情况下才能运用。这种方法的主要问题是爆破前后机械设备均需撤出或进入开挖面，很多工程都是将浇筑混凝土的缆式起重机先装好，钻机和推土机均由缆机吊运。

一些坝因河谷较窄或岸坡较陡，石渣推入河床后，不能利用沿岸的道路出渣，只好开挖隧洞至堆渣处，进行出渣。

（四）由下而上分层开挖

当岩石构造裂隙发育或地质条件等因素导致边坡难以稳定，不便采用由上而下的开挖法时，可考虑由下而上分层开挖。这种方法的优点主要是安全，混凝土浇筑时，应在上面留一定的空间，以便上层爆破时供石渣堆积。

二、深孔爆破开挖法

高岸坡用几十米的深孔一次或二三次爆破开挖，其优点是减少爆破出渣交替所耗时间，提高挖掘机械的时间利用率。钻孔可在前期进行，对加快工程建设有利，但深孔爆破技术复杂，难保证钻孔的精确度，装药、爆破都需要较好的设备和措施。

三、辐射孔爆破开挖法

辐射孔爆破开挖法也是加快施工进度的一种施工方法，在矿山开采时使用较多。为了争取工期，加快坝基开挖进度，一般采用辐射孔爆破开挖法。

高岸坡开挖时，为保证下部河床工作人员与机械安全，必须对岸坡采取防护措施。一般采用喷混凝土、锚杆和防护网等措施。喷混凝土是常用方法，不但可以防止块石掉落，对软弱易风化岩石还可起到防止风化和雨水湿化剥落的作用。锚杆用于岩石破碎或有构造裂隙可能引起大块岩体滑落的情况，以保证安全。防护网也是常用的防护措施。防护网可贴岸坡安设，也可与岸坡垂直安设。外国常用的有尼龙网、有孔的金属薄板或钢筋网，多悬吊于锚杆上。当与岸坡垂直安设时，应在相距一定高度处安设，以免高处落石击破防护网。

第五章 水利水电防汛抢险规划

第一节 洪涝灾害

一、洪涝、干旱集中

由于我国幅员辽阔，水资源时空分布不均匀，水土资源的不合理开发，国民经济的快速发展，人们生活质量的不断提高，江河的自然演变，我国水利的未来形势仍很严峻，特别是随着全球气候变暖，极端天气事件带来的水害将更加频繁和严重，因此防洪抢险工作任重而道远。

我国水资源所面临的三大问题是：洪涝灾害、干旱缺水和环境恶化。我国是世界上洪水危害最为严重的国家之一。我国水害的基本特点如下。

我国位于亚欧大陆的东南部，东临太平洋，西北深入亚欧大陆腹地，西南与南亚次大陆接壤。全国降水随着距海洋的远近和地势的高低而有着显著的变化。按照年降水量400mm等值线，从东北到西南，经大兴安岭、呼和浩特、兰州，绕祁连山，过拉萨，到日喀则，斜贯大陆，将国土分为东西相等的两部分。在此线以西为集中干旱地区，年降水量200~400mm，有的不足100mm，年蒸发量大，常年干旱；在此线以东为洪涝多发地区，东南季风直达区内，年降水量由西向东递增，大多为800~1600mm，沿海一带可达2000mm。

我国绝大多数河流分布在东部多雨地区，随着地势降低自西向东汇集，径流洪水自西向东递增，我国长江、黄河、淮河、海河、辽河、松花江、珠江等七大江河大多数分布在这个地带，各大江河中下游100多万km2的国土面积，集中了全国半数以上的人口和70%的工农业产值，这些地区地面高程有不少处于江河洪水位以下，易发生洪涝灾害，历来是防御洪水的重点地区。

二、洪涝灾害频发

我国大部分属于北温带季风区，随着季风的进退，降水量具有明显的季节性变化。全国各地雨季由南向北变化，如华南地区雨季始于每年4月，长江中下游雨季始于6月，而淮河以北地区则始于7月。到8月下旬以后，雨季又逐渐返回南方，雨季自北向南先后结束。我国东部沿海地区在每年夏、秋季常受发生于西太平洋的热带气候影响，引发暴雨洪水。

　　全国多年平均水资源总量约 $2.8 \times 10^{12}m^3$，多年平均降水量 648mm，而年降水量的 70% 以上集中在汛期。新中国成立以来，虽经过大量修建水库、堤防及江河整治，使江河的防洪标准有很大提高，但由于降水量在年际分配、年内分配和地区分配的不均匀性，相当部分江河的防洪工程还不能抵御较大洪水的侵袭，防洪减灾体系尚不够完善和健全，洪水灾害在今后长时期内仍将是中华民族的心腹大患。

三、抗洪能力脆弱

　　目前全国尚有 3.7 万余座病险水库，病险率达 43%，沿海仍有 34.3% 的重点海堤没有达标，大江大河部分干流没有得到有效治理，蓄滞洪区安全建设还未全面实施，中小河流治理严重滞后，部分江河缺少控制性骨干工程，很多城市防洪排涝标准偏低。如一旦遭遇超过防御标准的洪水，人力则无法抵御，洪水灾害难以幸免。

　　以长江为例，在 1954 年和 1998 年两次遭遇流域性大洪水。1954 年 6～8 月，长江干支流遭遇洪水，枝城以下 800km 河段最高水位全面超过历史最高纪录，虽经军民全力抗洪抢险，保证了荆江大堤和武汉市主要市区的安全，但长江干堤和汉江下游堤防溃决 61 处，沿江 5 省 123 个县（市）受灾，受灾农田 3170khm²，死亡 3.3 万人，并导致京广铁路中断 100 多 d。1998 年汛期，长江上游先后出现 8 次洪峰并与中下游洪水遭遇，形成全流域大洪水。在党中央、国务院统一指挥下，正确决策，全力抢险，"严防死守"长江干堤，抗御了一次又一次洪水袭击，确保了沿江重要城市的安全，但直接经济损失仍达 2000 多亿元。

　　大江大河能否安澜，直接影响着人民生命财产的安全，直接关系着中华民族的兴亡，人们已达成高度统一的共识。同时，由于强对流天气等极端天气事件造成的区域性山洪同样不能忽视，其引发的泥石流、山体滑坡和溪河洪水，给局部地区带来的洪灾往往是毁灭性的。由于山洪具有强度大、历时短、范围小的特点，通常都是突发性的，往往难以预报和抵御。

四、人类活动影响严重

　　地面植被起着拦截雨水、调蓄地面径流的作用，由于人类滥伐森林，盲目开垦山地，地面植被不断遭到破坏，加剧了水土流失。据 2007 年统计，全国水土流失面积为 356 万 km²，占国土面积的 37.08%。黄河、长江流域水土流失最为严重。地处黄河中下游的黄土高原水土流失面积达 43 万 km²，致使黄河多年平均输沙量达 16 亿 t，导致河床逐年抬高，成为河床高于两岸地面 3～8m 的"悬河"，洪水威胁着 25 万 km² 土地、1 亿多人口的安全。长江流域水土流失严重的地区主要在上游，水土流失面积为 35 万 km² 致使长江多年平均输沙量约 7.4 亿 t。水土流失改变了江河的产流、汇流条件，增加了洪峰流量和洪水总量，导致江河、湖泊严重淤积，降低了湖泊的天然滞（蓄）洪能力和江河防洪能力，给中下游的防洪带来很大的困难。

　　我国随着社会经济高速发展和人口不断增长，城市化进程快速推进，人们不断与湖争地，我国湖泊的水面积不断缩小，很多湖泊已经消失。据统计，1949 年长江中下游地区共有湖泊面积 25828km2，到 1977 年仅剩 14073km2，减少了 45.5%。1949 年长江中下游通江湖泊面积 17198km2，目前只剩下洞庭湖、鄱阳湖仍与长江相遇，面积仅 6000 多 km2。由于围湖造田，湖泊调蓄径流能力降低，增加了堤防的防洪负担。此外，河道违法设障，围垦河道滩地的情况也相当普遍。

由于人类不按客观规律办事，必将遭受大自然的报复，人类也将为之付出惨痛的教训。以长江 1998 年洪水为例，长江荆江段以上洪峰流量和洪水总量均小于长江 1954 年的洪水，但汉口、沙市等众多水文站实测水位均超过 1954 年的洪水位。加上长江下游盲目围垦、设障，行洪断面缩小，致使长江中上游河段堤防较长时间处于高水位，加大了抗洪救灾的难度。

在 1998 年长江洪水之后，国务院下发了《关于灾后重建、整治江河、兴建水利的若干意见》作出了"平垸行洪、退田还湖、移民建镇、疏浚河湖"的果断决策，我国迈出了与洪水和谐相处、与自然和谐相处的坚实一步。

第二节　洪水概述

一、洪水概念

洪水是指江湖在较短时间内发生的流量急剧增加、水位明显上升的水流现象。洪水来势凶猛，具有很大的自然破坏力，淹没河中滩地，毁坏两岸堤防等水利工程设施。因此，研究洪水特性，掌握其变化规律，积极采取防御措施，尽量减轻洪灾损失，是研究洪水的主要目的。

（一）洪水的分类和特征

洪水按成因和地理位置的不同，可分为暴雨洪水、融雪洪水、冰凌洪水以及溃坝洪水等。海啸、风暴潮等也可能引起洪水灾害，各类洪水都具有明显的季节性和地区性特点。我国大部分地区以暴雨洪水为主，但对我国沿海的海南、广东、福建、浙江等而言，热带气旋引发的洪水较常见，而对于黄河流域、东北地区而言，冰凌洪水经常发生。

（二）洪水三要素

洪水三要素为洪峰流量 Qm、洪水总量 W 和洪水历时 T，如图5-1 所示。

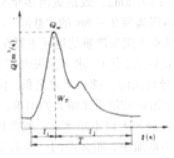

图5-1　洪水三要素示意图

1.洪峰流量

在一次洪水过程中，通过河道的流量由小到大，再由大到小，其中最大的流量称为洪峰流量 Qm 在岩石河床或比较稳定的河床，最高洪水位出现时间一般与洪峰流量出现的时间相同。

2.洪水总量

洪水总量是指一次洪水通过河道某一断面的总水量。洪水总量按时间长度进行统计，如1d洪水总量、3d洪水总量、5d洪水总量等。

3.洪水历时

洪水历时是指在河道的某一断面上，一次洪水从开始涨水到洪峰，再到落平所经历的时间。洪水历时与暴雨持续时间和空间特性、流域特性有关。

洪峰传播时间是指自河段上游某断面洪峰出现到河段下游某断面洪峰出现所经历的时间。在调洪中，常利用洪峰传播时间进行错峰调洪，也可以进行洪水预报。

（三）洪水等级

洪水等级按洪峰流量重现期划分为以下四级：

一般洪水　5～10年一遇；

较大洪水　10～20年一遇；

大洪水　20～50年一遇；

特大洪水　大于50年一遇。

二、洪水类型

（一）暴雨洪水

暴雨洪水是指由暴雨通过产流、汇流在河道中形成的洪水。暴雨洪水在我国发生很频繁。

1.暴雨洪水的成因

暴雨洪水历时长短视流域大小、下垫面情况与河道坡降等因素而定。洪水大小不仅同暴雨量级关系密切，还与流域面积、土壤干湿程度、植被、河网密度、河道坡降以及水利工程设施有关。在相同的暴雨条件下，河道坡度愈陡，承受的雨水愈多，洪水愈大；在相同暴雨和相同流域面积条件下，河道坡度愈陡、河网愈密，雨水汇流愈快，洪水愈大。如暴雨发生前土壤干旱，吸水较多，形成的洪水较小。

2.暴雨洪水的特性

在我国，暴雨具有明显的季节性和地区性特点，年际变化也很大。对于全流域的大洪水，主要由东南季风和热带气旋带来的集中降雨产生；对于区域性的洪水，主要由强对流天气引发的短历时降雨产生。

对于一次暴雨引发的洪水而言，其洪水过程一般有起涨、洪峰出现和落平三个阶段。山区河流河道坡度陡，流速大，洪水易暴涨暴落；平原河流河道坡度缓，流速小，洪峰不明显，退水也慢。大江大河流域面积大，接纳支流众多洪水往往出现多峰，而中小流域常为单峰。持续降雨往往出现多峰，单次降雨则为单峰。

（二）融雪洪水

融雪洪水是指流域内积雪（冰）融化形成的洪水。高寒积雪地区，当气温回升至0℃以上，积雪融化，形成融雪洪水。若此时有降雨发生，则形成雨雪混合洪水。融雪洪水主要发生在大量积雪或冰川发育的地区，如我国的新疆与黑龙江等地区。

（三）冰凌洪水

冰凌洪水是河流中因冰凌阻塞、水位壅高或槽蓄水量迅速下泄而引起显著的涨水现象。黄河宁蒙河段、山东河段，以及松花江等江河，进入冬季后，河道下游封冻早于上游。按洪水成因，冰凌洪水分为冰塞洪水、冰坝洪水和融冰洪水。河道封冻后，冰盖下冰花、碎冻大量堆积形成冰塞堵塞部分河道断面，致使上游水位显著壅高，此为冰塞洪水；在开河期，大量流冰在河道内受阻，冰块上爬下插，堆积成横跨过水断面的坝状冰体，造成上游水位壅高，当冰坝承受不了上游冰、水压力时便突然破坏，迅速下泄，此为冰坝洪水；封冻河段因气温升高使冰盖逐渐融解时，河槽蓄水缓慢下泄形成洪水，此为融冰洪水。

（四）山洪

山洪是指流速大，过程短暂，往往挟带大量泥沙、石块，突然破坏力很大的小面积山区洪水。山洪一般由强对流天气暴雨引发在一定地形、地质、地貌条件下形成。在相同条件下，地面坡度愈陡，表层土质愈疏松，植被愈差，愈易于形成。由于山洪具有强度大、分布广，且有着很大突发性、多发性、随机性特点，对人民生命财产造成极大的危害，甚至造成毁灭性的破坏。山洪灾害可分为溪河洪水、泥石流和山体滑坡等三类。

（五）泥石流

泥石流是指含饱和固体物质（泥沙、石块）的高粘性流体。泥石流一般发生在山区，暴发突然，历时短暂，洪流挟带大量泥沙、石块，来势汹涌，所到之处往往造成毁灭性破坏。

1.泥石流形成的基本条件

第一，两岸谷坡陡峻，沟床坡降较大，并具有利于水流汇集的小流域地形。

第二，沟谷和沿程斜坡地带分布有足够数量的松散固体物质。

第三，沟谷上中游有充沛的突发性洪水水源，如瞬时极强暴雨、气温骤高冰雪消融、湖堰溃决等产生强大的水动力。

在我国，泥石流的分布具有明显的地域特点。在西部山区，断裂发育、新构造运动强烈、地震活动性强、岩体风化破碎、植被不良、水土流失严重的地区，常是泥石流的多发区。

2.泥石流的组成

典型的泥石流一般由以下三个地段组成：

（1）形成区（含清水区、固体物质补给区）

大多为高山环抱的扇状山间洼地，植被不良，岩土体破碎疏松，滑坡、崩塌发育。

（2）流通区

位于沟谷中游段，往往成峡谷地形，谷底纵坡陡峻，是泥石流冲出的通道。

（3）堆积区

位于沟谷出口处，地形开阔，纵坡平缓，流速骤减，形成大小不等的圆形、锥形及垄岗地形。

3.泥石流的分类

（1）按流体性质分

粘性泥石流、稀性泥石流、过渡性泥石流。

（2）按物质补给方式分

坡面泥石流、崩塌泥石流、滑坡泥石流、沟床泥石流、溃决泥石流。

（3）按流体中固体物质的组成分

泥石流、泥流、碎石流、水石流。

（4）按发育阶段分

发展期泥石流、活跃期泥石流、衰退期泥石流、间歇（中止）期泥石流。

（5）泥石流按暴发规格（一次泥石流最大可冲出的松散固体物质总量）分

特大型泥石流（大于50万m3）、大型泥石流（10万～50万m3）、中型泥石流（1万～10万m3）和小型泥石流（小于1万m3）等。

（六）山体滑坡

山体滑坡是指由于山体破碎，存在裂隙，节理发育，整体性差，或强风化层和覆盖层堆积较厚，浸水饱和后抗剪强度降低，在外力（洪水冲刷、地震）作用下，部分山体向下坍滑的现象。山体滑坡虽影响范围小，但具有突发性，对倚山而建的居民而言，具有很大的破坏力。

（七）溃坝洪水

溃坝洪水是指水库大坝、堤防、海塘等挡水建筑物遭遇超标准洪水或发生重大险情，突然溃决发生的洪水。溃坝洪水具有突发性和破坏性大的特点，对洪水防御范围内的工农业生产和人民生命财产安全构成很大威胁。

三、洪水标准

（一）频率与重现期

频率概念抽象，常用重现期来代替。所谓重现期，是指大于或等于某随机变量（如降雨、洪水）在长时期内平均多少年出现一次（即多少年一遇）。这个平均重现间隔期即重现期，用 N 表示。

在防洪、排涝研究暴雨洪水时，频率 P（％）和重现期 N（年）存在下列关系：

N=1/P

P=（1/N）×100%

例如，某水库大坝校核标准洪水的频率 P=0.1％，由上式得 N=1000 年，称 1000 年一遇洪水。即出现大于或等于 P=0.1％ 的洪水，在长时期内平均 1000 年遇到一次。若遇到大于该校核标准的洪水，则不能保证大坝安全。

（二）洪水标准和防洪标准

防洪标准是指防护对象防御相应洪水能力的标准，常用洪水的重现期表示，如 50 年一遇、100 年一遇等。

在我国，在 1961 年以前基本上等同采用苏联洪水标准，1961 年我国颁布了自己制定的洪水标准，1964 年进行了修订，1978 年颁布了《水利水电枢纽工程等级划分及设计标准（山区、丘陵区部分）》（试行）（SDJ 12—78），1987 年颁布了《水利水电枢纽工程等级划分及设计标准（平原、滨海部分）》（试行）（SDJ 217—87）。现行的洪水标准是国家标准《防洪标准》（GB 50201—2014）和部颁标准《水利水电工程等级划分及洪水标准》（SL 252—2017）。

水利水电工程按其工程规模、效益及在国民经济中的重要性划分为五个等别，所属水工建筑物划分五个级别。水利水电工程分等指标见表5-1，山区、丘陵区水利水电工程永久性水工建筑物洪水标准见表5-2。

表5-1 水利水电工程分等指标

工程等别	工程规模	水库总库容（亿m3）	防洪		治涝	水闸	灌溉	发电
			保护城镇及工矿企业的重要性	保护农田（万亩）	治涝面积（万亩）	过闸流最（m³/s）	灌溉面积（万亩）	装机容量（万kW）
I	大（1）型	≥10	特别重要	≥500	≥200	≥5000	≥150	≥120
II	大（2）型	10～1.0	重要	500～100	200～60	5000～1000	150～50	120～30
III	中型	1.0～0.10	中等	100～30	60～15	1000～100	50～5	30～5
IV	小（1）型	0.10～0.01	一般	30～5	15～3	100～20	5～0.5	5～1
V	小（2）型	0.01～0.001		<5	<3	<20	<0.5	<1

表5-2　山区、丘陵区水利水电工程永久性水工建筑物洪水标准［重现期（年）］

项目	水土建筑物级别				
1	2	3	4	5	
设计	1000～500	500～100	100～50	50～30	30～20
校核　土石坝	可能最大洪水（PMF）或10000～5000	5000～2000	2000～1000	1000～300	300～200
混凝土坝、浆砌石坝	5000～2000	2000～1000	1000～500	500～200	200～100

（三）堤防防洪标准

堤防是为了保护防护对象的防洪安全而修建的，它本身并无特殊的防洪要求，它的防洪标准应根据防护对象的要求确定：

保护大片农田　10～20年一遇；

保护一般集镇　20～50年一遇；

保护城市　50～100年一遇；

保护特别重要城市　300～500年一遇；

保护重要交通干线　50～100年一遇。

四、黄河下游洪水

（一）黄河四汛

黄河下游洪水按照出现时段划分为桃、伏、秋、凌四汛。12月至次年2月为凌汛期；3至4月份桃花盛开之时，上中游冰雪融化，形成洪峰，称为"桃汛"；7至8月暴雨集中，量大峰高，谓"伏汛"，是黄河大洪水多发及易成灾时段；9至10月流域多普降大雨，形成洪峰，谓"秋汛"。伏汛、秋汛习惯上统称伏秋大汛，亦即我们常说的汛期。伏秋大汛的洪水多由黄河中游暴雨形成，发生时间短，含沙量高，水量大。黄河决口成灾主要发生在伏秋大汛和凌汛期。

（二）黄河下游洪水来源

黄河下游洪水来源有五个地区，即上游的兰州以上地区，中游的河口镇至龙门区间、龙门至三门峡区间、三门峡至花园口区间（简称河龙间、龙三间、三花间），以及下游的汶河流域。其中，中游的三个地区是黄河洪水的主要来源区，它们一般不同时遭遇，来水主要有以下三种情况：第一是三门峡以上来水为主形成的大洪水，简称"上大型洪水"，如1933年洪水。其特点是洪峰高、洪量大、含沙量也大，对黄河下游威胁严重；第二是三花间来水为主形成的大洪水，简称"下大型洪水"，如1958年洪水。其特点是洪水涨势猛、洪峰高、含沙量小、预见期短，对黄河下游防洪威胁最为严重；第三是以三门峡以上的龙三间和三门峡以下的三花间共同来水造成，简称"上下较大型洪水"，如 1957、1964 年洪水。其特点是洪峰较低，历时较长，对黄河下游防洪也有相当威胁。上游地区洪水洪峰小、历时长、含沙量小，与黄河中游和下游的大洪水均不遭遇。汶河大洪水与黄河大洪水一般不会相遇，但黄河的大洪水与汶河的中等洪水有遭遇的可能。汶河洪峰形状尖瘦、含沙量小，除威胁大清河及东平湖堤防安全外，当与黄河洪水相遇时，影响东平湖对黄河洪水的分滞洪量，从而增加山东黄河窄河段的防洪压力。

（三）冰凌洪水

冰凌洪水只有上游的宁蒙河段和下游的花园口以下河段出现，它主要发生在河道解冰开河期间。冰凌洪水有两个特点：第一是峰低、重小、历时短、水位高。凌峰流量一般为 1000 ~ 2000m3/s，全河最大实测值不超过 4000m3/s；洪水总量上游一般为 5 ~ 8 亿 m3，下游为 6 ~ 10 亿 m3；洪水历时，上游一般为 6 ~ 9 天，下游一般为 7 ~ 10 天。由于河道中存在着冰凌，易卡冰结坝壅水，导致河道水位迅猛上涨，在相同流量下比无冰期高得多。第二是流量沿程递增。因为在河道封冻以后，沿程拦蓄部分上游来水，使河槽蓄水量不断增加，"武开河"时这部分水量被急剧释放出来，向下游推移，沿程冰水越积越多，形成越来越大的凌峰流量。

自三门峡水库防凌蓄水运用以来，黄河下游凌汛"武开河"大大减少，减轻了下游防凌负担。进入九十年代以后，通过科学调度下游冬季引蓄水，也在客观上为减轻凌汛威胁提供了有利条件。

（四）泥沙特点

黄河是举世闻名的多沙河流，三门峡站进入下游的泥沙多年平均约 16 亿 t，平均含沙量 35kg/m3。在大量泥沙排泄入海的同时，约有四分之一的泥沙淤在河道内，使河床不断抬高，形成地上"悬河"。黄河水沙有以下主要特点：第一是水少沙多，其年输沙量之多、含沙量之高居世界河流之冠。第二是水沙异源。黄河泥沙 90% 来自中游的黄土高原。上游的来水量占全流域的 54%，而来沙量仅占 9%；三门峡以下的支流伊、洛、沁河的来水量占 10%，来沙量占 2% 左右，这两个地区水多沙少，是黄河的清水来源区。中游河口镇至龙门区间来水量占 14%，来沙量占 56%；龙门至潼关区间来水量占 22%，来沙量占 34%，这两个地区水少沙多，是黄河泥沙主要来源区。第三是年际变化大，年内分布不均。1933 年来沙量最大，达 37.67 亿 t，1928 年最小，为 4.88 亿 t，相差 8 倍。年内分布亦很不均衡，汛期来沙量在天然情况下占全年的 80% 以上，且又集中于几场暴雨洪水。三门峡水库"蓄清排浑"运用以来，汛期下泄沙量占全年沙量的 97%。四是含沙量变幅大，同一流量下的含沙量可相差 10 倍左右，1977 年 8 月三门峡站最大含沙量达 911kg/m3，非汛期含沙量一般小于 10kg/m3。

第三节　防汛组织工作

一、防汛组织机构

防汛抢险工作是一项综合性很强的工作，牵涉面广，责任重大，不能简单理解是水利部门的事情，必须动员全社会各方面的力量参与。防汛机构担负着发动群众，组织各方面的社会力量，从事防汛指挥决策等重大任务，并且在组织防汛工作中，还需进行多方面的联系和协调。因此，需要建立强有力的组织机构，做到统一指挥、统一行动、分工合作、同心协力共同完成。

防汛组织机构是各级政府的一个工作职能部门。我国政府的防汛组织机构是国家防汛抗旱总指挥部，下属有与之相关的工作协调部门。

根据《中华人民共和国防洪法》、《中华人民共和国防汛条例》规定，防汛工作实行各级人民政府行政首长负责制，实行统一指挥，分级、分部门负责，各有关部门实行防汛岗位责任制。国务院设立国家防汛抗旱总指挥部，负责组织领导全国的防汛抗旱工作，其办事机构设在国务院水行政主管部门（水利部）。在国家确定的重要江河、湖泊可以设立由有关省、自治区、直辖市人民政府和该江河、湖泊的流域管理机构负责人等组成的防汛指挥机构，指挥所管辖范围内的防汛抗洪工作，其办事机构设在各流域管理机构。

除国务院、流域管理机构成立防汛指挥机构外，有防汛任务的各省、自治区及市、县（区）人民政府也要相应设立防汛指挥机构，负责本行政区域的防汛突发事件的应对工作。其办事机构设在当地政府水行政主管部门的水利（水务）局，负责管辖范围内的日常防汛工作。有防汛任务的乡（镇）也应成立防汛组织，负责所辖范围内防洪工程的防汛工作。有关部门、单位可根据需要设立行业防汛指挥机构，负责本行业、单位防汛突发事件的应对工作。

地方防汛指挥机构是由省、市、县（区）政府有关部门，当地驻军和人民武装部队负责人组成，由当地政府主要负责人［副省长、副市长、县（区）长］任总指挥。指挥机构成员各地稍有不同，以市级防汛指挥机构为例，指挥部成员包括各级政府、当地驻军（武警）、水利（水务）局、市委宣传部、市发展和改革委员会（局）、市对外贸易经济合作局、市公安局、市民政局、市财政局、市国土资源局、市住房和城乡建设局、市交通运输局、市农业局、市安全生产监督管理局、市卫生局、市气象局、广播电视局等部门的主要负责人。此外，根据各地实际情况，成员还有供销社、林业局、水文局（站）、环境保护局、城市综合管理局、海事局、供电局、电信局、保险公司、石油（化）公司等部门的主要负责人。

我国海岸线很长，沿海各省、市、县（区）每年因强热带风暴、台风而引起的洪涝灾害损失极其严重。因此，相关省、市、县（区）将防台风的工作同样放在重要位置，除防汛、抗旱工作外，还要做好防台风的工作。由此机构设置的名称为防汛防风抗旱总指挥部，简称三防总指挥部，而下设的日常办事机构，则称为三防办公室。

防汛工作按照统一领导、分级分部门负责的原则，建立健全各级、各部门的防汛机构，发挥有机的协作配合，形成完整的防汛组织体系。防汛机构要做到正规化、专业化，并在实际工作中，不断加强机构的自身建设，提高防汛人员的素质，引用先进设备和技术，充分发挥防汛机构的指挥战斗作用。

二、防汛责任制

防汛工作是关系全社会各行业和千家万户的大事，是一项责任重大而复杂的工作，它直接涉及国民经济的发展和城乡人民生命财产的安全。洪水到来时，工程一旦出现险情，防汛抢险是压倒一切工作的大事，防汛工作责任重于泰山，必须建立和健全各种防汛责任制，实现防汛工作正规化和规范化，做到各项工作有章可循，所有工作各负其责。

根据《中华人民共和国防洪法》第三十八条，"防汛抗洪工作实行各级人民政府行政首长负责制，统一指挥、分级分部门负责"。因此，各级防汛抗旱指挥部要建立健全切合本地实际的防汛管理责任制度。防汛责任制包括：①行政首长负责制；②分级管理责任制；③部门责任制；④包干责任制；⑤岗位责任制；⑥技术责任制；⑦值班工作责任制。

（一）行政首长负责制

行政首长负责制是指由各级政府及其所属部门的首长对本政府或本部门的工作负全面责任的制度，这是一种适合于中国行政管理的政府工作责任制。其指地方各级人民政府实行省长、市长、县长（区长）、乡长、镇长负责制。各省的防汛工作，由省长（副省长）负责，地（市）、县（区）的防汛工作，由各级市长、县（区）长（或副职）负责。

行政首长负责制是各种防汛责任制的核心，是取得防汛抢险胜利的重要保证，也是历来防汛抢险中最行之有效的措施。防汛抢险需要动员和调动各部门各方面的力量，党、政、军、民全力以赴，发挥各自的职能优势，同心协力共同完成。因此，防汛指挥机构需要政府主要负责人亲自主持，全面领导和指挥防汛抢险工作。

（二）分级管理责任制

根据水系及水库、堤防、水闸等防洪工程所处的行政区域、工程等级、重要程度和防洪标准等，确定省、地（市）、县、乡、镇分级管理运用、指挥调度的权限责任。在统一领导下，对所管辖区域的防洪工程实行分级管理、分级调度、分级负责。

（三）部门责任制

防汛抢险工作牵涉面广，需要调动全社会各部门的力量参与，防汛指挥机构各部门（成员）单位，应按照分工情况，各司其职，责任制层层落实到位，做好防汛抗洪工作。

（四）包干责任制

为确保重点地区的水库、堤坝、水网等防洪工程和下游保护对象的汛期安全，省、地（市）、县、乡各级政府行政负责人和防汛指挥部领导成员实行分包工程责任制，将水库、河道堤段、蓄滞洪区等工程的安全度汛责任分包，责任到人，有利于防汛抢险工作的开展。

（五）岗位责任制

汛期管好用好水利工程，特别是防洪工程，对做好防汛减少灾害至关重要。工程管理单位的业务处室和管理人员以及护堤员、巡逻人员、防汛工、抢险队等要制定岗位责任制。明确任务和要求，定岗定责，落实到人。岗位责任制的范围、项目、安全程度、责任时间等，要做出相关职责的条文规定，严格考核。在实行岗位责任制的过程中，要调动职工的积极性，强调严格遵守纪律。要加强管理，落实检查制度，发现问题及时纠正。

（六）技术责任制

在防汛抢险工作中，为充分发挥技术人员的专长，实现科学抢险、优化调度以及提高防汛指挥的准确性和可靠性，凡是评价工程抗洪能力、确定预报数字、制定调度方案、采取的抢险措施等有关技术问题，均应由专业技术人员负责，建立技术责任制。关系重大的技术决策，要组织相当技术级别的人员进行咨询，以防失误。县、乡（镇）的技术人员也要实行技术责任制，对所包的水库、堤防、闸坝等工程安全做到技术负责。

（七）值班工作责任制

为了随时掌握汛情，减少灾害损失，在汛期，各级防汛指挥机构应建立防汛值班制度，汛期值班室24h不离人。值班人员必须坚守岗位，忠于职守，熟悉业务，及时处理日常事务，以便防汛机构及时掌握和传递汛情。要及时加强上下联系，多方协调，充分发挥水利工程的防汛减灾作用。汛期值班人员的主要责任如下：

1. 及时掌握汛情

汛情一般包括水情、工情和灾情。①水情。按时了解雨情、水情实况和水文、气象预报。②工情。当雨情、水情达到某一数量值时，要主动向所辖单位了解水库、河道堤防和水闸等防洪工程的运用及防守情况。③灾情。主动了解受灾地区的范围和人员伤亡情况以及抢救的措施。

2. 按时报告、请示、传达

按照报告制度，对于重大汛情及灾情要及时向上级汇报；对需要采取的防洪措施要及时请示批准执行；对授权传达的指挥调度命令及意见，要及时准确传达。做到不延时、不误报、不漏报，并随时落实和登记处理结果。

3. 熟悉防汛资料及方案

熟悉所辖地区的防汛基本资料和主要防洪工程的防御洪水方案的调度计划，对所发生的各种类型洪水要根据有关资料进行分析研究，掌握各地水库、堤防、水闸发生的险情及处理情况。

4. 做好值班记录

积极主动抓好情况收集和整理，对发生的重大汛情要整理好值班记录，以备查阅，并归档保存。

5. 严格交接班制度

严格执行交接班制度，认真履行交接班手续。

6. 严格保密

做好保密工作，严守国家机密。

三、防汛队伍

为做好防汛抢险工作，取得防汛斗争的胜利，除充分发挥工程的防洪能力外，更主要的一条是在当地防汛指挥部门领导下，在每年汛前必须组织好防汛队伍。多年的防汛抢险实践证明，防汛抢险采取专业队伍与群众队伍相结合，军民联防是行之有效的。各地防汛队伍名称不同，主要由专业防汛队、群众防汛抢险队、军（警）抢险队组成。

（一）专业防汛队

专业防导队是懂专业技术和管理的队伍，是防汛抢险的技术骨干力量，由水库、堤防、水闸管理单位的管理人员、护堤员等组成，平时根据管理中掌握的工程情况分析工程的抗洪能力，做好出险时抢险准备。进入汛期，要上岗到位，密切注视汛情，加强检查观测，及时分析险情。专业防汛队要不断学习养护修理知识，学习江河、水库调度和巡视检查知识以及防汛抢险技术，必要时进行实战演习。

（二）群众防汛抢险队

群众防汛抢险队是防汛抢险的基础力量。它是以当地青壮年劳力为主，吸收有防汛抢险经验的人员参加，组成不同类别的防汛抢险队伍，可分为常备队、预备队、抢险队、机动抢险队等。

1. 常备队

常备队是防汛抢险的基本力量，是群众性防汛队伍，人数比较多，由水库、堤防、水闸等防洪工程周围的乡（镇）居民中的民兵或青壮年组成。常备队组织要健全，汛前登记造册编成班、组，要做到思想、工具、料物、抢险技术四落实。汛期按规定到达各防守位置，分批组织巡逻。另外，在库区、滩区、滞洪区也要成立群众性的转移救护组织，如救护组、转移组和留守组等。

2. 预备队

预备队是防汛的后备力量，当防御较大洪水或紧急抢险时，为补充加强常备队的力量而组建的。人员条件和距离范围更宽一些。必要时可以扩大到距离水库、堤防、水闸较远的县、乡（镇），要落实到户到人。

3.抢险队

抢险队是为防洪工程在汛期出险而专门组织的抢护队伍，是在汛前从群众防汛队伍中选拔有抢险经验的人员组成。当水库、堤防、水闸工程发生突发性险情时，立即抽调组成的抢险队员，配合专业队投入抢险。这种突击性抢险关系到防汛的成败，既要迅速及时，又要组织严密，指挥统一。所有参加人员必须服从命令听指挥。

4.机动抢险队

为了提高抢险效果，在一些主要江河堤段和重点水库工程可建立训练有素、技术熟练、反应迅速、战斗力强的机动抢险队，承担重大险情的紧急抢险任务。机动抢险队要与管理单位结合，人员相对稳定。平时结合管理养护，学习提高技术，参加培训和实践演习。机动抢险队应配备必要的交通运输和施工机械设备。

5.军（警）抢险队

2005年，我国颁布了《军队参加抢险救灾条例》，明确了中国人民解放军和中国人民武装警察部队是抢险救灾的突击力量，执行国家赋予的抢险救灾任务是军队的重要使命。解放军和武警部队历来在关键时刻承担急、难、险、重的抢险任务，每当发生大洪水和紧急抢险时，他们总是不惧艰险，承担着重大险情抢护和救生任务。防汛队伍要实行军民联防，各级防汛指挥部应主动与当地驻军联系，及时通报汛情、险情和防御方案，明确部队防守任务和联络部署制度，组织交流防汛抢险经验。当遇大洪水和紧急险情时，立即请求解放军和武警部队参加抗洪抢险。

四、防汛抢险技术培训

（一）防汛抢险技术的培训

防汛抢险技术的培训是防汛准备的一项重要内容，除利用广播、电视、报纸和因特网等媒体普及抢险常识外，对各类人员应分层次、有计划、有组织地进行技术培训。其主要包括专业防汛队伍的培训、群防队伍的技术培训、防汛指挥人员的培训等。

1.培训的方式

第一，采取分级负责的原则，由各级防汛指挥机构统一组织培训。

第二，培训工作应做到合理规范课程、考核严格、分类指导，保证培训工作质量。

第三，培训工作应结合实际，采取多种组织形式，定期与不定期相结合，每年汛前至少组织一次培训。

2.专业防汛队伍的培训

对专业技术人员应举办一些抢险技术研讨班，请有实践经验的专家传授抢险技术，并通过实战演习和抢险实践提高抢险技术水平。对专业抢险队的干部和队员，每年汛前要举办抢险技术学习班，进行轮训，集中学习防汛抢险知识，并进行模拟演习，利用旧堤、旧坝或其他适合的地形条件进行实际操作，增强抗洪抢险能力。

3.群防队伍的技术培训

对群防队伍一般采取两种办法：一是举办短期培训班，进入汛期后，在地方（县）防汛指挥部的组织领导下，由地方（县）人民武装部和水利管理部门召集常备队队长、抢险队队长集中培训，时间一般为 3 ~ 5d，也可采用实地演习的办法进行培训；二是群众性的学习，一般基层管理单位的工程技术人员和常备队队长、抢险队队长分别到各村向群众宣讲防汛抢险常识，并辅以抢险挂图和模型、幻灯片、看录像等方式进行直观教学，便于群众领会掌握。

4.防汛指挥人员的培训

应举办由防汛指挥人员、防汛指挥成员单位负责人参加的防汛抢险技术研讨班，重点学习和研讨防汛责任制、水文气象知识、防汛抢险预案、防洪工程基本情况、抗洪抢险技术知识等，使防汛抢险指挥人员能够科学决策，指挥得当。

（二）防汛抢险演习

为贯彻"以防为主，全力抢险"的防汛工作方针，强化防汛抢险队伍建设，各级防汛抗旱指挥机构应定期举行不同类型的应急演习，以检验、改善和强化应急准备和应急响应能力；专业抢险队伍必须针对当地易发生的各类险情有针对性地每年进行抗洪抢险演习；多个部门联合进行的专业演习，一般 2 ~ 3 年举行一次，由省级防汛指挥机构负责组织。

防汛抢险演习主要包括现场演练、岗位练兵、模拟演练等，是根据各地方的防汛需要和实际情况进行，一般内容如下：

①现场模拟堤防漫溢、管涌、裂缝等险情，以及供电系统故障、落水人员遇险等。

②险情识别、抢护办法、报险、巡堤查险、抢险组织、各种打桩方法。

③进行水上队列操练、冲锋舟水流湍急救援、游船紧急避风演练、某村群众遇险施救、个别群众遇险施救、群众转移等项目演习。

④水库正常洪水调度、非常洪水预报调度、超标准洪水应急响应、提闸泄洪演练。

⑤泵站紧急强排水演练、供电故障排除演练。

⑥堤防工程的水下险情探测、抛石护坡、管涌抢护、裂缝处理、决口堵复抢险等。

通过各种仿真联合演习，进一步加强地方防汛抢险队伍互动配合能力，提高抢险队员们的娴熟的技巧，积累应急抢险救灾的经验，增强抢险救灾人员的快速反应和防汛抢险救灾技能，提高抗洪抢险的实战能力。

五、防汛组织

黄河防汛工作实行各级人民政府行政首长负责制，统一指挥，分级分部门负责。各有关部门实行防汛岗位责任制。

黄河防汛费用按照国家、地方政府和受益者合理承担相结合的原则筹集。黄河防汛费用必须专款用于黄河防汛准备、防汛抢险、防洪工程修复、防汛抢险器材和国家储备物资的购置、维修及其他防汛业务支出。

有黄河防汛任务的县级以上人民政府和单位，应当根据国家和省的有关规定，安排必要的资金和劳务，用于黄河防汛队伍组织训练、防汛物料筹集、防汛抢险等防导活动。

任何单位和个人不得截留、挪用黄河防汛、救灾资金和物资。

任何单位和个人都有依法参加黄河防汛抗洪和保护黄河防洪设施的义务。

在黄河防汛工作中做出突出成绩的单位和个人，由县级以上人民政府给予表彰和奖励。

有黄河防汛任务的县级以上人民政府防汛指挥机构，在上级防汛指挥机构和同级人民政府的领导下，行使本行政区域内的黄河防汛指挥权，组织、监督本行政区域内的防汛指挥调度决策、防守抢护、群众迁移安置救护、防汛队伍建设、物资供应保障、河道及蓄滞洪区清障等黄河防汛工作的实施。

有黄河防汛任务的县级以上人民政府，应当明确同级防汛指挥机构的成员单位及有关部门的黄河防汛职责。各级防汛指挥机构的成员单位及有关部门应当按照各自的职责分工，负责有关的黄河防汛工作。

沿黄河的县级以上人民政府防汛指挥机构设立的黄河防汛办公室，负责本行政区域内黄河防汛的日常工作。黄河防汛办公室设在同级黄河河务部门。

各级黄河河务部门的主要负责人应当参与本级防汛指挥机构的指挥工作。

东平湖防汛指挥机构由泰安市和济宁市人民政府及其有关部门、山东黄河东平湖管理局、泰安和济宁军分区及当地驻军的负责人组成，负责东平湖、大清河及所管辖的黄河干流的防汛工作，其办公室设在山东黄河东平湖管理局。

各级防汛指挥机构应当加强对本级防汛指挥机构成员单位及有关部门、下级防汛指挥机构的黄河防汛工作的监督、检查。对检查中发现的问题应当责令责任单位限期整改。

黄河防汛队伍实行专业防汛队伍与群众防汛队伍相结合和军警民联防的原则。

专业防汛队伍由各级黄河河务部门负责组织管理。

群众防汛队伍由各级人民政府及其防汛指挥机构统一领导和指挥，当地人民武装部门负责组织和训练，黄河河务部门负责技术指导和有关器材保障。

驻鲁的中国人民解放军和武装警察部队根据国家赋予的防汛任务，参加黄河防汛抢险。

六、防汛准备

省人民政府应当根据国家颁布的黄河防洪规划、黄河防御洪水方案和国家规定的防洪标准，结合防洪工程实际状况，制定全省的黄河防汛预案。

沿黄河的市、县（市、区）人民政府应当根据全省的黄河防汛预案，结合本地实际，于每年汛期以前制定本地区的防汛预案。

东平湖防汛预案由东平湖防汛指挥机构于每年汛期以前组织制定，征求泰安市和济宁市人民政府的意见后，报省防汛指挥机构批准颁布。

黄河防汛预案应当包括防汛基本情况、防汛任务、组织指挥与责任分工、队伍组织建设和后勤保障、物资储备和运输、通信和电力保障、滩区和蓄滞洪区群众迁移安置救护、蓄滞洪区运用、洪水（含凌水）测报、防御措施等内容。

黄河防汛预案一经批准，各级防汛指挥机构及有关部门和单位必须执行。

有迁移安置救护任务的各级人民政府，应当建立由民政、黄河河务、公安、交通、卫生、国土资源等部门参加的滩区、蓄滞洪区群众迁移安置救护组织,制定迁移安置救护方案,落实迁移安置救护措施。

汛期前,各级人民政府必须对所管辖的蓄滞洪区的通信、预报警报、避洪、撤退道路等安全设施,以及紧急撤离和救生准备工作进行检查。发现安全隐患,应当及时处理。

沿黄河的各级人民政府应当采取措施,确保河道畅通。对滩区、蓄滞洪区内的行洪障碍,按照谁设障、谁清除的原则,由防汛指挥机构责令限期清除;逾期不清除的,由防汛指挥机构组织强行清除,所需费用由设障者承担。

禁止围湖造地、围垦河道。

黄河入海备用流路内不得建设阻水建筑物、构筑物。

各级人民政府应当加强对防洪工程建设的领导与协调,保证工程建设顺利进行。

防洪工程的建设、勘察设计、施工和监理单位,必须按照国家、省有关工程质量标准和法律、法规的规定,确保防洪工程的质量。

黄河河道管理范围内的非防洪工程设施的建设单位或者管理使用单位,应当在每年汛期以前制定工程设施的防守方案和度汛措施并组织实施,黄河河务部门应当给予技术指导。

受洪水威胁地区的油田、管道、铁路、公路、电力等企业事业单位应当自筹资金,兴建必要的防洪自保工程。在黄河河道管理范围内修建的防洪自保工程,必须符合国家规定的防洪标准和有关技术要求。

黄河滩区安全建设应当符合黄河治理开发规划。黄河滩区内修建的村台、撤退道路等避洪设施,必须符合国家规定的防洪标准和有关技术要求。

黄河防汛物资由国家储备物资、机关和社会团体储备物资和群众备料组成。

国家储备物资由黄河河务部门按照储备定额和防汛需要常年储备。

机关和社会团体储备物资由各级行政机关、企业事业单位、社会团体储备,所需数量由各级人民政府根据黄河防汛预案确定。

群众备料由县级人民政府根据黄河防汛预案组织储备。

机关和社会团体储备物资、群众备料应当落实储备地点、数量和运输措施。

黄河防汛通信实行黄河专用通信网和通信公用网相结合。

黄河河务部门应当做好黄河专用通信网的建设、管理和维护工作;通信部门应当为防汛抢险提供通信、信息保障,并制定非常情况下的通信、信息保障预案。

沿黄河的各级人民政府应当加强当地的公路网建设、管理与维护,并与黄河堤防辅道相连接,确保防汛抢险道路畅通。

黄河河务部门应当加强堤顶硬化和堤防辅道的建设与维护,为防汛抢险物资的运输提供条件。

各级防汛指挥机构应当在汛期以前对防汛责任制落实、度汛工程建设、防汛队伍组织训练、防汛物资储备以及河道清障等进行检查,被检查单位和个人应当予以配合。

七、防汛抢险

黄河汛期包括伏秋汛期和凌汛期。

伏秋汛期为每年的七月一日至十月三十一日。凌汛期为每年的十二月一日至次年的二月底。大清河的汛期为每年的六月一日至九月三十日。特殊情况下，省防汛指挥机构可以宣布提前或者延长汛期时间。

出现下列情况之一的，有关县级以上防汛指挥机构可以宣布本辖区进入紧急防汛期：

①黄河水位接近保证水位；

②黄河防洪工程设施发生重大险情；

③启用蓄滞洪区；

④凌水漫滩，威胁堤防和滩区群众安全。

在汛期，气象部门应当及时向防汛指挥机构及其黄河防汛办公室提供长期、中期、短期天气预报，实时雨量和有关天气公报；黄河水文测报单位应当按照黄河防汛预案的要求报送水情、雨情；水文部门应当及时提供汶河流域水情、雨情信息及洪水预报；电力部门应当优先为黄河防汛提供电力供应，并制定非常情况下的电力保障方案。

第四节　防汛工作流程

一、汛前准备

防汛工作是一项常年的任务，当年防汛工作的结束，就是次年防汛工作的开始。防汛工作大体可分为汛前准备、汛期工作和汛后工作三个部分。

每年汛前，在各级防汛抗旱指挥部领导下做好各项防汛准备是夺取防汛抗洪斗争胜利的基础。主要的准备工作有以下几项：

（一）思想准备

通过召开防汛工作会议，新闻媒体广泛宣传防汛抗洪的有关方针政策，以及本地区特殊的多灾自然条件特点，充分强调做好防汛工作的重要性和必要性，克服麻痹侥幸心理，树立"防重于抢"的思想，做好防大汛、抢大险、抗大灾的思想准备。

（二）组织准备

建立健全防汛指挥机构和常设办事机构，实行以行政首长负责制为核心的分级管理责任制、分包工程责任制、岗位责任制、技术责任制、值班工作责任制等。落实专业性和群众性的防汛抢险队伍。

（三）防御洪水方案准备

各级防汛抗旱指挥部应根据上级防汛指挥机构制定的洪水调度方案，按照确保重点、兼顾一般的原则，结合水利工程规划及实际情况，制定出本地区水利工程调度方案及防御洪水方案，并报上级批准执行。所有水利工程管理单位也都要根据本地区水利工程调度方案，结合工程规划设计和实际情况，在兴利服从防洪、确保安全的前提下，由管理单位制定工程调度运用方案，并报上级批准执行。有防洪任务的城镇、工矿、交通以及其他企业，也应根据流域或地方的防御洪水方案，制定本部门或本单位的防御洪水方案，并报上级批准执行。

（四）工程准备

各类水利工程设施是防汛抗洪的重要物质基础。由于受大自然和人类活动的影响，水利工程的工作状况会发生变化，抗洪能力会有所削弱，如汛前未能及时发现和处理，一旦汛期情况突变，往往会造成大的损失。因此，每年汛前要对各类防洪工程进行全面的检查，以便及时发现薄弱环节，采取措施，消除隐患。对影响安全的问题，要及时加以处理，使工程保持良好状态；对一时难以处理的问题，要制定安全度汛方案，确保水利工程安全度汛。

（五）气象与水文工作准备

气象部门和水文部门应按防汛部门要求提供气象信息和水文情报。水文部门要检查各报汛站点的测报设施和通讯设施，确保测得准、报得出、报得及时。

（六）防汛通信设施准备

通信联络是防汛工作的生命线，通信部门要保证在汛期能及时传递防汛信息和防汛指令。各级防汛部门间的专用通信网络要畅通，并要完善与主要堤段、水库、滞蓄洪区及有关重点防汛地区的通信联络。

（七）防汛物资和器材准备

防汛物资实行分级负担、分级储备、分级使用、分级管理、统筹调度的原则。省级储备物资主要用于补助流域性防洪工程的防汛抢险，市、县级储备物资主要用于本行政区域内防洪工程的防汛抢险。有防汛抗洪任务的乡镇和单位应储备必要的防汛物资，主要用于本地和本单位防汛抢险，并服从当地防汛指挥部的统一调度。常用的防汛物资和器材有：块石、编织袋、麻袋、土工布、土、沙、碎石、块石、水泥、木材、钢材、铅丝、油布、绳索、炸药、挖抬工具、照明设备、备用电源、运输工具、报警设备等。应根据工程的规模以及可能发生的险情和抢护方法对上述物资器材作一定数量的储备，以备急用。

（八）行蓄滞洪区运用准备

对已确定的行蓄滞洪区，各级防汛抗旱指挥部要对区内的安全建设，通信、道路、预警、救生设施和居民撤离安置方案等进行检查并落实。

二、汛期巡查

汛前对防洪工程进行全面仔细的检查，对险工、险段、险点部位进行登记；汛期或水位较高时，要加强巡检查险工作，必须实行昼夜值班制度。检查一般分为日常巡查和重点检查。

（一）日常巡查

日常巡查即要对可能发生险情的区域进行普遍的查看，做到"徒步拉网式"巡查，不漏疑点。要把对工程的定时检查与不定时巡查结合起来，做到"三加强、三统一"，即加强责任心，统一领导，任务落实到人；加强技术指导，统一填写检查记录的格式，如记述出现险情的时间、地点、类别，绘制草图，同时记录水位和天气情况等有关资料，必要时应进行测图、摄影和录像，甚至立即采取应急措施，并同时报上一级防汛指挥部；加强抢险意识，统一巡查范围、内容和报警方法。

（二）重点检查

重点检查即重点对汛前调查资料中所反映出来的险工、险段，以及水毁工程修复情况进行检查。重点检查要认真细致，特别注意发生的异常现象，科学分析和判断，若为险情，要及时采取措施，组织抢险，并按程序及时上报。

（三）检查的范围

检查的范围包括堤坝主体工程、堤（河）岸，背水面工程压浸台，距背水坡脚一定范围内的水塘、洼地和水井，以及与工程相接的各种交叉建筑物。检查的主要内容包括是否有裂缝、滑坡、跌窝、洞穴、渗水、塌岸、管涌（泡泉）、漏洞等险情发生。

（四）检查的要求

检查必须注意"五时"，做到"四勤"、"三清"、"三快"。

1. 五时

即黎明时、吃饭时、换班时、黑夜时、狂风暴雨交加时，这些时候往往最容易疏忽忙乱，注意力不集中，险情不易判查，容易被遗漏，特别是对已经处理过的险情和隐患，更要注意复查，提高警惕。

2. 四勤

即勤看、勤听、勤走、勤做。

3. 三清

即险情要查清、信号要记清、报告要说清。

4. 三快

即发现险情要快，处理险情要快，报告险情要快。

以上几点即要求及时发现险情，分析原因，小险迅速处理，防止发展扩大，重大险情立即报告，尽快处理，避免溃决失事，造成严重灾害。

（五）巡查的基本方法

巡查的主要目的是发现险情，巡查人必须做到认真、细致。巡查时的主要方法也很简单，可概括为"看、听、摸、问"四个字。

1.看

主要查看工程外观是否与正常状态出现差异。要查看工程表面是否出现有缝隙，是否发生塌陷坑洞，坡面是否出现滑落等现象；要查看迎水面是否有漩涡产生，迎水坡是否有垮塌；要查看背水坡是否有较大面积湿润、背水坡和背水面地表是否有水流出，背水面渠道、洼地、水塘里是否有翻水现象，水面是否变浑浊。

2.听

仔细辨析工程周围的声音，如迎水面是否有形成漩涡产生的嗡嗡声，背水坡脚是否有水流的潺潺声，穿堤建筑物下是否有射流形成的哗哗声。

3.摸

当发现背水坡有渗水、冒水现象时，用手感觉水温，如果水温明显低于常温，则表示该水来自外江水，此处必为险情；用手感觉穿堤建筑物闸门启闭机是否存在震动，如果是，则闸门下可能存在漏水等险情。

4.问

因地质条件等原因，有时险情发生的范围远超出一般检查区域，因此，要问询附近居民，农田中是否发生冒水现象，水井是否出现浑浊等。

三、汛后工作

汛期高水位时水利工程局部特别是险工、险段处或多或少会发生一些损坏，这些损坏处在水下不易被发现，经历一个汛期，汛后退水期间，这些水毁处将逐渐暴露出来，有时因退水较快，还可能出现临水坡岸崩塌等新的险情。为全面摸清水利工程险工隐患，调查水利工程的薄弱环节，必须开展汛后检查工作。汛后检查工作，应包括以下几个方面的内容：

（一）工程检查

第一是要重点检查汛期出险部位的状况；第二是要对水利工程进行一次全面的普查，特别是重点险工和险段处；第三是要做好通信及水文设施的检查工作。详细记录险情部位的相关资料，分析险情产生的原因，形成险情处置建议方案。

（二）防汛预案和调度方案修订

比对实施的防汛预案和调度方案，结合汛期实际操作情况，完善和修订下年度的防汛预案和调度方案。

（三）汛情总结

全面总结汛期各方面工作，包括当年洪水特征、洪涝灾害情况，形成原因，发生与发展过程等，发生险情情况、应急抢护措施，洪水调度情况、救灾中的成功经验与教训等。

（四）工程修复

结合秋冬水利建设项目制定水毁工程整险修复方案，安排或申报整险修复工程计划，在翌年汛前完成整险修复工程任务。

（五）其他工作

其他各方面的工作，如清点核查防汛物资，对防汛抢险所耗用和过期变质失效的物料、器材及时办理核销手续，并增储补足。

第五节　黄河防汛措施

一、工程措施

1946 年开始，在党的领导下，依靠群众修建了大量的防洪工程，培修堤防，加固险工，整治河道，在中游干支流上先后建设了三门峡、陆浑、故县和小浪底水库，同时修建了北金堤、东平湖、齐河北展、垦利南展等分滞洪工程，初步建成了"上拦下排，两岸分滞"的防洪工程体系，为处理洪水提供了调（水库调节）、排（河道排泄）、分（分洪滞洪）的多种措施，改变了过去历史上单纯依靠堤防工程防洪的局面，为战胜洪水奠定了较好的基础。

上拦工程主要有干流的三门峡、小浪底水库和支流的陆浑、故县水库。

（一）三门峡水库

三门峡水库是为根治黄河水害、开发黄河水利修建的第一个大型关键性工程，位于河南省三门峡市与山西省平陆县交界的黄河干流上，控制黄河流域面积 68.8 万 km2，1957 年动工兴建，1960 年 9 月 15 日基本建成运用。大坝为混凝土重力坝，最大坝高 106m，主坝长 713m. 坝顶宽 6.5 ~ 22.6m，顶高程 353m。现防洪运用水位 335m 以下，库容约 56 亿 m3。发电装机容量（5 台机组）25 万 kW，年发电量 13 亿 kWh。其运用原则是：当上游发生特大洪水时，根据上、下游来水情况，关闭部分或全部闸门，增建的泄水孔原则上应提前关闭，以防增加下游负担。冬季承担下游防凌任务。

（二）小浪底水库

1.工程概况

小浪底水库位于黄河干流中游末端最后一个峡谷的出口，上距三门峡水库大坝 130km，下距郑州京广铁路桥 115km，控制流域面积 69.4 万 km2。小浪底水库是一座以防洪、防凌、减淤为主，兼顾洪水、灌溉和发电的综合枢纽工程。总库容 126.5 亿 m3 其中，防洪库容 51 亿 m3，防凌和兴利库容 41 亿 m3 调沙库容 10 亿 m3，淤积库容 72.5 亿 m3。水库正常蓄水位 275m，最大坝高 154m，回水到三门峡水库坝下。小浪底水库安装 6 台发电机组，装机容量 156 万 kW，多年发电量 51 亿 kWh。该工程于 1994 年开工，1997 年 10 月 28 日截流，2001 年建成运用。据初步设计，小浪底水库第一阶段蓄水拦沙期估计约 15 年，拦沙库容淤满后，水库进入正常运用。即每年 7 月到 9 月水库敞泄洪水泥沙，10 月到次年 6 月拦水拦沙，抬高水位发电。

2. 小浪底水库建成后对山东黄河的影响

（1）对防洪的影响

第一，从对黄河下游构成洪灾威胁的暴雨洪水来看，三门峡以上为"上大型洪水"，以下为"下大型洪水"。小浪底和三门峡水库联合运用，可有效防御"上大型洪水"，而对"下大型洪水"，因水库控制的流域面积为 5730km2，仅占三门峡至花园口无控制区面积 4.6 万 km2 的 13.7%，因此，控制"下大型洪水"的作用是有限的。

第二，从小浪底水库对下游的防洪效益来看，水库兴建后，花园口站防御标准由六十年一遇提高到千年一遇，遇大洪水、特大洪水不使用北金堤滞洪区，主要受益河段是高村以上；而艾山以下河段，防洪任务未变。就是说，无论小浪底水库兴建与否，艾山以下的防洪标准均为 10000m3/s，百年一遇、千年一遇洪水仍需运用东平湖分洪，东平湖水库分洪运用机遇及艾山发生 10000m3/s 流量的机遇仍将达百分之十几。因此，小浪底水库防洪运用后，艾山以下河道的防洪任务并没有减轻。对于超 10000m3/s 洪水，由于干流水库蓄积洪水，延长了洪水历时，反而使艾山以下河道防洪任务加重。

（2）对防凌的影响

小浪底水库建成后，增加了 20 亿 m3 防凌调蓄库容，与三门峡水库联合调度运用，两库库容共计 35 亿 m3 根据以往黄河下游严重凌汛且来水量较多的年份进行测算，这个库容基本可以满足防凌要求。再加上利用山东省的展宽工程，可以基本解除山东黄河凌汛的威胁。但是，由于下游凌汛期间，气温变化无常，凌情影响因素很多，主河槽逐年淤积，河槽蓄水量相对减少，仍有发生不测凌灾的可能，要保持警惕，以防万一。

（3）对河道减淤的影响

小浪底水库设计拦沙库容 100 亿 t，可减少下游河道淤积约 77 亿 t，相当于正常来水年份下游河道 20 年不淤。这说明水库的减淤作用从总量来说是明显的，但从已建成的三门峡水库多年运用的实践来看，对不同的河段，减淤作用各不相同，即近冲远淤。高村以上河段因紧接小浪底水库，减淤作用最大，高村至艾山河段也有一定的减淤作用，艾山以下河道因距小浪底水库较远，水库拦沙下泄清水，经过长距离的河槽冲刷调整，水流含沙量增大，把宽河道的泥沙挟移至窄河道，而水量经过沿程的引用又逐渐减少，加之艾山以下河道比降较缓，水流挟沙能力减弱，因此对艾山以下河段是否减淤值得研究。甚至还有可能加重山东河段的淤积。

（三）陆浑水库

陆浑水库位于黄河支流伊河中游的河南省嵩县田湖附近，控制流域面积 3492km2，占该河流域面积的 57.9%，设计防洪水位 327.10m，总库容 12.9 亿 m3，防淇库容 6.46 亿 m3，坝顶高程 333.0m，最大坝高 55m，坝长 710m，1959 年 12 月开工，1965 年 8 月建成。该库以防洪为主，灌溉、发电、供水和养鱼等综合利用，是下游重要的拦洪工程。

（四）故县水库

故县水库位于黄河支流洛河中游的河南省洛宁县故县村附近，控制流域面积 5370km2，占三门峡至花园口间流域面积的 13%，设计防洪水位为 548.55m，总库容 12 亿 m3，防洪库容初期为 7 亿 m3，后期为 5 亿 m3。1958 年 10 月开工，1991 年 10 月投入运用。该水库是防洪、灌溉、发电、供水综合利用的水库，主要作用是减轻黄河下游洪水威胁。当预报花园口站流量达 12000m3/s 且有上涨趋势时，要求故县水库提前 8h 关闸停止泄洪，但库水位达到 20 年一遇洪水位时，应启闸泄洪保坝。发电装机 3 台机组 6 万 kW，年发电量 1.76 亿 kWh。

二、非工程措施

（一）防汛队伍

黄河抗洪抢险队伍主要有黄河专业队伍、群众队伍、中国人民解放军和武装警察部队三支力量组成。

1. 黄河专业队伍

山东黄河万名在职职工是防汛抢险的技术骨干力量，主要负责防洪工程的建设、管理和维护，水情、工情测报，通信联络，是工程防守和紧急抢险的骨干力量。除各单位固定防守堤段安排的防守力量外，另组建 37 支抢险队（其中有 10 支配备了大型抢险机械），担负着黄河机动抢险任务。

2. 群众防汛队伍

每年山东省共组织群众防汛队伍约 140 万人，分一、二、三线。一线队伍由沿黄乡（镇）的群众组成，每年组织约 45 万人；二线队伍由沿黄县的后方乡（镇）群众组成，约 45 万人；三线队伍由沿黄市（地）的部分后方县（市、区）群众组成，约 50 万人；沿黄城市还组织部分工人预备队。

3. 解放军和武装警察部队

中国人民解放军和武装警察部队是抗洪抢险的突击力量，担负着急、难、险、重任务，主要承担大堤防守、重点河段的险情抢护、分洪闸闸前围堰和行洪障碍的爆破以及滩区（蓄滞洪区）群众紧急迁安救护等任务。

（二）水情测报

1. 山东黄河水情站网布设

为了满足黄河防洪的需要，黄河流域设立了水文站网，由水文站、水位站、水库站、雨信站组成，并严格按照规范，及时准确地测报水雨情，为防洪提供可靠信息。站网中的各站分属黄河流域各省、区及沿黄业务部门管理。目前向山东省报汛的有水文、水位、水库、雨量等各类站点共约 194 个，其中本省 78 个，外省 116 个，主要分布在黄河兰州以下干流、三门峡至花园口区间及山东省汶河流域。

2. 水文情报、预报

水文情报主要指雨情和水文观测站的流量、水位、含沙量等，是防洪决策的重要依据。水文预报是根据洪水的形成、特点和在河道中的运行规律，利用过去和实时水情资料，对未来一定时段内的洪水情况进行的预测。黄河下游洪水预报发布中心设在黄河防汛总指挥部。山东省防指黄河防汛办公室为满足山东全河防汛需要，几十年来一直根据花园口站峰量情况或三花间干支流洪水，预估山东省黄河高村、孙口、艾山、泺口、利津五个站的洪峰流量、水位及到达各站时间，基本满足了山东省黄河防汛的需要。沿黄市（地）局防办和高村、孙口等五个水文站，根据工作需要，也不同程度地开展了所辖河段的水情测报，为各级防汛指挥部提供汛情发展趋势，使汛期防守和抢险更加主动。

3. 水文自动化传输系统

自 1992 年起，山东黄河先后建立了"黄河实时水雨情译电和水文资料管理系统"、"山东黄河防汛自动化计算机局域网系统"、"山东沿黄地（市）局远程网络系统"、"黄河下游防洪减灾计算机系统"等。通过以上各系统，可把黄河流域的实时水、凌、雨情电报进行翻译，存入数据库，并与有关部门交换。省局领导及部分处室可随时检索实时（历史）水凌情资料，市（地）局与省局实现信息共享。

（三）黄河防汛通信

山东黄河专用通信网，主要通信设备有：数字微波机、程控交换机、800MHZ 移动通信设备、一点多址微波通信设备、450MHZ 无线接入通信设备及其配套电源设备等，初步形成了以交换程控自动化、传输数字微波化为主，辅以一点多址通信、无线接入通信、集群通信、预警通信等多种通信手段相结合的比较完整的现代化通信专用网，基本上满足了黄河防汛指挥、调度和日常治黄工作的需要。

（四）滩区、蓄滞洪区安全建设

1. 黄河滩区社经情况

山东省黄河滩区面积 1310.45km2（不包括河口滩区），耕地 135.15 万亩。沿黄 9 个市（地）的 25 个县（市、区）中，滩内有村庄、农户的有 18 个县（市、区）。涉及 50 个乡（镇）、889 个自然村，139717 户、61.13 万人。1996 年 8 月黄河滩区发生洪涝灾害后，省政府采取对滩区村庄搬迁和加固村台的措施，已将滩区群众外迁 16 万人。目前，山东黄河滩区内还有 630 个村庄、45 万多人没有搬迁出滩区。其中筑起村台的有 454 个村庄、76170 户、304680 人，尚未筑起村台的有 176 个村庄 .25527 户、154540 人。由于村台、避水台强度还不能满足防大洪水的要求，大洪水时，需外迁群众 39.5 万人。

2. 蓄滞洪区社经情况

东平湖水库涉及东平、梁山和汶上 3 县，库区内共有 312 个行政村，人口 29.06 万人，耕地 45.23 万亩，涉及 15 个乡（镇）。有避水村台 153 个，台顶总面积 309 万 m2，高程在 44.5 ～ 47.0m，多数为 45.5m，有硬化撤退公路 300 余 km。分洪运用时需要外迁人口 21.3 万人（其中老湖 1.6 万人）。北展宽区涉及齐河、天桥 2 个县（区），82 个自然村 4.18 万人，区内耕地 5.15 万亩。分洪运用时区内需外迁 9531 人。根据国务院批准的黄河防御特大洪水方案，当黄河发生特大洪水时，需要利用北展宽区上的大吴泄洪闸向徒骇河泄洪 700m3/s，泄洪河道内需要外迁 13.14 万人。北金堤滞洪区涉及河南省长垣、滑县、濮阳、范县、台前和山东省莘县、阳谷 7 个县（市），64 个乡（镇），2155 个自然村，156.56 万人，耕地 235.79 万亩。其中山东省涉及 7 个乡（镇），23 个行政村，1.4 万人，耕地 11.39 万亩，分洪运用时需要外迁，同时还有河南省范县、台前县的 573 个村庄 40 万人的安置任务。

3. 避洪措施

（1）村庄外迁

"96·8" 洪水以后，省委、省政府为从根本上解决黄河滩区群众的长住久安和有利于行洪，使滩区群众彻底摆脱洪水漫滩—家园重建—再漫滩—再重建的恶性循环，为滩区百姓创造脱贫致富奔小康的条件，决定用 3 年左右的时间把滩区内能够搬出的村庄搬迁到堤外。至 1999 年底迁出约 16 万人。

（2）就地避洪

①围村埝（安全区）避洪：在人口集中、地势较高的村镇，可采取四周修建坪堤以防御洪水。围村埝要统一规划，并设在静水区内。②村台（也称作庄台）避洪：该种避洪措施适用于蓄滞洪机遇较多、淹没水深较浅的地区。③避水台、房台避洪：避水台是指区内村庄用土方集中修筑的避洪设施，由于避水台修做面积较小，一般上面不盖房屋，只作临时避洪用途。房台是指区内群众以一家一户为单位分散修做的土方避洪设施，房台上加盖房屋，它既是居住户生活和经济活动的场所，又作永久性避洪用途。④避水楼避洪：在蓄水较深和群众经济基础较好的地区，有计划地指导农民修建避水楼避洪，一旦遭遇或滞蓄洪水，居民和重要财产可往其中转移。⑤高杆树木避洪。

山东省黄河滩区、蓄滞洪区在村台、房台、避水台建设方面做了大量工作，取得了一定成绩，发挥了较大作用，但也存在很多问题。国家自 1973 年起有计划的帮助滩区群众修做了一些村台、避水台避水工程。截至 1995 年底，山东省黄河滩区累计修做村台、避水台土方 5316.5 万 m3 面积 1864 万 m2。这些村台、避水台的修建不仅维持了黄河滩区群众的正常生产生活秩序，而且使其有了一定的安全感。"96•8" 洪水期间，虽然水位表现高（几乎全部漫滩），洪水传播慢，持续时间长，损失惨重，但所建村台、避水台在稳定群众情绪、解决群众基本生活、保障群众生命财产安全方面发挥了重大作用。据统计，台上避洪人数达 17.28 万人，尤其是荷泽地区黄河滩区，上台避洪人口达 6.64 万人，占滩区总人口的 35%，在漫滩水深平均 2m 以上的情况下，保护了部分群众的生命、财产安全，减少了洪灾损失。

目前存在的问题，主要有：①高度不足。村台、避水台高度一般为 3m 左右，普遍低于规划设计标准 2 ～ 3m。②整体抗洪能力差。大部分村台为一家一户，未形成大面积名副其实的村台，且坡度不足，土基不实，极易出现蛰裂、坍塌形象。③村台迎水面均未有石护坡防护，难以抵挡水流冲击。对以上情况，应给予足够的重视，协调一致，把问题解决好。

（五）防洪预案

防洪预案是根据国务院规定的防汛任务和《水法》、《防洪法》、《防汛条例》的要求，结合山东省黄河防汛实际而预先制定的洪水防御计划，主要内容包括：洪水及河道排洪能力分析，防洪任务和存在的主要问题，洪水处理原则和防洪重点，组织指挥和防汛责任划分，防汛队伍、料物的组成和作用，各级洪水的防御措施，以及各种保障等。

（六）防汛物资

山东黄河防汛物资的储备由黄河部门防汛常备物资、机关团体和群众备料、中央防汛物资储备等部分组成。

1. 防汛常备物资

指黄河部门常年储备的防汛机械设备、料物、器材、工具等。主要物资由省黄河防汛办公室按照规定的储备定额和需要，结合防汛经费情况，统一储备。零星器材、料物、工具等由各市（地）黄河防办按定额自行储备。仓库设置按照"保证重点，合理布局，管理安全，调用及时"的原则，分布于黄河沿线，是山东省黄河抢险应急和先期投入使用的物资来源。

2. 机关团体和群众备料

指生产及经营可用于防汛的物资的企业、政府机关、社会团体和群众所能掌握及自有的可用于防汛的物资，这是抗洪抢险物资的重要储源。汛前由各级政府根据防汛需要下达储备任务，防汛指挥机构汛前进行检查、落实，按照"备而不集、用后付款"的原则，汛前逐单位、逐户进行登记造册、挂牌号料、落实地点、数量和运输方案措施，视水情、工情及防守抢险需要由当地防汛指挥部调用。

3. 中央防汛物资

指由国家防办在全国各地设立的中央防汛物资储备定点仓库所备的物资，主要满足防御大江大河大湖的特大洪水抢险需要。在紧急防汛期，这部分物资将是重要后续供应来源。根据急需，由防汛抗旱指挥部逐级向国家防办申请。

第六节　主要抢险方法

一、渗水险情抢护

（一）险情

堤坝在汛期持续高水位情况下，浸润线较高，而浸润线逸点以下的背水坡及堤坝脚附近易出现土壤湿润或发软，并有水渗出的现象，称为渗水或散浸、润水。如不及时处理，可能发展成管涌、流土、滑坡等险情。渗水是堤坝常见险情。如1954年长江发生洪水时，荆江堤段发现渗水 235 处，长达 53.45km。

（二）产生原因

①高水位持续时间长。

②堤坝断面不足或缺乏有效防渗、排水措施。

③堤坝土料透水性大、杂质多或夯压不实。

④堤坝本身有隐患，如白蚁、鼠、蛇巢穴等。

（三）抢护原则

堤坝渗水抢护的原则是"临水截渗，背水导渗"。临水截渗，就是在临水面采取防渗措施，以减少进入堤坝坝体的渗水。背水导渗，就是在背水坡采取导渗沟、反滤层、透水后俄等反滤导渗措施，以降低浸润线，保护渗流出逸区。

当堤坝发生险情后，应当查明出险原因和险情严重程度。如渗水时间不长且渗出的是清水，水情预报水位不再大幅上涨时，只要加强观察，监视险情变化，可暂不处理；如渗水严重，则必须迅速处理，防止险情扩大。

（四）抢护方法

1.临水截渗

通过加强迎水坡防渗能力，减小进入堤坝内的渗流量，以降低浸润线，达到控制渗水险情的目的。

（1）粘土前俄截渗

当堤坝前水不太深，流速不大，附近有丰富粘性土料时，可采用此法。

具体做法是：根据堤坝前水深和渗水范围确定前俄修筑尺寸。一般顶宽 3 ~ 5m，俄顶高出水位约 1m，长度至少超过渗水段两端各 5m 左右。抛填粘土时，可先在迎水坡肩准备好粘土，然后将土沿迎水坡由上而下、由里而外，向水中慢慢推入。由于土料入水后的崩解、沉积和固结作用，即筑成粘土前俄。

（2）土工膜截渗

当堤坝前水不太深，附近缺少粘性土料时，可采用此法。

具体做法是：①先选择合适的防渗土工膜，并清理铺设范围内的坡面和坝基附近地面，以免损坏土工膜。②根据渗水严重程度，确定土工膜沿边坡的宽度，预先粘结好，满铺迎水坡面并伸到坡脚后外延 1m 以上为宜。土工膜长度不够时可以搭接，其搭接长度应大于 0.5m。③铺设前，一般将土工膜卷在 8 ~ 10m 的滚筒上，置于迎水坡肩上，每次滚铺前把土工膜的下边折叠粘牢形成卷筒，并插入直径 4 ~ 5cm 的钢管加重，使土工膜能沿坡紧贴展铺。④土工膜铺好后，应在上面满压一层土袋。从土工膜最下端压起，逐渐向上，平铺压重，不留空隙，以作为土工膜的保护层。

（3）土袋前俄截流

当堤坝前水不太深，流速较大，土料易被冲走时可采用此法。

具体做法是：在迎水坡坡脚以外用土袋筑一道防冲墙，其厚度与高度以能防止水流冲刷皴土为度，然后抛填粘土，即筑成截流俄体。

（4）桩柳前戗截渗

当堤坝前水较深，在水下用土袋筑防冲墙有困难时，可采用此法。

具体做法是：首先在迎水坡坡脚前0.5～1.0m处打木桩一排，排距1m，桩长以入土1m，桩顶高出水面1m为度。其次用竹竿、木杆将木桩串联，上挂芦席或草帘，木桩顶端用8号铅丝或麻绳与堤坝上的木桩拴牢，最后在桩柳墙与堤坝迎水坡之间填土筑俄体。

2. 反滤导渗沟

当堤坝前水较深，背水坡大面积严重渗水时，可采用此法。导渗沟的作用是反滤导渗、保土排水，即在引导堤坝体内渗水排出的过程中不让土颗粒被带走，从而降低浸润线稳定险情。反滤导渗沟的形式，一般有纵横沟、Y字形沟和人字形沟。

在导渗沟内铺垫滤料时，滤料的粒径应顺渗流方向由细到粗，即掌握下细上粗、边细中粗、分层排列的原则铺垫，严禁粗料与土体直接接触。根据铺垫的滤料不同，导渗沟做法有以下几种。

（1）沙石料导渗沟

顺堤坝边坡的竖沟一般每隔6～10m开挖一条，沟深和沟宽均不小于0.5m。再顺坡脚开挖一条纵向排水沟，填好反滤料，纵沟应与附近地面原有排水沟渠相连，将渗水排至远离坡脚外。然后在背水坡上开挖与排水沟相连的导渗沟，逐段开挖，逐段按反滤层要求铺设滤料，一直铺设到浸润线出逸点以上。如开沟后仍排水不畅，可增加竖沟密度或开斜沟，以改善反滤导渗效果。为防止泥土掉入导渗沟，可在导渗沟沙石料上面覆盖草袋、席片等，然后压块石、沙袋保护。

（2）土工织物导渗沟

沟的开挖方法与沙石料导渗沟相同。导渗沟开挖后，将土工织物紧贴沟底和沟壁铺好，并在沟口边沿露出一定宽度，然后向沟内填满透水料，不必分层。填料时，要防止有棱角的滤料直接与土工织物接触，以免刺破。如土工织物尺寸不够，可采用搭接形式，搭接宽度不小于20cm。在滤料铺好后，上面铺盖草帘、席片等，并压以沙袋、块石保护。纵向排水沟要求与沙石料导渗沟相同。

（3）梢料导渗沟

梢料导渗沟也称芦柴导渗沟。梢料是用稻糠、稻草、麦秸等当作细梢料，用芦苇、树枝等当作粗梢料。当缺乏沙石料和土工织物时，可用梢料替代反滤材料。其开沟方法与沙石料导渗沟相同。梢料铺垫后，上面再用席片、草帘等铺盖，最后用块石或沙袋压实。

3. 反滤层导渗

当堤坝背水坡渗水较严重，土体过于稀软，开挖反滤导渗沟有困难时，可采用此法。反滤层的作用和反滤导渗沟相同。虽然反滤层不能明显降低浸润线，但能对渗流出逸区起到保护作用，从而增强堤坝稳定性。根据铺垫的滤料不同，反滤层有以下几种。

（1）沙石料反滤层

筑沙石料反滤层时，先将表层的软泥、草皮、杂物等清除，清除深度

20～30cm，再按反滤要求将沙石料分层铺垫，上压块石。

（2）土工织物反滤层

按沙石料反滤层要求对背水坡渗水范围内进行清理后，先满铺一层合适土工织物，若宽度不够，可以搭接，搭接宽度应大于20cm。然后铺垫透水材料（不需分层）厚40～50cm，其上铺盖席片、草帘，最后用块石、沙袋压盖保护。

（3）梢料反滤层

梢料反滤层又称柴草反滤层。用梢料代替沙石料筑反滤层时，先将渗水

范围按沙石料反滤进行清理，再按下细上粗反滤要求分层铺垫梢料，最后用块石、沙袋压盖保护。

二、管涌险情抢护

（一）抢护原则

抢护管涌险情的原则应是制止涌水带沙，而留有渗水出路。这样既可使沙层不再被破坏，又可以降低附近渗水压力，使险情得以控制和稳定。

值得警惕的是，管涌虽然是堤防溃口的极为明显和常见的原因，但对它的危险性仍有认识不足，措施不当，或麻痹疏忽，贻误时机的。如大围井抢筑不及或高围井倒塌都曾造成决堤灾害。

（二）抢护方法

1. 反滤围井

在管涌口处用编织袋或麻袋装土抢筑围井，井内同步铺设反滤料，从而制止涌水带沙，以防止险情进一步扩大，当管涌口非常小时，也可用无底水桶或汽油桶做围井。这种方法一般适用于发生在背河地面或洼地坑塘出现数数目不多和面积较小的管涌，以及数目虽多但未连成大面积，可以分片处理的管涌群。对位于水下的管涌，当水深比较浅时，也可以采用这种方法。

围井面积应根据地面情况、险情程度、料物储备等来确定。围井高度应以能够控制涌水带沙为原则，但也不能过高，一般不超过1.5m，以免围井附近产生新的管涌。对管涌群，可以根据管涌口的间距选择单个或多个围井进行抢护。围井与地面应紧密接触，以防造成漏水，使围井水位无法抬高。

围井内必须用透水材料铺填，切忌用非透水材料。根据所用反滤料的不同，反滤围井可分为以下几种形式。

（1）沙石反滤围井

沙石反滤围井是抢护管涌险情的最常见形式之一。选用不同级配的反滤料，可用于不同土层的管涌抢险。在围井抢筑时，首先应清理围井范围内的杂物，并用编织袋或麻袋装土填筑围井。然后根据管涌程度的不同，采用不同的方式铺设反滤料。对管涌口不大、涌水量较小的情况，采用由细到粗的顺序铺设反滤料，即先填入细料，再填过渡料，最后填粗料，每级滤料的厚度为20～30cm，反滤料的颗粒组成应根据被

保护土的颗粒级配事先选定和储备；对管涌口直径和涌水量较大的情况，可先填入较大的块石或碎石，以减弱涌出的水势，再按前述方法铺设反滤料，以免较细颗粒的反滤料被水流带走。

反滤料填好后应注意观察，若发现反滤料下沉可补足滤料，若发现仍有少量浑水带出而不影响其骨架改变（即反滤料不产生下陷），可继续观察其发展，暂不处理或略抬高围井水位。管涌险情基本稳定后，在围井的适当高度插入排水管（塑料管、钢管和竹管），使围井水位适当降低，以免围井周围再次发生管涌或井壁倒塌。同时，必须持续不断地观察围井及周围情况的变化，及时调整排水口高度。

（2）土工织物反滤围井

先对管涌口附近进行清理平整，清除尖锐杂物。管涌口用粗料（碎石、砾石）充填，以减小涌水压力。铺土工织物前，先铺一层沙，粗沙层厚 30～50cm。然后选择合适的土工织物铺上。需要特别指出的是，土工织物的选择是相当重要的，并不是所有土工织物都适用。选择的方法可以将管涌口涌出的水和沙子放在土工织物上，从上向下渗透几次，看土工织物是否淤堵。若管涌带出的土为粉沙时，一定要慎重选用土工织物（针刺型）；若为较粗的沙，一般的土工织物均可选用。

要注意的是，土工织物铺设一定要形成封闭的反滤层土工织物周围应嵌入土中，土工织物之间用线缝合。然后在土工织物上面用块石等强透水材料压盖，加压顺序为先四周后中间，最终中间高、四周低，最后在管涌区四周用土袋修筑围井。围井修筑方法和井内水位控制与沙石反滤围井相同。

（3）"梢料"反滤围井

"梢料"反滤围井用"梢料"代替沙石反滤料做围井，适用于沙石料缺少的地方。下层选用麦秸、稻草，铺设厚度 20～30cm。上层铺设粗"梢料"，如柳枝、芦苇等，铺设厚度 30～40cm。梢料填好后，为防止梢料上浮，梢料上面压块石等透水材料。围井修筑方法及井内水位控制与沙石反滤围井相同。

2.反滤压盖

在堤内出现大面积管涌或管涌群时，如果料源充足，可采用滤层压盖的方法，以降低涌水流速，制止地基泥沙流失，稳定险情。反滤层压盖必须用透水性好的材料，切忌使用不透水材料。根据所用反滤料不同，可分为以下几种。

（1）沙石滤料铺盖

在抢筑前，先清理铺设范围内的杂物和软泥，同时对其中涌水和涌沙子较严重的出口，可用块石或砖块抛填，以削弱其水势，然后在已清理好的管涌范围内，铺粗沙一层，厚约 20cm，再铺小石子和大石子各一层，厚度均为 20cm，最后铺盖块石一层，予以保护。

（2）土工织物滤层铺盖

在抢筑前，先清理铺设范围内的杂物和软泥，然后在其上面满铺一层土工织物滤料，再在上面铺一层厚度为 40～50cm 的透水料，最后在透水料层上满压一层厚度为 20～30cm 的片石或块石。

（3）"梢料"反滤铺盖

当缺乏沙石料时，可用梢料作铺盖。其清基和减弱水势措施与沙石滤料压盖相同。在铺筑时，先铺细"梢料"，如麦秸、稻草等，厚10～15cm，再铺粗"梢料"，如柳枝、秫秸和芦苇等，厚15～20cm，粗细"梢料"共厚约30cm，然后再铺席片、草垫或苇席等，组成一层。视情况可只铺一层或连铺数层，然后用块石或沙袋压盖，以免梢料漂浮。梢料总的厚度以能够制止涌水携带泥沙、变浑水为清水、稳定险情为原则。

3.背水月牙堤抢护

背水月牙堤抢护又称背水围堰。当背水堤脚附近出现分布范围较大的管涌群险情时，可在堤背出险情的范围外抢筑月牙堤，拦截涌出的水，抬高下游堤脚处的水位，使堤坝两侧的水位平衡。

月牙堤的抢护可随着水位的升高而加高，直到险情稳定为止，但月牙堤高度一般不超过2m，然后安设排水管将余水排出。背水月牙堤的修筑必须保证质量标准，同时要慎重考虑月牙堤填筑工作与完工时间是否能适应管涌险情的发展。

4.水下反滤的抢护

当水深较深，做反滤围井困难时，可采用水下抛填反滤层的办法。如管涌严重，可先填块石以减弱涌水的水势，然后从水上向管涌口处分层倾倒沙石料，使管涌处形成反滤堆，使沙粒不再带出，以控制险情的发展，从而达到控制管涌险情的目的。但这种方法使用沙石料较多，也可用土袋做成水下围井，以节省沙石滤料。

5."牛皮包"的处理

当地表土层在草根或其他胶结体作用下凝结成一片时，渗透水压把表土层顶起而形成的鼓包，俗称为"牛皮包"。一般可在隆起的部位，铺麦秸或稻草一层，厚10～20cm，其上再铺柳枝、秫秸或芦苇一层，厚20～30cm。如厚度超过30cm时，可分横竖两层铺放，然后再压土袋或块石。

三、裂缝险情抢护

土质工程受温度、干湿性、不均匀受力、基础沉降、震动等外界影响发生土体分裂的现象，形成裂缝。裂缝是水利工程常见的险情，裂缝形成后，工程的整体性受到破坏，洪水或雨水易于渗入水利工程内部，降低工程挡水能力。

裂缝按成因可分为不均匀沉陷裂缝、滑坡裂缝、干缩裂缝、冰冻裂缝、振动裂缝；按出现的部位可分为表面裂缝、内部裂缝；按走向可分为横向、纵向和龟纹裂缝；按发展动态分为滑动性裂缝、非滑动性裂缝。

引起裂缝的主要原因有：基础不均匀沉降；施工质量差。填筑土料中夹有淤土块、冻土块、硬土块；碾压不实，新老结合面未处理好；土质工程与其他建筑物接合部处理不好；工程内部存在隐患。比如白蚁、猫、狐、鼠等的洞穴，人类活动造成的洞穴如坟墓、藏物洞、军沟战壕等；在高水位渗流作用下，浸润线抬高，干湿土体分界明显，背水坡抗剪强度降低或迎水坡水位骤降等；振动及其他原因，如地震或附近爆破造成工程或基础沙土液化，引起裂缝，工程顶部存在不均匀荷载或动荷载。

（一）抢护原则

判明原因，先急后缓，隔断水源，开挖回填。

（二）抢护方法

裂缝险情的抢护方法，一般有开挖回填、横墙隔断、封堵缝口等。

1. 开挖回填

这种方法适用于经过观察和检查确定已经稳定，缝宽大于3cm，深度超过1m的非滑坡性纵向裂缝。

（1）开挖

沿裂缝开挖一条沟槽，挖到裂缝以下0.3~0.5m深，底宽至少0.5m，边坡的坡度应满足稳定及新旧填土能紧密结合的要求，两侧边坡可开挖成阶梯状，每级台阶高宽控制在20cm左右，以利稳定和新旧填土的结合。沟槽两端应超过裂缝1m。

（2）回填

回填土料应和堤坝原土料相同，含水量相近，并控制含水量在适宜范围内。土料过干时应适当洒水。回填要分层填土夯实，每层厚度约20cm，顶部高出3~5cm，并做成拱弧形，以防雨水入侵。

需要强调的是，已经趋于稳定并不伴随有崩塌、滑坡等险情的裂缝，才能用上述方法进行处理。当发现伴随有崩塌、滑坡险情的裂缝，应先抢护崩塌、滑坡险情，待脱险并裂缝趋于稳定后，再按上述方法处理。

2. 横墙隔断

此法适用于横向裂缝，施工方法如下。

第一，沿裂缝方向，每隔3~5m开挖一条与裂缝垂直的沟槽，并重新回填夯实，形成梯形横墙，截断裂缝。墙体底边长度可按2.5~3.0m掌握，墙体厚度以便利施工为度，但不应小于50cm。开挖和回填的其他要求与上述开挖回填法相同，如图5-2所示。

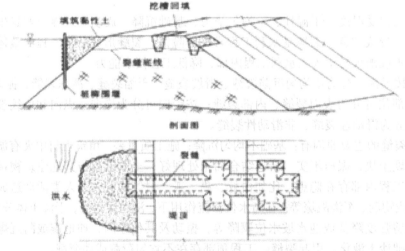

图5-2 横墙隔断处理裂缝示意图

第二，如裂缝临水端已与河水相通，或有连通的可能，开挖沟槽前，应先在临水侧裂缝前筑前俄截流。沿裂缝在背水坡已有水渗出时，应同时在背水坡做反滤导渗。

第三，当裂缝漏水严重，或水位猛涨，来不及全面开挖裂缝时，可先沿裂缝每隔 3～5m 挖竖井，并回填粘土截堵，待险情缓和后，再伺机采取其他处理措施。

3. 封堵缝口

（1）灌堵缝口

裂缝宽度小于 1cm，深度小于 1m，不甚严重的纵向裂缝及不规则纵横交错的龟纹裂缝，经观察已经稳定时，可用灌堵缝口的方法：①用粉细沙壤土由缝口灌入，再用木条或竹片捣塞密实；②沿裂缝作宽 5～10cm，高 3～5cm 的小土埝，压住缝口，以防雨水浸入。

裂缝无论是否采取封堵措施，均应注意观察、分析，研究其发展趋势，以便及时采取必要的措施。如灌堵以后，又有裂缝出现，说明裂缝仍在发展中，应仔细判明原因，另选适宜方法进行处理。

（2）裂缝灌浆

缝宽较大、深度较小的裂缝，可以用自流灌浆法处理。即在缝顶开宽、深各 0.2m 的沟槽，先用清水灌下，再灌水土重量比为 1∶0.15 的稀泥浆，然后再灌水土重量比为 1∶0.25 的稠泥浆，泥浆土料可采用壤土或沙壤土，灌满后封堵沟槽。

如裂缝较深，采用开挖回填困难时，可采用压力灌浆处理。先逐段封堵缝口，然后将灌浆管直接插入缝内灌浆，或封堵全部缝口，由缝侧打孔灌浆，反复灌实。灌浆压力一般控制在 50～120kPa，具体取值由灌浆试验确定。

（三）注意事项

第一，发现裂缝后，应尽快用土工薄膜、雨布等加以覆盖保护，阻止雨水流入缝中。对于横缝，要在迎水坡采取隔水措施，阻止水流入缝。

第二，发现伴随崩塌、滑坡险情的裂缝，应先抢护崩塌、滑坡险情，待脱险并趋于稳定后，必要时再按上述方法处理裂缝本身。

第三，做横墙隔断是否需要做前俄、反滤导渗，或者只做前战或只做反滤导渗而不做隔断墙，应根据具体情况决定。

第四，压力灌浆的方法适用于已稳定的纵横裂缝，效果也较好。但是对于滑动性裂缝，可能促使裂缝继续发展，甚至引发更为严重的险情。

四、风浪淘刷抢护

（一）险情说明

汛期涨水后，堤前水深增大，风浪也随之增大。堤坡在风浪淘刷下，易受破坏。轻者把临水堤坡冲刷成陡坎，重者造成坍塌、滑坡、漫水等险情，使堤身遭受严重破坏，甚至有决口的危险。

（二）原因分析

风浪造成堤防险情的原因可归纳为两方面：一是堤防本身存在的问题，如高度不足、断面不足、土质不好等；二是与风浪有关的问题，如堤前吹程、水深风速大、风向与吹程一致等。

进一步分析风浪可能引起堤防破坏的原因有三：第一是风浪直接冲击堤坡，形成陡坎，侵蚀堤身；第二是抬高了水位，引起堤顶漫水冲刷；第三是增加了水面以上堤身的饱和范围，减小土壤的抗剪强度，造成崩塌破坏。

（三）抢护原则与方法

按消减风浪冲力，加强堤坡抗冲能力的原则进行，一般是利用漂浮物来消减风浪冲力，在堤坡受冲刷的范围内做好防浪护坡工程，以加强堤坡的抗冲能力。常用的抢护方法主要有挂柳防浪、挂枕防浪、土袋防浪、柳箔防浪、木排防浪、湖草排防浪、桩柳防浪土工膜防浪等。

（四）注意事项

①抢护风浪险情尽量不要在堤坡上打桩，必须打桩时，桩距要疏，以免破坏土体结构，影响堤防防洪能力。

②防风浪一定要坚持"预防为主，防重于抢"的原则，平时要加强管理养护，备足防汛料物，避免或减少出现抢险被动局面。

③汛期抢做临时防浪措施，使用材料较多效果较差，容易发生问题。因此，在风浪袭击严重的堤段，如堤前有滩地，应及早种植防浪林并应种好草皮护坡，这是一种行之有效的防风浪生物措施。

五、漏洞险情抢护

在高水位的情况下，堤坝背水坡及坡脚附近出现横贯堤坝本身或基础的流水孔洞，称为漏洞，漏洞是常见的危险性险情之一。

漏洞视出水是否带沙分为清水漏洞和浑水漏洞两种。如果渗流量小，土粒未被带动，流出的水是清水，称为清水洞。清水洞持续发展，或者堤坝内有通道，水流直接贯通，挟带泥沙，流出的水色浑浊，则称为浑水漏洞。

漏洞产生的主要原因有：

①由于历史原因，工程内部遗留有屋基、墓穴、阴沟、暗道、腐朽树根等。

②填土质量不好，未夯实，有硬块或架空结构，在高水位作用下，土块间部分细料流失。

③填筑材料中夹有沙层等，在高水位作用下，沙粒流失。

④工程有白蚁、蛇、鼠等动物洞穴。

⑤高水位持续时间长，工程土体变软，易促成漏洞的生成，故有"久浸成漏"之说。

⑥位于老口门和老险工部位在修复时结合部位处理不好或产生过的贯穿裂缝处理

不彻底。

（一）抢护原则

抢护原则是："前截后导，临重于背，抢早抢小，一气呵成"。抢护时，先在迎水面找到漏洞进水口，及时堵塞，截断漏水来源；不能截断水源时，应在背水坡漏洞出水口采用反滤导渗，或筑围井降低洞内水流流速，延缓并制止土料流失，防止险情扩大，切忌在漏洞出口处用不透水料塞堵，以免造成险情扩大。

（二）抢护方法

1.漏洞进水口探摸

漏洞进水口探摸准确，是漏洞抢险成功的重要前提。漏洞进水口探摸有以下几种方法：

（1）查看漩涡

在无风浪时漏洞进水口附近的水体易出现漩涡，一般可直接看到；漩涡不明显时可利用麦糠、锯末、碎草、纸屑等漂浮物撒于水面，如发现打旋或集中一处时，即表明此处水下有进水口；夜间可用柴草扎成小船，插上耐久燃料串，点燃后，将小船放入水中，发现小船有旋转现象，即表明此处水下有进水口。

（2）观察水色

在出现漏洞水域，分段分期撒放石灰、墨水、颜料等不同带色物质，并设专人在背水坡漏洞出水口处观测，如发现出洞水色改变，即可判断漏洞进水口的大体位置，然后进一步缩小投放范围，改变带色微粒，漏洞进水口便能准确找出。

（3）布幕、席片探漏

将布幕或席片连成一体，用绳索拴好，并适当坠以重物，使其沉没水中并贴紧坡面移动，如感到拉拖突然费劲，辩明不是有石块、木桩或树根等物阻挡，且出水口水流减弱，就说明这里有漏洞。

夜晚无法观察时，可以耳伏地探听声音，如果发现声音异常，有可能是漏洞；也可用手、足摸探出水口水温，若出水水温与迎水坡水温一致，可判断为漏洞出水。

（4）其他方法探漏。

①十字形漏控探漏器：用两片薄铁片对口卡十字形铁翅，固定于麻秆一端，另一端扎有鸡翎或小旗及绳索，称为"漏控"，当飘浮到进水口时就会旋转下沉，由所系线绳即可探明洞口位置。

②水轮报警型探洞器：参照旋杯式流速仪原理，用可接长的玻璃钢管作控水杆，高强磁水轮作探头制成新型探洞器。当水轮接近漏洞进水口时，水轮旋转，接通电路，启动报警器，即可探明洞口位置。

③竹竿钓球探洞法：在长竹竿上系线绳，线绳中间系一小网兜装球，线绳下端系一小铁片。探测时，一人持竿，另一人持绳，沿堤顺水流方向前进，如遇漏洞口，小铁片将被吸到洞口附近，水上面的皮球被吸入水面以下，借此寻找洞口。

（5）水下探摸

有的洞口位于水深流急之处，水面看不到漩涡，可下水探摸。其方法是：一人站在迎水坡或水中，将长杆（一般5～6m）插入坡面，插牢并保持稳定，另派水性好的1～2人扶杆摸探。一处不得，可移位探摸，如杆多人多，也可分组进行。此法危险性大，摸探人有可能被吸入漏洞的，下水的人必须腰系安全绳，还应手持短杆左右摸探，并缓慢前进。要规定拉放安全绳信号，安全绳应套在预打的木桩上，设专人负责拉放安全绳，以策安全。此外，在流缓的情况下，还可以采用数人并排探摸的办法查找洞口，即由熟悉水性的人排成横排，个子高水性好的在下边，手臂相挽，用脚踩探，凭感觉寻找洞口，同时还应备好长杆、梯子及绳索等，供下水的人把扶，以策安全。

2. 金碩口抢堵主要方法

（1）塞堵法

在水浅、流速较小，人可下水接近洞口的地方，塞堵漏洞进口是最有效、最常用的方法，尤其是在地形起伏复杂，洞口周围有灌木杂物时更适用。一般可用软性材料塞堵，如针刺无纺布、棉被、棉絮、草包、编织袋包、网包、棉衣及草把等，也可用预先准备的一些软楔、草捆塞堵。在有效控制漏洞险情的发展后，还需用粘性土封堵闭气，或用大块土工膜、篷布盖堵，然后再压土袋或土枕，直到完全断流为止。在抢堵漏洞进口时，切忌乱抛砖石等块状物料，以免架空，致使漏洞继续发展扩大。

1）软楔作法

用绳结成网格约10cm见方的圆锥形网罩。网内填麦秸、稻草等。为防止入水后漂浮，软料中可裹填粘土。软楔大头直径一般40～60cm，长1.0～1.5m。为了抢护方便，可事先结成大小不同的网罩，届时根据洞口大小选用，在抢堵漏洞时再充填物料。

2）草捆作法

把谷草、麦秸或稻草等用绳捆成锥体，大头直径一般40～60cm，长1.0～1.5m，务必捆扎牢固。为防止入水后漂浮，软料中可裹填粘土。

（2）盖堵法

1）复合土工膜或篷布盖堵

当洞口较多且较为集中，附近无树木杂物，逐个堵塞费时且易扩展成大洞时，采用大面积复合土工膜排体或篷布盖堵，沿迎水坡肩部位从上往下，顺坡铺盖洞口，或从船上铺放，盖堵离坡肩较远处的漏洞进口，然后抛压土袋或土枕，并抛填粘土，形成前俄截漏。

2）就地取材盖堵。

软帘盖堵法：当洞口附近流速较小、土质松软或洞口周围已有许多裂缝时，可就地取材用草帘、苇箔等重叠数层编扎软帘，也可临时用柳枝、秸料、芦苇等编扎软帘。软帘的大小也应根据洞口具体情况和需要盖堵的范围决定。在盖堵前，先将软帘卷起，置放在洞口的上部。软帘的上边可根据受力大小用绳索或铅丝系牢于坡顶的木桩上，下边附以重物，利于软帘下沉时紧贴边坡，然后用长杆顶推，顺坡下滚，把洞口盖堵严密，再盖压土袋，抛填粘土，封堵闭气。也可用不透水土工布铺盖于漏洞进水口，其上再压防滑纺织布土袋使其闭气。

铁锅盖堵法：此法适用于洞口小周围土质坚实的情况，一般用直径比洞口大的铁锅，正扣或反扣在漏洞进口上，周围用胶泥封闭；如果锅径略小于洞径，用棉衣、棉被将铁锅包住手再扣。铁锅盖紧后抛压土袋并填筑粘性土，封堵闭气，至不再漏水为止。

篷布盖堵法：在洞口以上坡顶相距5m打两根木桩，选结实篷布在其两端置套圈，上端套圈穿一根直径30cm的钢管，将篷布卷在此钢管上，放在木桩外沿坡面推滚入水中盖住洞口，再抛纺织布土袋闭气。

网兜盖堵法：在洞口较大的情况下，可用预制长方形网兜在进水口盖堵。网兜一般采用直径1.0cm左右的麻绳，织成网眼为20cm2的绳网，周围再用直径3cm的麻绳作网框。网宽2～3m，长应为进水口底以上的边坡长的两倍以上。用力将绳网折起，两端一并系于顶部预打的木桩上，网中间折叠处附以重物，将网顺坡成网兜状，然后在网中填以柴草泥或其他物料以盖堵洞口。待洞口盖堵完成后，再抛压土袋填筑粘性土封死洞口。

门板盖堵法：在水大流急，洞口较大的地方，可随时采用此法。把门板上先抹一层胶泥盖在洞口上，再用席片、油布、棉被或棉絮等盖严，然后抛压土袋并填筑粘性土封死洞口。

采用盖堵法抢护漏洞进口，需防止盖堵初始时，由于洞内断流，外部水压力增大，洞口覆盖物的四周进水。因此洞口覆盖后必须立即封严四周，同时迅速用充足的粘土料封堵闭气。

3.辅助措施

（1）反滤围井

值得注意的是，有些漏洞出水凶急，按反滤抛填物料有困难，为了消杀水势，可改填瓜米或卵石，甚至块石，先按反级配填料，然后再按正级配填料，做反滤围井，滤料一般厚0.6～0.8m。反滤围井建成后，如断续冒浑水，可将滤料表层粗骨料清除，再按上述级配要求重新施作。

（2）土工织物反滤导渗体

将反滤土工织物覆盖在漏洞出口上，其上加压反滤料进行导滤。由于漏洞险情危急，且土工织物导滤易淤堵，若处置不当，可能导致险情迅速恶化，应慎用之。

（3）抽槽截洞

对于漏洞进口部位较高、出口部位较低，且堤坝顶面较宽，断面较大时，可在堤坝顶部抽槽，再在槽内填筑粘土或土袋，截断漏洞。槽深2m范围内能截断漏洞，可使用此法；槽深2m范围内不能截断漏洞，不得使用此法。

（三）注意事项

第一，无论对漏洞进水口采取哪种办法探找和盖堵，都应注意探漏抢堵人员的人身安全，落实切实可行的安全措施。

第二，漏洞抢堵闭气后，还应有专人看守观察，以防再次出现漏洞。

第三，要正确判断险情是堤身漏洞还是堤基管涌。如是前者，则应寻找进水口并以外帮堵截为主，辅以内导；否则按管涌抢护方法来处理。

第六章 水利水电爆破规划

第一节 爆破的分类

一、爆破的概念

爆破是炸药爆炸作用于周围介质的结果。埋在介质内的炸药引爆后，在极短的时间内，由固态转变为气态，体积增加数百倍至几千倍，伴随产生极大的压力和冲击力，同时还产生很高的温度，使周围介质受到各种不同程度的破坏，称为爆破。

二、爆破的常用术语

（一）爆破作用圈

1.爆破作用圈

当具有一定质量的球形药包在无限均质介质内部爆炸时，在爆炸作用下，距离药包中心不同区域的介质，由于受到的作用力有所不同，因而产生不同程度的破坏或振动现象。整个被影响的范围就叫作爆破作用圈。这种现象随着与药包中心间的距离增大而逐渐消失，按对介质作用不同可分为以下4个作用圈。

（1）压缩圈。如图6-1所示，图中R1表示压缩圈半径，在这个作用圈的范围内，介质直接承受了药包爆炸而产生的极其巨大的作用力，因此，如果介质是可塑性的土壤，便会遭到压缩形成孔腔；如果是坚硬的脆性岩石便会被粉碎。所以把R1这个球形地带叫作压缩圈或破碎圈。

（2）抛掷圈

围绕在压缩圈的范围以外至R2的地带，其受到的爆破作用力虽较压缩圈的范围较小，但介质原有的结构受到破坏，分裂成为各种尺寸和形状的碎块，而且爆破作用力尚有余力，足以使这些碎块获得能量。如果这个地带的某一部分处在临空的自由面条件下，破坏了的介质碎块便会产生抛掷现象，因而叫作抛掷圈。

（3）松动圈

松动圈又称破坏圈。在抛掷圈以外至R3的地带，爆破的作用力更弱，除r能使介质结构受到不同程度的破坏外，没有余力可以使被破坏的碎块产生抛掷运动，因而叫作破坏圈。工程上为了实用起见，一般还把这个地带被破碎成为独立碎块的一部分叫作松动圈，而把只是形成裂缝、互相间仍然连成整块的一部分叫作裂缝圈或破裂圈。

（4）震动圈

在破坏圈的范围以外，微弱的爆破作用力甚至不能使介质产生破坏。这时，介质只能在应力波的作用下，产生振动现象，这就是图 6-1 中 R4 所包括的地带，通常叫作震动圈。震动圈以外爆破作用的能量就完全消失了。

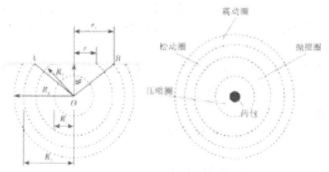

图6-1　爆破作用圈示意图

2.爆破漏斗

在有限介质中爆破，当药包埋设较浅，爆破后将形成以药包中心为顶点的倒圆锥形爆破坑，称之为爆破漏斗。爆破漏斗的形状多种多样，随着岩土性质、炸药品种性能和药包大小及药包埋置深度等不同而变化。具体如图 6-2 所示。

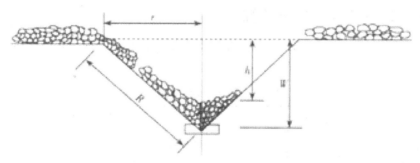

图6-2　爆破漏斗

r爆破漏斗半径；R爆破作用半径；w最小抵抗线；h漏斗可见深度

3.最小抵抗线。

由药包中心至自由面的最短距离。如图 6-2 中的 W。

4.爆破漏斗半径

爆破漏斗半径即在介质自由面上的爆破漏斗半径，如图 6-2 中的 r。

5.爆破作用指数

爆破作用指数指爆破漏斗半径 r 与最小抵抗线 W 的比值。即 n=r/W。

爆破作用指数的大小可判断爆破作用性质及岩石抛掷的远近程度，也是计算药包重、决定漏斗大小和药包距离的重要参数。一般用 n 来区分不同爆破漏斗。划分不同爆破类型。当 n=1.0 时，称为标准减弱抛掷爆破；当 n > 1.0 时，称为加强抛掷爆破；当 0.75 < n < 1.0 时，称为减弱抛掷爆破；当 0.33 < n ≤ 0.75 时，称为松动爆破；当 n ≤ 0.33 时，称为药壶爆破或隐藏式爆破。

6. 可见漏斗深度 h

经过爆破后所形成的沟槽深度叫作可见漏斗深度，如图 6-2 中的 h。它与爆破作用指数大小、炸药的性质、药包的排数、爆破介质的物理性质和地面坡度有关。

7. 自由面

自由面又称临空面，指被爆破介质与空气或水的接触面。在同等条件下，临空面越多，炸药用量越小，爆破效果越好。

8. 二次爆破

二次爆破指大块岩石的二次破碎爆破。

9. 破碎度

破碎度指爆破岩石的块度或块度分布。

10. 单位耗药量

单位耗药量指爆破单位体积岩石的炸药消耗量。

11. 炸药换算系数

炸药换算系数 e 指某炸药的爆炸力 F 与标准炸药爆炸力之比（目前以 2 号岩石铵梯炸药为标准炸药）。

三、药包及其装药量计算

药包。为了爆破某一物体而在其中放置一定数量的炸药，称为药包。药包的分类及使用如表 6-3 所示。

表6-3 药包的分类及使用

分类名称	药包形状	作用效果
集中药包	长边小于短边4倍	破效率高，省炸药和减少钻孔工作量，但破碎岩石块度不够均匀。多用于抛掷爆破
延长药包	长边超过短边4倍。延长药包又有连续药包和间隔药包两种形式	可均匀分布炸药，破碎岩石块度较均匀。一般用于松动爆破

2. 装药量计算。爆破工程中的炸药用量计算，是一个十分复杂的问题，影响因素较多。相关实践证明，炸药的用量是与被破碎的介质体积成正比的。而被破碎的单位体积介质的炸药用量，其最基本的影响因素又与介质的硬度有关。目前，由于还不能较精确的计算出各种复杂情况下的相应用药量，所以一般都是根据现场试验方法，大致得出爆破单位体积介质所需的用药量，然后再按照爆破漏斗体积计算出每个药包的装药量。

药包药量的基本计算公式是 Q=KV。式中 K 为爆破单位体积岩石的耗药量，简称单位耗药量，单位为千克 / 立方米；V 为标准抛掷漏斗内的岩石体积，单位为立方米。

需要注意的是，单位耗药量 K 值的确定，应考虑多方面的因素，经综合分析后定出。其中 V=（π/3）W3。故标准抛掷爆破药包药量计算公式可以写为 Q=KW3。对于加强抛掷爆破，计算公式为 Q=（0.4+0.6n3）KW3; 对于减弱抛掷爆破，计算公式为 Q=（（4+3n）/7）3KW3；对于松动爆破，计算公式为 Q=0.33KW3。式中 Q 为药包重量，单位为千克；W 为最小抵抗线，单位为米；n 为爆破作用指数。

四、爆破的分类

爆破可按爆破规模、凿岩情况、要求等不同进行分类。

按爆破规模分，爆破可分为小爆破、中爆破、大爆破；按凿岩情况分，爆破可分为浅孔爆破、深孔爆破、药壶爆破、洞室爆破、二次爆破；按爆破要求分，爆破可分为松动爆破、减弱抛掷爆破、标准抛掷爆破、加强抛掷爆破及定向爆破、光面爆破、预裂爆破、特殊物爆破（冻土、冰块等）。

第二节　爆破的材料

一、炸药

（一）炸药的基本性能

1. 威力

炸药的威力用炸药的爆力和猛度来表征。

爆力是指炸药在介质内爆炸做功的总能力。爆力的大小取决于炸药爆炸后产生的爆热、爆温及爆炸生成气体量的多少。爆热越大，爆温则越高，爆炸生成的气体量也就越多，形成的爆力也就越大。

猛度是指炸药爆炸时对介质破坏的猛烈程度，是衡量炸药对介质局部破坏的能力指标。

爆力和猛度都是炸药爆炸后做功的表现形式，所不同的是爆力是反映炸药在爆炸后做功的总量，对药包周围介质破坏的范围。而猛度则是反映炸药在爆炸时，生成的高压气体对药包周围介质粉碎破坏的程度以及局部破坏的能力。一般而言，爆力大的炸药其猛度也大，但两者并不成线性比例关系。对一定量的炸药，爆力越高，炸除的体积越多；猛度越大，爆后的岩块越小。

2. 爆速

爆速是指爆炸时爆炸波沿炸药内部传播的速度。爆速测定方法有导爆索法、电测法和高速摄影法。

3.殉爆

炸药爆炸时引起与它不相接触的邻近炸药爆炸的现象叫殉爆。殉爆反映了炸药对冲击波的感度。主发药包的爆炸引爆被发药包爆炸的最大距离称为殉爆距离。

4.感度

感度又称敏感度，是炸药在外能作用下起爆的难易程度，它不仅是衡量炸药稳定性的重要标志，而且还是确定炸药的生产工艺条件、炸药的使用方法和选择起爆器材的重要依据。不同的炸药在同一外能作用下起爆的难易程度是不同的，起爆某炸药所需的外能小，则该炸药的感度高；起爆某炸药所需的外能高，则该炸药的感度低。炸药的感度对于炸药的制造加工、运输、贮存、使用的安全十分重要。感度过高的炸药容易发生爆炸事故，而感度过低的炸药又给起爆带来困难。工业上大量使用的炸药一般对热能、撞击和摩擦作用的感度都较低，通常要靠起爆能来起爆。

5.炸药的安定性

炸药的安定性指炸药在长期贮存中，保持原有物理化学性质的能力。

（1）物理安定性

物理安定性主要是指炸药的吸湿性、挥发性、可塑性、机械强度、结块、老化、冻结、收缩等一系列物理性质。物理安定性的大小取决于炸药的物理性质。如在保管使用硝化甘油类炸药时，由于炸药易挥发收缩、渗油、老化和冻结等导致炸药变质，严重影响保管和使用的安全性及爆炸性能。铵油炸药和矿岩石硝铵炸药易吸湿、结块，导致炸药变质严重，影响使用效果。

（2）化学安定性

化学安定性取决于炸药的化学性质及常温下化学分解速度的快慢，特别是取决于贮存温度的高低。有的炸药要求储存条件较高，如5号浆状炸药要求不会导致硝酸铵重结晶的库房温度是 20～30 ℃，而且要求通风良好。炸药有效期取决于安定性。贮存环境温度、湿度及通风条件等对炸药实际有效期影响巨大。

6.氧平衡

氧平衡是指炸药在爆炸分解时的氧化情况。根据炸药成分的配比不同，氧平衡具有以下 3 种情况。

（1）零氧平衡

炸药中的氧元素含量与可燃物完全氧化前需氧量相等，此时可燃物完全氧化，生成的热量大则爆能也大。零氧平衡是较为理想的氧平衡，炸药在爆炸反应后仅生成稳定的二氧化碳、水和氮气，并产生大量的热能。如单体炸药二硝化乙二醇的爆炸反应就是零氧平衡反应。

（2）正氧平衡

炸药中的氧元素含量过多，在完全氧化可燃物后还有剩余的氧元素，这些剩余的氧元素与氮元素进行二次氧化，生成二氧化氮等有毒气体。这种二次氧化是一种吸收爆热的过程，它将降低炸药的爆力。如纯硝酸铵炸药的爆炸反应属正氧平衡反应。

（3）负氧平衡

炸药中氧元素含量不足，可燃物因缺氧而不能完全氧化而产生有毒气体一氧化碳，也正是由于氧元素含量不足而出现多余的碳元素，爆炸生成物中的一氧化碳因缺少氧元素而不能充分氧化成氧气。如三硝基甲苯（锑恩锑）的爆炸反应就属于负氧平衡反应。

由以上 3 种情况可知，零氧平衡的炸药其爆炸效果最好，所以一般要求厂家生产的工业炸药力求零氧平衡或微量正氧平衡，避免负氧平衡。

（二）工程炸药的种类、品种及性能

1. 炸药的分类

炸药按组成可分为化合炸药和混合炸药；按爆炸特性分类有起爆药、猛炸药和火药；按使用部门分类有工业炸药和军用炸药。在工程爆破中，用来直接爆破介质的炸药（猛炸药）几乎都是混合炸药，因为混合炸药可按工程的不同需要而配制。它们具有一定的威力，较敏感，一般需用 8 号雷管起爆。

2. 常用炸药

在我国水利水电工程中，常用的炸药有铵锑炸药、铵油炸药和乳化炸药三种。

（1）铵锑炸药

铵锑炸药是硝铵类炸药的一种，主要成分为硝酸铵和少量的锑恩锑（三硝基甲苯）及少量的木粉。硝酸铵是铵锑炸药的主要成分，其性能对炸药影响较大；锑恩锑是单质烈性炸药，具有较高的敏感度，加入少量的锑恩锑成分，能使铵锑炸药具有一定程度的威力和敏感度。铵锐炸药的摩擦、撞击感度较低，故较安全。

在工程爆破中，以 2 号岩石铵锑炸药为标准炸药，由硝酸铵 85%、锑恩锑 11%、木粉 4% 并加少量植物油混合而成，用工业雷管可以顺利起爆。在使用其他种类的炸药时，其爆破装药用量可用 2 号岩石铵锑炸药的爆力和猛度进行换算。

（2）铵油炸药

其主要成分是硝酸铵、柴油和木粉。由于不含锑恩锑而敏感度稍差，但材料来源广，价格低，使用安全，易加工配制。铵油炸药的爆破效果较好，在中硬岩石的开挖爆破和大爆破中常被采用。其贮存期仅为 7 ~ 15 天，一般是在工地配药即用。

（3）乳化炸药

乳化炸药以氧化剂（主要是硝酸铵）水溶液与油类经乳化而成的油包水型乳胶体作爆炸性基质，再加以敏化剂、稳定剂等添加剂而成为一种乳脂状炸药。

乳化炸药与铵锐炸药比较，其突出优点是抗水。两者成本接近，但乳化炸药猛度较高，临界直径较小，仅爆力略低。

二、起爆器材

起爆材料包括雷管、导火索和传爆线等。

炸药的爆炸是利用起爆器材提供的爆轰能并辅以一定的工艺方法来起爆的，这种起爆能量的大小将直接影响到炸药爆轰的传递效果。当起爆能量不足时，炸药的爆轰过程属不稳定的传爆，且传爆速度低，在传爆过程中因得不到足够的爆轰能的补充，爆轰波将迅速衰减到爆轰终止，部分炸药拒爆。因此，用于雷管和传爆线中的起爆炸药敏感度高，极易被较小的外能引爆；引爆炸药的爆炸反应快，可在被引爆后的瞬间

达到稳定的爆速，为炸药爆炸提供理想爆轰的外能。

（一）雷管

雷管是一种用于起爆炸药或传爆线（导爆索）的材料，是由诺贝尔于1865年发明的。按接受外能起爆的方式来划分，雷管可分为火雷管和电雷管两种。

1.火雷管

火雷管即普通雷管，由管壳、正副起爆药和加强帽3部分组成。管壳材料有铜、铝、纸、塑料等。上端开口，中段设加强帽，中有小孔，副起爆药压于管底，正起爆药压在上部。在管沟开口一端插入导火索，引爆后，火焰使正起爆药爆炸，最后引起副起爆药爆炸。

根据管内起爆药量的多少，可分为1～10个号码，常用的为6号、8号。火雷管具有结构简单，生产效率高，使用方便、灵活，价格便宜，不受各种杂电、静电及感应电的干扰等优点。但由于导火索在传递火焰时，难以避免速燃、缓燃等致命弱点，在使用过程中爆破事故多，因此使用范围和使用量受到极大限制。

2.电雷管

电雷管按起爆时间不同可分为3种。

（1）瞬发电雷管

通电后瞬即爆炸的电雷管，它实际上是由火雷管和1个发火元件组成，其结构如图6-4所示。当接通电源后，电流通过桥丝发热，使引火药头发火，导致整个雷管爆轰。

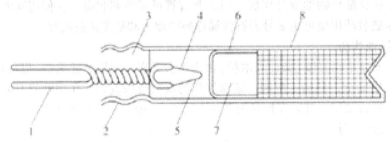

图6-4　瞬发电雷管示意图

1脚线；2管壳；3密封塞；4桥统；5引火头；6加强帽；7正起爆炸药；8副起爆炸药

（2）秒延发电雷管

通电后能延迟1秒的时间才起爆的电雷管。秒延发电雷管和瞬发电雷管的区别仅在于引火头与正起爆炸药之间安置了缓燃物质，如图6-5（a）所示。通常是用一小段精制的导火索作为延发物。

（3）毫秒电雷管。它的构造与秒延期电雷管的差异仅在于延期药不同，如图6-5（b）所示。毫秒电雷管的延期药是用极易燃的硅铁和铅丹混合而成，再加入适量的硫化铵以调整药剂的燃烧程度，使延发时间准确。它的段数很多，工程常用的多为20段系列的毫秒电雷管。

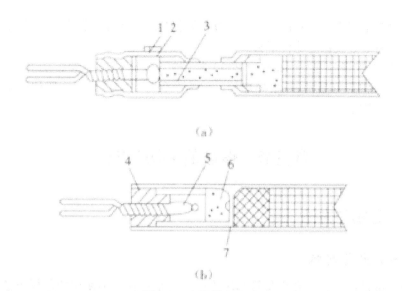

图6-5　电雷管示意图

（a）秒延发电雷管；（b）毫秒电雷管

1蜡纸；2排气孔；3精制导火索；4塑料塞；5延期雷管；6延期药；7加强帽

（二）导火线

1.导火索

导火索是用来起爆火雷管和黑火药的起爆材料。用于一般爆破工程，不宜用于有瓦斯或矿尘爆炸危险的作业面。它是用黑火药做芯药，用麻、棉纱和纸作包皮，外面涂有沥青、油脂等防潮剂。

导火索的燃烧速度有两种，正常燃烧速度为100～120秒/米，缓燃速度为180～210秒/米。喷火强度不低于50毫米。

国产导火索每盘长250米，耐水性一般不低于2小时，直径5～6毫米。

2.导电线

导电线是起爆电雷管的配套材料。

3.导爆索

导爆索又称传爆线，以强度大、爆速高的烈性黑索金作为药芯，以棉线、纸条为包缠物，并涂以防潮剂，表面涂以红色，索头涂有防潮剂，必须用雷管起爆。其品种有普通、抗水、高能和低能4种。普通导爆索有一定的抗水性能，可直接起爆常用的工业炸药。水利水电工程中多用此类导爆索。

4.导爆管

导爆管是由透明塑料制成的一种非电起爆系统,并可用雷管、击发枪或导爆索起爆。管的外径为3毫米,内径为1.5毫米,管的内壁涂有一层薄薄的炸药,装药量为（20±2）毫克/米,引爆后能以（1950±50）米/秒的稳定爆速传爆。导爆管的传爆能力很强,即使在导爆管上打许多结并用力拉紧，爆轰波仍能正常传播；管内壁断药长度达 25 厘米时，也能将爆轰波稳定地传下去。

导爆管的传爆速度为 1600 ~ 2000 米 / 秒。根据试验资料，若排列与绑扎可靠，一个 8 号雷管可激发 50 根导爆管。但为了保证可靠传爆，一般用两个雷管引爆 30 ~ 40 根导爆管。

第三节 爆破的方法与施工

一、起爆的方法

（一）火花起爆

火花起爆是用导火索和火雷管起爆炸药。它是一种最早使用的起爆方法。但由于受到安全性、爆破规模及爆破延迟等方面的限制，目前仅用于大块石解炮或小规模的边坡修整爆破等。

将剪截好的导火索插入火雷管插索腔内，制成起爆雷管，再将其放入药卷内成为起爆药卷，而后将起爆药卷放入药包内。导火索一般可用点火线、点火棒或自制导火索段点火。导火索长度应保证点火人员安全，且不得短于 1.2 米。

（二）电力起爆法

电力起爆法就是利用电能引爆电雷管进而起爆炸药的起爆方法，它所需的起爆器材有电雷管、导线和起爆源等。电力起爆法可以同时起爆多个药包，可间隔延期起爆，安全可靠。但是操作较复杂，准备工作量大，需较多电线，需具备一定的检查仪表和电源设备。适用于大中型重要的爆破工程。

电力起爆网路主要由电源、电线、电雷管等组成。

1. 起爆电源

电力起爆的电源可用普通照明电源或动力电源，最好是使用专线。当缺乏电源而爆破规模又较小、起爆的雷管数量不多时，也可用干电池或蓄电池组合使用。另外还可以使用电容式起爆电源，即发爆器起爆。国产的发爆器有 10 发、30 发、50 发和 100 发等几种型号，最大一次可起爆 100 个以内串联的电雷管，十分方便。但因其电流很小，故不能起爆并联雷管。常用的形式有 DF—100 型、FR81—25 型、FR81—5O 型。

2. 导线

电爆网路中的导线一般采用绝缘良好的铜线和铝线。在大型电爆网络中，常用的导线按其位置和作用可划分为端线、连接线、区域线和主线。端线用来加长电雷管脚线，使之能引出孔口或洞室之外。端线通常采用断面为 0.2 ~ 0.4 平方毫米的铜芯塑料皮软线。连接线是用来连接相邻炮孔或药室的导线，通常采用断面为 1 ~ 4 平方皇米的铜芯或铝芯线。主线是连接区域线与电源的导线，常用断面为 16 ~ 150 平方毫米的铜芯或铝芯线。

（三）导爆索起爆法

用导爆索爆炸产生的能量直接引爆药包的起爆方法。这种起爆方法所用的起爆器材有雷管、导爆索、继爆管等。

导爆索起爆法的优点是导爆速度高，可同时起爆多个药包，准爆性好；连接形式简单，无复杂的操作技术；在药包中不需要放雷管，故装药、堵塞时都比较安全。缺点是成本高，不能用仪表来检查爆破线路的好坏。适用于瞬时起爆多个药包的炮孔、深孔或洞室爆破。

导爆索起爆网络的连接方式有并簇联和分段并联两种。

1.并簇联

并簇联是将所有炮孔中引出的支导爆索的末端捆扎成一束或几束，然后再与一根主导爆索相连接，如图6-6所示。这种方法同爆性好，但导爆索的消耗量较大，一般用于炮孔数不多又较集中的爆破中。

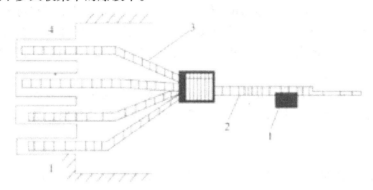

图6-6 导爆索起爆并簇联

2.分段并联法

分段并联法是在炮孔或药室外敷设一条主导爆索，将各炮孔或药室中引出的支导爆索分别依次与主导爆索相连、如图6-7所示。分段并联法网络，导爆索消耗量小，适应性强，在网络的适当位置装上继爆管，可以实现毫秒微差爆破。

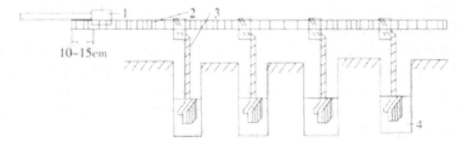

图6-7 导爆索起爆分段并联
1雷管；2主线：3支线；4药室

（四）导爆管起爆法

导爆管起爆法是利用塑料导爆管来传递冲击波引爆雷管，然后使药包爆炸的一种新式起爆方法。导爆管起爆法与电力起爆法的共同点是可以对群药包一次赋能起爆，并能基本满足准爆、齐爆的要求。两者的不同点在于导爆管网路不受外电场干扰，比电爆网路安全；导爆管网路无法进行准爆性检测，这一点是不及电力网路可靠的。它适用于露天、井下、深水、杂散电流大和一次起爆多个药包的微差爆破作业中进行瞬发或秒延期爆破。

二、爆破施工

（一）爆破的基本方法

1.裸露爆破法

裸露爆破法又称表面爆破法，系将药包直接放置于岩石的表面进行爆破。药包放在块石或孤石的中部凹槽或裂隙部位，体积大于1立方米的块石，药包可分数处放置，或在块石上打浅孔或浅穴破碎。为提高爆破效果，表面药包底部可做成集中爆力穴，药包上护以草皮或是泥土、沙子，其厚度应大于药包高度或以粉状炸药敷30厘米厚。用电雷管或导爆索起爆。

不需钻孔设备，操作简单迅速，但炸药消耗量大（比炮孔法多3～5倍），破碎岩石飞散较远。适于地面上大块岩石、大孤石的二次破碎及树根、水下岩石与改建工程的爆破。

2.浅孔爆破法

浅孔爆破法系在岩石上钻直径25～50毫米、深0.5～5米的圆柱形炮孔，装延长药包进行爆破。

炮孔直径通常用35毫米、42毫米、45毫米、50毫米几种。为使有较多临空面，常按阶梯型爆破使炮孔方向尽量与临空面成30°～45°角。炮孔深度L的参数为：对坚硬岩石，L=（1.1～1.5H）；对中硬岩石，L=H；对松软岩石，L=（0.85～0.95）H（H为爆破层厚度）。最小抵抗线W=（0.6～0.8）H；炮孔间距a=（1.4～2.0）W（火雷管起爆时）或a=（0.8～2.0）W（电力起爆时）。如图6-8所示，炮孔布置一般为交错梅花形，依次逐排起爆，炮孔排距b=（0.8～1.2）W；同时，起爆多个炮孔应采用电力起爆或导爆索起爆。

浅孔爆破法不需复杂钻孔设备；施工操作简单，容易掌握；炸药消耗量少，飞石距离较近，岩石破碎均匀，便于控制开挖面的形状和尺寸，可在各种复杂条件下施工，因而在爆破作业中被广泛采用。但其爆破量较小，效率低，钻孔工作量大，适于各种地形和施工现场比较狭窄的工作面上作业，如基坑、管沟、渠道、隧洞爆破，也可用于平整边坡、开采岩石、松动冻土以及改建工程拆除控制爆破。

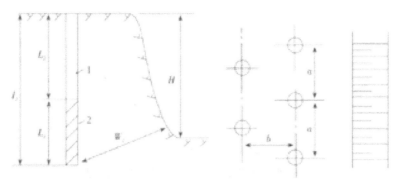

图6-8　浅孔法阶梯开挖布置

1堵塞物；2药包

L1装药深度；L2堵塞深度：L炮孔深度

3.深孔爆破法

深孔爆破法系将药包放在直径75～270毫米、深5～30米的圆柱形深孔中爆破。爆破前宜先将地面爆成倾角大于55.的阶梯形，作垂直、水平或倾斜的炮孔。钻孔用轻、中型露天潜孔钻。爆破参数为：h=（0.1～0.15）H，a=（0.8～1.2）W，b=（0.7～1.0）W。

装药采用分段或连续。爆破时，边排先起爆，后排依次起爆。如图 6-9 所示。

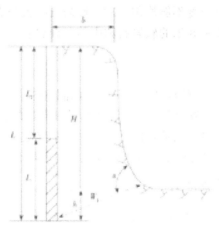

图6-9　深孔爆破法

深孔爆破法单位岩石体积的钻孔量少，耗药量少，生产效率高O一次爆落石方量多，操作机械化，可减轻劳动强度。适用于料场、深基坑的松爆，场地整平以及高阶梯中型爆破各种岩石。

4.药壶爆破法

药壶爆破法又称葫芦炮、坛子炮，系在炮孔底先放入少量的炸药，经过一次至数次爆破，扩大成近似圆球形的药壶，然后装入一定数量的炸药进行爆破。如图 6-10 所示。

爆破前，地形宜先造成较多的临空面，最好是立崖和台阶。

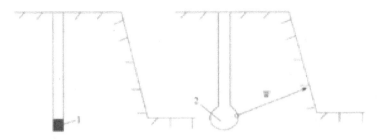

图6-10　药壶爆破法

（a）装少量炸药的炸药壶；（b）构成的药壶

1药包；2药壶

一般取 W=（0.5 ~ 0.8）H，a=（0.8 ~ 1.2）W，b=（0.8 ~ 2.0）W，堵塞长度为炮孔深的 0.5 ~ 0.9 倍。

每次爆扩药壶后，须间隔 20 ~ 30 分钟。扩大药壶用小木柄铁勺掏渣或用风管通入压缩空气吹出。当土质为黏土时，可以压缩，不需出渣。药壶爆破法一般宜与炮孔法配合使用，以提高爆破效果。

药壶爆破法一般宜用电力起爆，并应敷设两套爆破路线；如用火花起爆，当药壶深在 3 ~ 6 米，应设两个火雷管同时点爆。药壶爆破法可减少钻孔工作量，可多装药，炮孔较深时，将延长药包变为集中药包，大大提高爆破效果。但扩大药壶时间较长，操作较复杂，破碎的岩石块度不够均匀，对坚硬岩石扩大药壶较困难，不能使用。适用于露天爆破阶梯高度 3 ~ 8 米的软岩石和中等坚硬岩层；坚硬或节理发育的岩层不宜采用。

5.洞室爆破法

洞室爆破又称大爆破，其炸药装入专门开挖的洞室内，洞室与地表则以导洞相连。一个洞室爆破往往有数个、数十个药包，装药总量可高达数百、数千乃至逾万吨。

在水利水电工程施工中，坝基开挖不宜采用洞室爆破。洞室爆破主要用于定向爆破筑坝，当条件合适时，也可用于料场开挖和定向爆破堆石截流。

（二）爆破施工的过程

在水利工程施工中，一般多采用炮眼法爆破。其施工程序大体为：炮孔位置选择、钻孔、制作起爆药包、装药与堵塞、起爆等。

1.炮孔位置的选择

选择炮孔位置时应注意以下几点：第一，炮孔方向尽量不要与最小抵抗线方向重合，以免产生冲天炮；第二，充分利用地形或利用其他方法增加爆破的临空面，提高爆破效果；第三，炮孔应尽量垂直于岩石的层面、节理与裂隙，且不要穿过较宽的裂缝以免漏气。

2.钻孔

钻孔主要包括人工打眼、风钻打眼和潜孔钻三种。人工打眼仅适用于钻设浅孔。

人工打眼有单人打眼、双人打眼等方法。打眼的工具有钢杆、铁锤和掏勺等。风钻是风动冲击式凿岩机的简称，在水利工程中使用得最多。风钻按其应用条件及架持方法，可分为手持式、柱架式和伸缩式等。风钻用空心钻钎送入压缩空气将孔底凿碎的岩粉吹出，叫作干钻；用压力水将岩粉冲出叫作湿钻。国家规定，地下作业必须使用湿钻以减少粉尘，保护工人身体健康。潜孔钻是一种回转冲击式钻孔设备，其工作机构（冲击器）直接潜入炮孔内进行凿岩，故名潜孔钻。潜孔钻是先进的钻孔设备，它的工效高，构造简单，在大型水利工程中被广泛采用。

3. 制作起爆药包

（1）火线雷管的制作

将导火索和火雷管联结在一起，叫火线雷管。制作火线雷管应在专用房间内，禁止在炸药库、住宅、爆破工点进行。制作的步骤如下：第一，检查雷管和导火索；第二，按照需要长度，用锋利小刀切齐导火索，最短导火索不应少于60厘米；第三，把导火索插入雷管，直到接触火帽为止，不要猛插和转动；第四，用钗钳夹夹紧雷管口（距管口5毫米以内）。固定时，应使该钳夹的侧面与雷管口相平。如无皎钳夹，可用胶布包裹。严禁用嘴咬；第五，在接合部包上胶布防潮。当火线雷管不马上使用时，导火索点火的一端也应包上胶布。

（2）电雷管检查

对于电雷管，应先作外观检查，把有擦痕、生锈、铜绿、裂隙或其他损坏的雷管剔除，再用爆破电桥或小型欧姆计进行电阻及稳定性检查。为了保证安全，测定电雷管的仪表输出电流不得超过50毫安。如发现有不导电的情况，应作为不良的电雷管处理。然后把电阻相同或电阻差不超过0.25欧姆的电雷管放置在一起，以备装药时串联在一条起爆网路上。

（3）制作起爆药包

起爆药包只许在爆破工点于装药前制作该次所需的数量，不得先做成成品备用。制作好的起爆药包应小心妥善保管，不得震动，亦不得抽出雷管。

制作起爆药包的步骤包括：第一，解开药筒一端；第二，用木棍（直径5毫米，长10～12厘米）轻轻地插入药筒中央，然后抽出，并将雷管插入孔内；第三，控制雷管插入深度，对于易燃的硝化甘油炸药，将雷管全部插入即可，其他不易燃的炸药，雷管应埋在接近药筒的中部；第四，收拢包皮纸用绳子扎起来，如用于潮湿处则加以防潮处置，防潮时防水剂的温度不超过60℃。

4. 装药、堵塞及起爆。

（1）装药

在装药前，首先了解炮孔的深度、间距、排距等，由此决定装药量。根据孔中是否有水决定药包的种类或炸药的种类，同时还要清除炮孔内的岩粉和水分。在干孔内可装散药或药卷。在装药前，先用硬纸或铁皮在炮孔底部架空，形成聚能药包。炸药要分层用木棍压实，雷管的聚能穴指向孔底，雷管装在炸药全长的中部偏上处。在有水炮孔中装吸湿炸药时，注意不要将防水包装捣破，以免炸药受潮而拒爆。当孔深较大时，药包要用绳子吊下，不允许直接向孔内抛投，以免发生爆炸危险。

（2）堵塞

装药后即进行堵塞。对堵塞材料的要求是与炮孔壁摩擦作用大，材料本身能结成一个整体，充填时易于密实，不漏气。可用 1：2 的黏土粗沙堵塞，堵塞物要分层用木棍压实。在堵塞过程中，要注意不要将导火线折断或破坏导线的绝缘层。

上述工序完成后即可进行起爆。

第四节　控制爆破

一、定向爆破

一定的条件下，可使一定数量的土岩经破碎后，按预定的方向，抛掷到预定的地点，达到形成具有一定质量和形状的建筑物或开挖成一定断面的渠道的目的。

在水利水电建设中，可以用定向爆破技术修筑土石坝、围堰、截流俄堤以及开挖渠道、溢洪道等。在一定条件下，采用定向爆破方法修建上述建筑物，较之用常规方法可缩短施工工期、节约劳力和资金。

定向爆破主要是使抛掷爆破最小抵抗线方向符合预定的抛掷方向，并且在最小抵抗线方向事先造成定向坑，利用空穴聚能效应，集中抛掷，这是保证定向的主要手段。造成定向坑的方法，在大多数情况下，都是利用辅助药包，让它在主药包起爆前先爆，形成一个起走向坑作用的爆破漏斗。如果地形有天然的凹面可以利用，也可不用辅助药包。

用定向爆破堆筑堆石坝，如图 6-11（a）所示，药包设在坝顶高程以上的岸坡上。根据地形情况，可从一岸爆破或两岸爆破。定向爆破开挖渠道，如图 6-11（b）所示，在渠底埋设边行药包和主药包。边行药包先起爆，主药包的最小抵抗线就指向两边，在两边岩石尚未下落时，起爆主药包，中间岩体就连同原两边爆起的岩石一起抛向两岸。

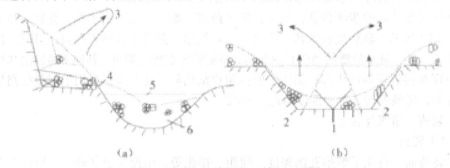

图6-11　定向爆破筑坝挖渠示意图

（a）筑坝；（b）挖渠

1主药包；2边行药包；3抛掷方向；4堆积体；5筑坝；6河床；7辅助药包

二、预裂爆破

进行石方开挖时，在主爆区爆破之前沿设计轮廓线先爆出一条具有一定宽度的贯穿裂缝，以缓冲、反射开挖爆破的振动波，控制其对保留岩体的破坏影响，使之获得较平整的开挖轮廓，此种爆破技术为预裂爆破。在水利水电工程施工中，预裂爆破不仅在垂直、倾斜开挖壁面上得到广泛应用，在规则的曲面、扭曲面以及水平建基面等也采用预裂爆破。

预裂爆破的要求有以下几项：第一，预裂缝要贯通且在地表有一定开裂宽度。对于中等坚硬岩石，缝宽不宜小于1.0厘米；坚硬岩石的缝宽应达到0.5厘米；但在松软岩石上，缝宽在1.0厘米以上时，减振作用并未显著提高，应多做些现场试验，以利总结经验。如图6-12所示。第二，预裂面开挖后的不平整度不宜大于15厘米。预裂面不平整度通常是指预裂孔所形成的预裂面的凹凸程度，它是衡量钻孔和爆破参数合理性的重要指标，可依此验证、调整设计数据。第三，预裂面上的炮孔痕迹保留率应不低于80%，且炮孔附近岩石不出现严重的爆破裂隙。

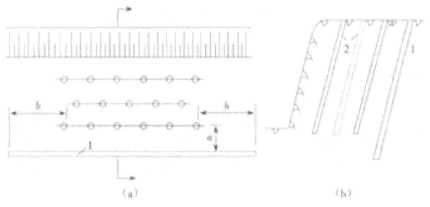

图6-12 预裂爆破布置图

（a）平面图；（b）剖面图

1预裂缝；2爆破孔

预裂爆破主要的技术措施有以下几点：第一，炮孔直径一般为50～200毫米，对深孔宜采用较大的孔径。第二，炮孔间距宜为孔径的8～12倍，坚硬岩石取小值。第三，不耦合系数（炮孔直径 d 与药卷直径 d_0 的比值）建议取2～4，坚硬岩石取小值。第四，线装药密度一般取250～400克/米。第五，药包结构形式，目前较多的是将药卷分散绑扎在传爆线上，如图6-13所示。分散药卷的相邻间距不宜大于50厘米，同时不大于药卷的殉爆距离。考虑到孔底的夹制作用较大，底部药包应加强，为线装药密度的2～5倍。第六，装药时距孔口1米左右的深度内不要装药，可用粗沙填塞，不必捣实。填塞段过短，容易形成漏斗，过长则不能出现裂缝。

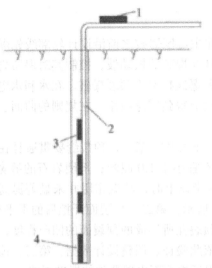

图6-13 预裂爆破装药结构图

1雷管；2导爆索；3.药包；4.底部加强药包

三、光面爆破

光面爆破也是控制开挖轮廓的爆破方法之一，如图 6-14 所示。它与预裂爆破的不同之处在于，光面爆孔的爆破是在开挖主爆孔的药包爆破之后进行的。它可以使爆裂面光滑平顺，超欠挖均很少，能近似形成设计轮廓要求的爆破。光面爆破一般多用于地下工程的开挖，露天开挖工程中用得比较少，只是在一些有特殊要求或者条件有利的地方使用。

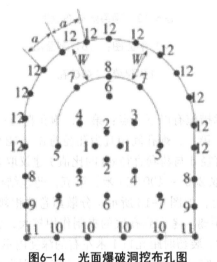

图6-14 光面爆破洞挖布孔图

1～12炮孔孔段编号

光面爆破的要领是孔径小、孔距密、装药少、同时爆。

光面爆破主要参数的确定：炮孔直径宜在 50 毫米以下；最小抵抗线 W 通常采用 1 ~ 3 米，或用 W=（7 ~ 20）D 计算；炮孔间距 a=（0.6 ~ 0.8）W；单孔装药量用线装药密度 Qx 表示，即 Qx=kaW。式中 D 为炮孔直径；k 为单位耗药量。

四、岩塞爆破

岩塞爆破系一种水下控制爆破。在已建成的水库或天然湖泊内取水发电、灌溉、供水或泄洪时，为修建隧洞的取水工程，避免在深水中建造围堰，采用岩塞爆破是一种经济而有效的方法。它的施工特点是先从引水隧洞出口开挖，直到掌子面到达库底或湖底邻近，然后预留一定厚度的岩塞，待隧洞和进口控制闸门井全部建完后，一次将岩塞炸除，使隧洞和水库连通。岩塞布置如图 6-15 所示。

岩塞的布置应根据隧洞的使用要求、地形、地质因素来确定。岩塞宜选择在覆盖层薄、岩石坚硬完整且层面与进口中线交角大的部位，特别应避开节理、裂隙、构造发育的部位。岩塞的开口尺寸应满足进水流量的要求。岩塞厚度应为开口直径的 1 ~ 1.5 倍。太厚难于一次爆通，太薄则不安全。

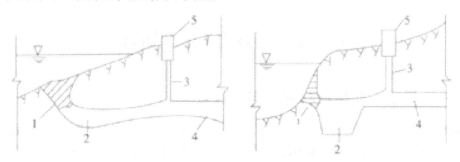

图6-15 岩塞爆破布置图

（a）设缓冲坑；（b）设集渣坑

1岩塞；2集渣坑；3闸门井；4引水隧洞；5操纵室

水下岩塞爆破装药量计算，应考虑岩塞上静水压力的阻抗，用药量应比常规抛掷爆破药量增大 20% ~ 30%。为了控制进口形状，岩塞周边采用预裂爆破以减震防裂。

五、微差控制爆破

微差控制爆破是一种应用特制的毫秒延期雷管，以毫秒级时差顺序起爆各个（组）药包的爆破技术。其原理是把普通齐发爆破的总炸药能量分割为多数较小的能量，采取合理的装药结构，最佳的微差间隔时间和起爆顺序，为每个药包创造多面临空条件，将齐发大量药包产生的地震波变成一长串小幅值的地震波，同时，各药包产生的地震波相互干涉，从而降低地震效应，把爆破震动控制在给定水平之下，爆破布孔和起爆顺序有成排顺序式、排内间隔式（又称 V 形式）、对角式、波浪式、径向式等。在由它组合变换成的其他形式中，以对角式效果最好，成排顺序式最差。采用对角式时，应使实际孔距与抵抗线比大于 2.5，对软石可为 6 ~ 8；相同段爆破孔数根据现场情况和一次起爆的允许炸药量而定，装药结构一般采用空气间隔装药或孔底留空气柱的方式，所留空气间隔的长度通常为药柱长度的 20% ~ 35%。间隔装药可用导爆索或电雷管齐发或孔内微差引爆，后者能更有效降震，爆破采用毫秒延迟雷管。最佳微差间隔时间一般取 3 ~ 6W（W 为最小抵抗线，单位为米），刚性大的岩石取下限。

一般而言，相邻两炮孔爆破时间间隔宜控制在 20 ~ 30 毫秒，不宜过大或过小；爆破网路宜采取可靠的导爆索与继爆管相结合的爆破网路，每孔至少一根导爆索，确保安全起爆；非电爆管网路要设复线，孔内线脚要设有保护精施，避免装填时把线脚拉断；导爆索网路联结要注意搭接长度、拐弯角度、接头方向，并捆扎牢固，不得松动。

微差控制爆破能有效地控制爆破冲击波、震动、噪音和飞石；操作简单、安全、迅速；可近火爆破而不造成伤害；破碎程度好，可提高爆破效率和技术经济效益。但该网路设计较为复杂，需要特殊的毫秒延期雷管及导爆材料。微差控制爆破适用于开挖岩石地基、挖掘沟渠、拆除建筑物和基础以及用于工程量与爆破面积较大，对截面形状、规格、减震、飞石、边坡后面有严格要求的控制爆破工程。

第五节　爆破施工安全知识

一、爆破、起爆材料的储存与保管

爆破材料应储存在干燥、通风良好、相对湿度不大于 65% 的仓库内，库内温度应保持在 18 ~ 30℃；在周围 5 米内的范围，须清除一切树木和草皮。库房应有避雷装置，接地电阻不大于 10 欧姆。库内应有消防设施。

爆破材料仓库与民房、工厂、铁路、公路等应有一定的安全距离。炸药与雷管（导爆索）须分开贮存，两库房的安全距离不应小于有关规定。同一库房内不同性质、批号的炸药应分开存放，严防虫鼠等啃咬。

炸药与雷管成箱（盒）堆放要平稳、整齐。成箱炸药宜放在木板上，堆摆高度不得超过 1.7 米，宽不超过 2 米，堆与堆之间应留有不小于 1.3 米的通道，药堆与墙壁之间的距离不应小于 0.3 米。

要严格控制施工现场临时仓库内爆破材料贮存数量，炸药不得超过 3 吨，雷管不得超过 10000 个和相应数量的导火索。雷管应放在专用的木箱内，离炸药不少于 2 米的距离。

二、装卸、运输与管理

爆破材料的装卸均应轻拿轻放，不得受到摩擦、震动、撞击、抛掷或转倒。堆放时要摆放平稳，不得散装，改装或倒放。

爆破材料应使用专车运输，炸药与起爆材料、硝铵炸药与黑火药均不得在同一车辆、车厢装运。用汽车运输时，装载不得超过允许载重量的 2/3，行驶速度不应超过 20 千米/小时。

三、爆破操作安全要求

装填炸药应按照设计规定的炸药品种、数量、位置进行。装药要分次装入，用竹棍轻轻压实，不得用铁棒或用力压入炮孔内，不得用铁棒在药包上钻孔安设雷管或导爆索，必须用木或竹棒进行。当孔深较大时，药包要用绳子吊下，或用木制炮棍护送，不允许直接往孔内丢药包。

起爆药卷（雷管）应设置在装药全长的 1/3～1/2 位置上（从炮孔口算起），雷管应置于装药中心，聚能穴应指向孔底，导爆索只许用锋利刀一次切割好。

遇有暴风雨或闪电打雷时，应禁止装药、安设电雷管和联结电线等操作。

在潮湿条件下进行爆破，药包及导火索表面应涂防潮剂加以保护，以防受潮失效。

爆破孔洞的堵塞应保证要求的堵塞长度，充填密实不漏气。填充直孔可用干细沙土、沙子、黏土或水泥等惰性材料。最好用 1：3～1：2（黏土：粗沙）的土沙混合物，含水量在 20%，分层轻轻压实，不得用力挤压。水平炮孔和斜孔宜用 2：1 土沙混合物，做成直径比炮孔小 5～8 毫米，长 100～150 毫米的圆柱形炮泥棒填塞密实。填塞长度应大于最小抵抗线长度的 10%～15%，在堵塞时应注意勿捣坏导火索和雷管的线脚。

导火索长度应根据爆破员在完成全部炮眼和进入安全地点所需的时间来确定，其最短长度不得少于 1 米。

四、爆破安全距离

爆破时，应划出警戒范围，立好标志，现场人员应退到安全区域，并有专人警戒，以防爆破飞石、爆破地震、冲击波以及爆破毒气对人身造成伤害。

爆破飞石、空气冲击波、爆破毒气对人身以及爆破震动对建筑物影响的安全距离计算方法如下。

（1）爆破地震安全距离

目前国内外爆破工程多以建筑物所在地表的最大质点振动速度作为判别爆破震动对建筑物的破坏标准。通常采用的经验公式为 $v=K((Q1/3)/R)a$，式中 v 为爆破地震对建筑物（或构筑物）及地基产生的质点垂直振动速度，单位为厘米/秒；K 为与岩土性质、地形和爆破条件有关的系数，在土中爆破时，K=150～200，在岩石中爆破时，K=100～150；Q 为同时起爆的总装药量，单位为千克；R 为药包中心到某一建筑物的距离，单位为米；a 为爆破地震随距离衰减系数，可按 1.5～2.0 考虑。

观测成果表明：当 V=10～12 厘米/秒时，一般砖木结构的建筑物便可能破坏。

（二）爆破空气冲击波安全距离

公式为 $Rk=KkQ1/2$ 式中 R 为爆破冲击波的危害半径，单位为米；Kk 为系数，对于人来说，Kk=5～10，对建筑物要求安全无损时，裸露药包 Kk==50～150，埋入药包 Kk=10～50；Q 为同时起爆的最大的一次总装药量，单位为千克。

（三）个别飞石安全距离（Rf）

公式为 $Rf=20n2W$。式中 n 为最大药包的爆破作用指数；W 为最小抵抗线，单位为米。

实际采用的飞石安全距离不得小于下列数值：裸露药包 300 米，浅孔或深孔爆破 200 米，洞室爆破 400 米。对于顺风向的安全距离应增大一倍。

（四）爆破毒气的危害范围

在工程实践中，常采用下述经验公式来估算有毒气体扩散安全距离（Rg）：$Rg=KgQ1/3$ 式中 Rg 为有毒气体扩散安全距离，单位为米；Kg 为系数，根据有关资料，Kg 的平均值为 160；Q 为爆破总装药量，单位为千克。

五、爆破防护覆盖方法

基础或地面以上构筑物爆破时，可在爆破部位上铺盖湿草垫或草袋（内装少量沙土）作为头道防线，再在其上铺放胶管帘或胶垫，外面再以帆布棚覆盖，用绳索拉住捆紧，以阻挡爆破碎块，降低声响。

对离建筑物较近或在附近有重要设备的地下设备基础爆破，应采用橡胶防护垫（用废汽车轮胎编织成排），环索联结在一起的粗圆木、铁丝网、脚手板等护盖其上防护。

对一般破碎爆破，防飞石可用韧性好的铁丝爆破防护网、布垫、帆布、胶垫、旧布垫、荆笆、草垫、草袋或竹帘等作防护覆盖。

对平面结构，如钢筋混凝土板或墙面的爆破，可在板（或墙面）上架设可拆卸的钢管架子（或活动式），上盖铁丝网，再铺上内装少量沙土的草包形成一个防护罩防护。

爆破时，为保护周围建筑物及设备不被打坏，可在其周围用厚度为 5 厘米的木板加以掩护，并用铁丝捆牢，距炮孔距离不得小于 50 厘米。如爆破体靠近钢结构或需保留部分，必须用沙袋加以保护，其厚度不小于 50 厘米。

六、瞎炮的处理方法

通过引爆而未能爆炸的药包叫瞎炮。处理之前，必须查明拒爆原因，然后根据具体情况慎重处理。

（一）重爆法

瞎炮是因为炮孔外的电线电阻、导火索或电爆网（线）路不合要求而造成的，经检查可燃性和导电性能完好，纠正后，可以重新接线起爆。

（二）诱爆法

当炮孔不深（在 50 厘米以内）时，可用裸露爆破法炸毁；当炮孔较深时，距炮孔近旁 60 厘米处（用人工打孔 30 厘米以上），钻（打）一个与原炮孔平行的新炮孔，再重新装药起爆，将原瞎炮销毁。钻平行炮孔时，应将瞎炮的堵塞物掏出，插入一根木棍，作为钻孔的导向标志。

（三）掏炮法

可用木制或竹制工具，小心地将炮孔上部的堵塞物掏出；如果是硝铵类炸药，可用低压水浸泡并冲洗出整个药包，或以压缩空气和水混合物把炸药冲出来，将拒爆的雷管销毁，或将上部炸药掏出部分后，再重新装入起爆药包起爆。

在处理瞎炮时，严禁把带有雷管的药包从炮孔内拉出来，严禁拉动电雷管上的导火索或雷管脚线，把电雷管从药包内拔出来，严禁掏动药包内的雷管。

第七章　水利水电施工进度规划

第一节　工程项目进度计划编制

一、工程项目进度计划编制

工程项目进度管理，是指在项目实施过程中，对各阶段的进展程度和项目最终完成的期限所进行的管理。其目的是保证项目能在满足其时间约束条件前提下实现其总体目标。它与项目投资管理、项目质量管理等同为项目管理的重要组成部分，它们之间有着相互依赖和相互制约的关系。工程管理人员在实际工作中要对这三项工作全面、系统、综合地加以考虑，正确处理好进度、质量和投资的关系，提高工程建设的综合效益。

（一）工程项目进度计划的编制依据

1. 工程项目承包合同及招标投标书
2. 工程项目全部设计施工图纸及变更洽商
3. 工程项目所在地区位置的自然条件和技术经济条件
4. 工程项目预算资料、劳动定额及机械台班定额等
5. 工程项目拟采用的主要施工方案及措施、施工顺序、流水段划分等
6. 工程项目需要的主要资源

主要包括劳动力状况、机具设备能力、物资供应来源条件等。

7. 建设方、总承包方及政府主管部门对施工的要求
8. 现行规范、规程和技术经济指标等有关技术规定

（二）工程项目进度计划的编制步骤

1. 确定进度计划的目标、性质和任务
2. 进行工作分解，确定各项作业持续时间
3. 收集编制证据
4. 确定工作的起止时间及里程碑
5. 处理各工作之间的逻辑关系
6. 编制进度表

7.编制进度说明书

8.编制资源需要量及供应平衡表

9.报有关部门批准

（三）工程项目进度计划按表示方法的分类

1.横道图表示工程项目进度计划

横道图又称甘特（Gatt）图，是被广泛应用的进度计划表达方式，横道图通常在左侧垂直向下依次排列工程任务的各项工作名称，而在右边与之紧邻的时间进度表中则对应各项工作逐一绘制横道线，使每项工作的起止时间均可由横道线的两个端点来表示。

如某拦河闸工程有3个孔闸，每孔净宽5m。闸身为钢筋混凝土结构，平底板，闸墩高5m，上部有公路桥、工作桥和工作便桥。岸墙采用重力式混凝土结构，上、下游两侧为重力式浆砌块石翼墙。总工期为8个月，采取明渠导流。进度要求：第一年汛后4月开始施工准备工作，第二年1月底完成闸塘土方开挖，2月起建筑物施工，汛前5月底完工。

进度计划安排要点如下：应以混凝土工程、吊装工程为骨干，再安排砌石工程和土方回填。导流工程要保证1月的闸塘开挖。准备工作要保证2月的混凝土浇筑。混凝土工程应以底板、墩墙、工作桥排架、启闭机安装为主线，吊装前1个月完成预制任务（也可提前预制）。砌石工程以翼墙墙身为主，护坦、护坡为辅。

横道图直观易懂，编制较为容易，它不仅能单一表达进度安排情况，而且还可以形成进度计划与资源，或资金供应与使用计划的各种组合，故使用非常方便，受到普遍欢迎。但横道图也存在不能明确地表达工作之间的逻辑关系，无法直接进行计划的各种时间参数计算，不能表明什么是影响计划工期的关键因素，不便于进行计划的优化与调整等明显缺点。横道图法适用于中小型水利工程进度计划的编制。

2.网络图表示工程项目进度计划

网络图是利用由箭线和节点所组成的网状图形来表示总体工程任务各项工作的系统安排的一种进度计划表达方式。例如，将土坝坝面划分为三个施工段，分三道工序组织流水作业，用网络图表示，如图7-1所示。

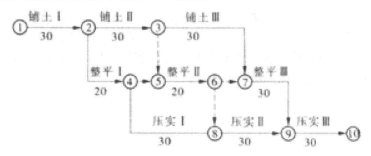

图7-1　网络图进度计划　（单位：天）

此外，表示进度计划的方法还有文字说明、形象进度表、工程进度线、里程碑时间图等。对同种性质的工程适用工程进度线表示进度计划和分析进度偏差，对线性工程如隧洞开挖衬砌，高坝施工可以采用形象进度图表示施工进度。施工进度计划常采用网络计划方法或横道图表示。在此重点介绍双代号和单代号网络图、时间坐标双代号网络图。

（四）双代号网络进度计划

网络计划技术的基本原理是：应用网络图形来表示一项计划中各项工作的开展顺序及其相互之间的关系；通过网络图进行时间参数的计算，找出计划中的关键工作和关键线路，能够不断改进网络计划，寻求最优方案，以最小的消耗取得最大的经济效果。在工程领域，网络计划技术的应用尤为广泛，被称为工程网络计划技术。

1.双代号网络进度计划的表示方法

双代号网络图是由若干表示工作或工序（或施工过程）的箭线和节点组成的，每一个工作或工序（或施工过程）都由一根箭线和两个节点表示，根据施工顺序和相互关系，将一项计划用上述符号从左向右绘制而成的网状图形，称为双代号网络图，如图7-1所示。

双代号网络图由箭线、节点、线路三个要素组成。其含义和特点如下。

（1）箭线

第一，在双代号网络图中，一根箭线表示一项工作（或工序、施工过程、活动等），如支立模板、绑扎钢筋等。所包括的工作内容可大可小，既可以表示一项分部工程，又可以表示某一建筑物的全部施工过程（一个单位工程或一个工程项目），也可以表示某一分项工程等。

第二，每一项工作都要消耗一定的时间和资源。只要消耗一定时间的施工过程都可作为一项工作。各施工过程用实箭线表示。

第三，在双代号网络图中，为了正确表达施工过程的逻辑关系，有时必须使用一种虚箭线，如图7-2中的③→⑤。这种虚箭线没有工作名称，不占用时间，不消耗资源，只解决工作之间的连接问题，称之为虚工作。虚工作在双代号网络计划中起施工过程之间逻辑连接或逻辑间断的作用。

第四，箭线的长短不按比例绘制，即其长短不表示工作持续时间的长短。箭线的方向在原则上是任意的，但为使图形整齐、醒目，一般应画成水平直线或垂直折线。

第五，双代号网络图中，就某一工作而言，紧靠其前面的工作称为紧前工作，紧靠其后面的工作称为紧后工作，该工作本身则称为本工作，与之平行的工作称为平行工作。工作间的关系表示图如图7-2所示。

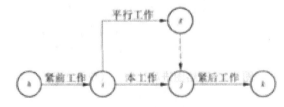

图7-2 工作间的关系表示图

2.节点

第一，网络图中表示工作或工序开始、结束或连接关系的圆圈称为节点。节点表示前道工序的结束和后道工序的开始。一项计划的网络图中的节点有开始节点、中间节点、结束节点三类。网络图的第一个节点为开始节点，表示一项计划的开始；网络图的最后一个节点称为结束节点，表示一项计划的结束；其余都称为中间节点，任何一个中间节点既是其紧前工作的结束节点，又是其紧后工作的开始节点，如图7-3所示。

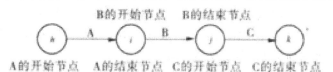

图7-3　节点示意图

第二，节点只是一个"瞬间"，它既不消耗时间，也不消耗资源。

第三，网络图中的每个节点都要编号。编号方法是：从开始点开始，从小到大，自左向右，从上到下，用阿拉伯数字表示。编号原则是：每一个箭尾节点的号码 i 必须小于箭头节点的号码 j（$i < j$）编号可连续，也可隔号不连续，但所有节点的编号不能重复。

3.线路

从网络图的开始节点到结束节点，沿着箭线的指向所构成的若干条"通道"即为线路。例如，图7-4中从开始①至结束⑥共有三条线路：①→②→④→⑤→⑥、①→②→③→⑤→⑥和①→②→③→④→⑤→⑥。其中，时间之和最大者称为关键线路，又称为主要矛盾线。如图7-4所示的①→②→③→④→⑤→⑥，工期为15天，为关键线路。关键线路用粗箭线或双箭线标出，以区别于其他非关键线路。在一项施工进度计划中有时会出现几条关键线路。关键线路在一定条件下会发生变化，关键线路可能会转化为非关键线路，而非关键线路也可能转化为关键线路。

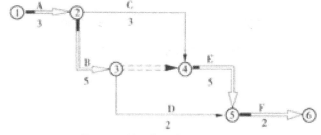

图7-4　某工程双代号网络计划

（二）双代号网络进度计划的绘制原则

网络计划必须通过网络图来反映，网络图的绘制是网络计划技术的基础。要正确绘制网络图，就必须正确地反映网络图的逻辑关系，遵守绘图的基本规则。

1. 双代号网络图必须正确表达已定的逻辑关系。

网络图的逻辑关系是指工作中客观存在的一种先后顺序关系和施工组织要求的相互制约、相互依赖的关系。逻辑关系包括工艺关系和组织关系。

工艺关系是由施工工艺决定的顺序关系，这种关系是确定的、不能随意更改的。如坝面作业的工艺顺序为铺土、平土和压实，这是在施工工艺上必须遵循的逻辑关系，不能违反。

组织关系是在施工组织安排中，综合考虑各种因素，在各施工过程中主观安排的先后顺序关系。这种关系不受施工工艺的限制，不由工程性质本身决定，在保证施工质量、安全和工期等前提下，可以人为安排。

2. 双代号网络图应只有一个开始节点和一个结束节点，如图7-5所示。

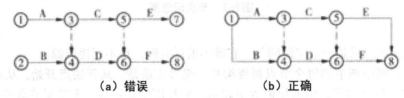

（a）错误　　　　　　　　（b）正确

图7-5　节点绘制规则示意图

3. 双代号网络图中，严禁出现编号相同的箭线，如图7-6所示。

4. 双代号网络图中，严禁出现循环回路。如图7-7（a）所示出现从某节点开始经过其他节点又回到原节点是错误的，正确的是图7-7（b）。

5. 双代号网络图中，严禁出现双向箭头和无箭头的连线。如图7-8所示为错误的表示方法。

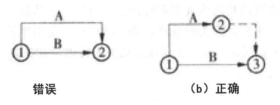

错误　　　　　　　　（b）正确

图7-6　箭线绘制规则示意图

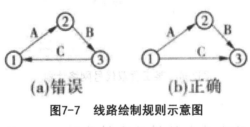

（a）错误　　　　　　　　（b）正确

图7-7　线路绘制规则示意图

（a）错误：双向箭头的连线　　　（b）错误：无箭头的连线

图7-8　箭头绘制规则示意图

双代号网络图中，严禁出现没有箭尾节点或箭头节点的箭线，如图 7-9 所示。

(a)错误:没有箭尾节点　(b)错误:没有箭头节点

图7-9　没有箭尾节点和剪头节点的箭线

当网络图中不可避免地出现箭线交叉时，应采用过桥法或断线法来表示。过桥法及断线法的表示如图 7-10 所示。

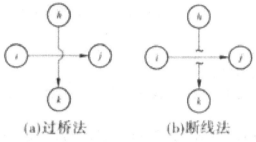

(a)过桥法　　　　　(b)断线法

图7-10　箭线交叉的表示方法

（8）当网络图的开始节点有多条外向箭线或结束节点有多条内向箭线时，为使图形简洁，可用母线法表示，如图 7-11 所示。

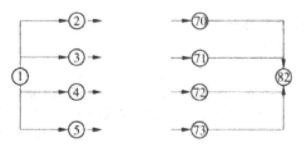

图7-11　母线法

（五）双代号时标网络计划

双代号时标网络计划（简称时标网络计划）是以时间为坐标尺度绘制的网络计划。时标的时间单位应根据需要在编制网络计划之前确定，可为小时、天、周、旬、月或季等。

时标网络计划以实箭线表示工作，以虚箭线表示虚工作，以波形线表示工作与其紧后工作之间的时间间隔。时标网络计划中的箭线宜用水平箭线或由水平段和垂直段组成的箭线，不宜用斜箭线。虚工作也宜如此，但虚工作的水平段应绘成波形线。

时标网络计划宜按各个工作的最早开始时间编制，即在绘制时应使节点、工作和虚工作尽量向左（网络计划开始节点的方向）靠，直至不出现逆向箭线和逆向虚箭线为止。

1.间接绘制法

间接绘制法是先绘制出非时标网络计划，确定出关键线路，再绘制时标网络计划。绘制时，先绘制关键线路，再绘制非关键工作，某些工作箭线长度不足以达到该工作的完成节点时，用波形线补足，箭头画在波形与节点连接处。

2.直接绘制法

直接绘制法是不需绘出非时标网络计划而直接绘制时标网络计划的。绘制步骤如下：

第一，将开始节点定位在时标表的起始刻度线上。

第二，按工作持续时间在时标表上绘制以网络计划开始节点为开始节点的工作的箭线。

第三，其他工作的开始节点必须在该工作的全部紧前工作都绘出后，定位在这些紧前工作最晚完成的时间刻度上。

某些工作的箭线长度不足以达到该节点时，用波形线补足，箭头画在波形线与节点连接处。

第四，用上述方法自左至右依次确定其他节点位置，直至网络计划结束节点定位绘完，网络计划的结束节点是在无紧后工作的工作全部绘出后，定位在最晚完成的时间刻度上。

时标网络计划的关键线路可由结束节点逆箭线方向朝开始节点逐次进行判定，自始至终都不出现波形线的线路即为关键线路。

（六）单代号网络计划

1.单代号网络图的表示方法

单代号网络图是网络计划的另一种表示方法。单代号网络图的一个节点代表一项工作（节点代号、工作名称、作业时间都标注在节点圆圈或方框内，见图7-12），而箭线仅表示各项工作之间的逻辑关系。因此，箭线既不占用时间，也不消耗资源。箭线仅用来表示工作之间的顺序关系。用这种表示方法把一项计划中所有工作按先后顺序和其相互之间的逻辑关系，从左至右绘制而成的图形，称为单代号网络图（或节点网络图，见图7-13）。用这种网络图表示的计划叫作单代号网络计划。

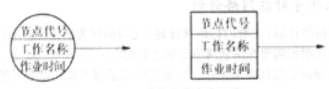

图7-12 单代号节点表示法

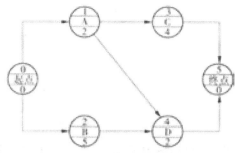

图7-13　单代号网络图

2.单代号网络图的绘制

单代号网络图和双代号网络图所表达的计划内容是一致的，两者的区别仅在于绘图的符号不同。单代号网络图的箭线的含义是表示顺序关系，节点表示一项工作；而双代号网络图的箭线表示的是一项工作，节点表示联系。在双代号网络图中出现较多的虚工作，而单代号网络图中没有虚工作。

（1）单代号网络图的绘图规则

第一，网络图必须按照已定的逻辑关系绘制。

第二，严禁在网络图中出现没有箭尾节点的箭线和没有箭头节点的箭线。

第三，绘制网络图时，宜避免箭线交叉。当交叉不可避免时，可采用过桥法、断线法表示。

第四，网络图中有多项开始工作或多项结束工作时，就大网络图的两端分别设置一项虚拟的工作，作为该网络图的开始节点及结束节点。

（2）绘制单代号网络图的方法和步骤

绘制单代号网络图的方法和步骤如下：

第一，根据已知的紧前工作确定出其紧后工作。

第二，确定出各工作的节点位置号。可令无紧前工作的工作节点位置号为零，其他工作的节点位置号等于其紧前工作的节点位置号的最大值加1。

第三，根据节点位置号和逻辑关系绘出网络图。

例如，已知单代号网络图的资料如表7-14所示，试绘制其单代号网络图。

表7-14　工作及其逻辑关系表

工作	A	B	C	D	E	F	G
紧前工作	无	无	无	B	B	C，D	F

绘出单代号网络图，如图7-15所示。

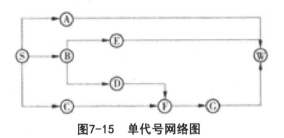

图7-15　单代号网络图

注意，图中Ⓢ和Ⓦ节点为网络图中虚拟的开始节点和结束节点。

第二节　网络计划时间参数的计算

网络计划时间参数计算的目的是：确定工期；确定关键线路、关键工作和非关键工作；确定非关键工作的机动时间。

一、双代号网络计划时间参数的概念及符号

① TE_i——节点 i 的最早时间；

② TL_i——节点 i 的最迟时间；

③ ES_{i-j}——工作 i-j 的最早开始时间；

④ EF_{i-j}——工作 i-j 的最早完成时间；

⑤ LS_{i-j}——工作 i-j 的最迟开始时间；

⑥ LF_{i-j}——工作 i-j 的最迟完成时间；

⑦ FF_{i-j}——工作 i-j 的自由时差；

⑧ TF_{i-j}——工作 i-j 的总时差；

⑨ D_{i-j}——工作 i-j 的持续时间。

计算双代号网络计划时间参数的方法有分析计算法、图上计算法、表上计算法、矩阵计算法、电算法等。在此仅介绍图上计算法，该法适用于工作较少的网络图。图上计算法标注的方法如图 7-16 所示。

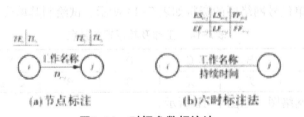

(a)节点标注　　　(b)六时标注法

图7-16　时间参数标注法

（一）图上计算法计算双代号网络计划时间参数的方法和步骤

1.节点最早时间（TE）

节点时间是指某个瞬时或时点，最早时间的含义是该节点前面工作全部完成后其

工作最早此时才可能开始。其计算规则是从网络图的开始节点开始，沿箭头方向逐点向后计算，直至结束节点。方法是"顺着箭头方向相加，逢箭头相碰的节点取最大值"。

计算公式是：

（1）起始节点的最早时间 $TEi=0$

（2）中间节点的最早时间 $TLi=\min[TLj+Di-j]$

2.节点最迟时间（TL）

节点最迟时间的含义是其前各工序最迟此时必须完成。其计算规则是从网络图结束节点开始，逆箭头方向逐点向前计算直至开始节点。方法是"逆着箭线方向相减，逢箭尾相碰的节点取最小值"。

计算公式是：

（1）结束节点的最迟时间：$TLn=TEn$（或规定工期）

（2）中间节点的最迟时间：$TLi=\min[TLj+Di-j]$。

3.工作最早开始时间（ES）

工作最早开始时间的含义是该工作最早此时才能开始。它受该工作开始节点最早时间控制，即等于该工作开始节点最早时间。

计算公式为

$$ESi-j=TEi$$

4.工作最早完成时间（EF）

工作最早完成时间的含义是该工作最早此时才能结束，它受该工作开始节点最早时间控制，即等于该工作开始最早时间加上该项工作的持续时间。

计算公式为

$$EFi-j=TEi+Di-j=ESi-j+Di-j$$

5.工作最迟完成时间（LF）

工作最迟完成时间的含义是该工作此时必须完成。它受工作结束节点最迟时间控制，即等于该项工作结束节点的最迟时间。

计算公式为

$$LFi-j=TLj$$

6.工作最迟开始时间（LS）

工作最迟开始时间的含义是该工作最迟此时必须开始。它受该工作结束节点最迟时间控制，即等于该工作结束节点的最迟时间减去该工作持续时间。

计算公式为

$$LSi-j=TLi-Di-j=LFi-j-Di-j$$

7.工作总时差（TF）

工作总时差的含义是该工作可能利用的最大机动时间。在这个时间范围内若延长或推迟本工作时间，不会影响总工期。求出节点或工作的开始和完成时间参数后，即可计算该工作总时差。其数值等于该工作结束节点的最迟时间减去该工作开始节点的最早时间，再减去该工作的持续时间。

计算公式为

$$TFi-j=TLi-TEi-Di-j=LFi-j-EFi-j=LSi-j-ESi-j$$

工作总时差主要用于控制计划总工期和判断关键工作。凡是总时差为最小的工作就是关键工作，其余工作就是非关键工作。

8.工作自由时差（EF）

工作自由时差的含义是在不影响后续工作按最早可能开始时间开始的前提下，该工作能够自由支配的机动时间。其数值等于该工作结束节点的最早时间减去该工作开始节点的最早时间再减去该工作的持续时间。

计算公式为

$$FFi-j=TEj-TEi-Di-j=ESj-k-ESi-j-Di-j=ESj-k-EFi-j$$

（二）确定关键线路

1.根据总时差确定关键线路

方法是：根据计算的总时差来确定关键工作，总时差最小的工作是关键工作，将关键工作依次连接起来组成的线路即为关键线路。关键工作一般用双箭线或粗黑箭线表示。

2.用标号法确定关键线路

①设网络计划开始节点①的标号值为零：

$$b1=0$$

②其他节点的标号值等于以该节点为完成节点的各个工作的开始节点标号值加其持续时间之和的最大值，即

$$bj=max[bi+Di-j]$$

从网络计划的开始节点顺着箭线方向按节点编号从小到大的顺序逐次算出标号值，并标注在节点上方。宜用双标号法进行标注，即用源节点（得出标号值的节点）作为第一标号，用标号值作为第二标号。

③将节点都标号后，从网络计划结束节点开始，从右向左按源节点寻求出关键线路。网络计划结束节点的标号值即为计算工期。

二、时标网络计划时间参数的确定

从时标图上观察可以确定以下参数。

关键线路：从结束节点向开始节点逆箭杆观察，自始至终没有波浪线的通路即为关键线路。

最早开始时间：工作箭线左端节点中心所对应的时标值为该工作的最早开始时间。

最早完成时间：如箭线右段无波纹线，则该箭线右端节点中心所对应的时标值为该工作的最早完成时间。

自由时差：时标网络计划上波纹线的长度即为自由时差。

总时差：从结束节点向开始节点推算，紧后工作的总时差的最小值与本工作的自由时差之和，即为本工作的总时差。

三、单代号网络图时间参数的计算

（一）计算最早开始时间和最早完成时间

网络计划中各项工作的最早开始时间和最早完成时间的计算应从网络计划的开始节点开始，顺着箭线方向依次逐项计算。网络计划的开始节点的最早开始时间为0。如开始节点的编号为1，则：

$ES_i=0$（$i=1$）

工作最早完成时间等于该工作最早开始时间加上其持续时间，即

$EF_i=ES_i+D_i$

工作最早开始时间等于该工作的各个紧前工作的最早完成时间的最大值。

（二）网络计划的计算工期

网络计划的计算工期等于网络计划的结束节点 n 的最早完成时间即

$T_c=EF_n$

（三）相邻两项工作之间的时间间隔

相邻两项工作 i 和 j 之间的时间间隔 LAG_{i-j} 等于紧后工作 j 的最早开始时间 ES_j 和本工作的最早完成时间 EF_i 之差，即

$LAG_{i-j}=ES_j-EF_i$

（四）工作总时差

工作 i 的总时差 TF_i 应从网络计划的结束节点开始，逆着箭线方向依次逐项计算。网络计划结束节点的总时差等于计划工期减去计算工期。

其他工作 i 的总时差 TF_i 等于该工作的各个紧后工作 j 的总时差 TF_j 加该工作与其紧后工作之间的时间间隔 LAG_{i-j} 之和的最小值，即

$TF_i=\min\{TF_j+LAG_{i-j}\}$

（五）工作自由时差

若工作 i 无紧后工作，其自由时差 FF_j 等于计划工期 TP 减该工作的最早完成时间时 EF_n 即

$FF_j=TP-EF_n$

当工作 i 有紧后工作 j 时，其自由时差 FF_i，等于该工作与其紧后工作 j 之间的时间间隔 LAG_{i-j} 的最小值，即

$FF_i=\min[LAG_{i-j}]$

（六）工作的最迟开始时间和最迟完成时间

网络计划结束节点所代表的工作的最迟完成时间应等于计划工期，即 $LF=T$；其他工作最迟完成时间等于该工作的紧后工作的最迟开始时间的最小值，即

LFi=minLSj=min[LFj–Dj]（i＜j）

工作的最迟开始时间等于最迟完成时间减去该工作的持续时间。

（七）关键工作和关键线路的确定

关键工作：总时差最小的工作是关键工作。

关键线路的确定按以下规定：从开始节点开始到结束节点均为关键工作，且所有工作的时间间隔为零的线路为关键线路。

四、单代号搭接网络图时间参数的计算

（一）单代号搭接网络计划

在单代号搭接网络图中，绘制方法、绘制规则与一般单代号网络图相同，不同的是，工作间的搭接关系用时距关系表达。时距就是前后工作的开始或结束之间的时间间隔，可表达出以下五种搭接关系。

1.开始到开始的关系（STS）

开始到开始的关系是指前面工作的开始到后面工作开始之间的时间间隔，表示前项工作开始后，要经过 STS 时距后，后项工作才能开始。如图 7–17（a）所示，某基坑挖土（A 工作）开始 3 天后，完成了一个施工段，垫层（B 工作）才可开始。

2.结束到开始的关系（FTS）

结束到开始的关系是指前面工作的结束到后面工作开始之间的时间间隔，表示前项工作结束后，要经过 F7S 时距后，后项工作才能开始。如图 7–17（b）所示，某工程窗油漆（A 工作）结束 3 天后，油漆干燥了，再安装玻璃（B 工作）。

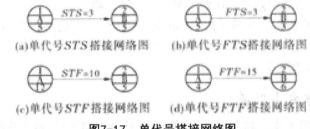

(a)单代号STS搭接网络图　　(b)单代号FTS搭接网络图

(c)单代号STF搭接网络图　　(d)单代号FTF搭接网络图

图7-17　单代号搭接网络图

当 FTS 时距等于零时，即紧前工作的完成到本工作的开始之间的时间间隔为零，这就是一般单代号网络图的正常连接关系，所以可以将一般单代号网络图看成是单代号搭接网络图的一个特殊情况。

3.开始到结束的关系（STF）

开始到结束的关系是指前面工作的开始到后面工作结束之间的时间间隔，表示前项工作开始后，经过 STF 时距后，后项工作必须结束。如图 7–17（c）所示，某工程梁模板（A 工作）开始后，钢筋加工（B 工作）何时开始与模板没有直接关系，只要保证在 10 天内完成即可。

4. 结束到结束的关系（FTF）

结束到结束的关系是指前面工作的结束到后面工作结束之间的时间间隔，表示前项工作结束后，经过时距后，后项工作必须结束：如图 7-17（d）所示，某工程楼板浇筑（A 工作）结束后，模板拆除（B 工作）安排在 15 天内结束，以免影响上一层施工。

5. 混合连接关系

在搭接网络计划中除上面的四种基本连接关系外，还有一种情况，就是同时由 STS、FTS、STF、FTF 四种基本连接关系中两种以上来限制工作间的逻辑关系。

（二）单代号搭接网络计划时间参数的计算

1. 工作最早开始时间和最早完成时间

工作最早开始时间和最早完成时间的计算应从网络计划的开始节点开始，顺着箭线方向依次进行。

一般搭接网络的开始节点为虚节点，故与网络计划开始节点相联系的工作，其最早开始时间为零，即

$$ES_i=0 \tag{7-1}$$

与网络计划开始节点相联系的工作，其最早完成时间应等于其最早开始时间与持续时间之和，即

$$EF_i=D_i \tag{7-2}$$

其他工作的最早开始时间和最早完成时间应根据时距按下列公式计算：

相邻时距为 STS 时

$$ES_j=ES_i+STS_{i-j} \tag{7-3}$$

相邻时距为 FTF 时

$$ES_j=ES_i+D_i+FTF_{i-j}-D_j \tag{7-4}$$

相邻时距为 STF 时

$$ES_j=ES_i+STF_{i-j}-D_j \tag{7-5}$$

相邻时距为 FTS 时

$$ES_j=ES_i+D_i+ETS_{i-j} \tag{7-6}$$

当有多项紧前工作或有混合连接关系时，分别按式（7-3）~式（7-6）计算，取最大值为工作最早开始时间。

当出现最早开始时间为负值时，应将该工作与开始节点用虚箭线相连接，并确定其时距为

$$STS=0 \tag{7-7}$$

工作最早完成时间按下式计算：

$$EF_j=ES_j+D_j \tag{7-8}$$

当出现有最早完成时间的最大值的中间工作时，应将该工作与结束节点用虚箭线相连接，并确定其时距为

$$FTF=0 \qquad (7-9)$$

2. 网络计划的计算工期 Tc

一般搭接网络的结束为虚节点，TC 等于网络计划的结束节点 n 的最早完成时间 EFn，即：

$$TC=EFn \qquad (7-10)$$

3. 相邻两项工作之间的时间间隔 LAGi-j

相邻两项工作在满足时距外，如还有多余的时间间隔，则按下列公式计算：

相邻时距为 STS 时，如 ESj > ESi+STSi-j 则时间间隔为

$$LAGi-j=ESj-（ESi+STSi-j） \qquad (7-11)$$

相邻时距为 FTF 时，EFj > EFi+FTFi-j，则时间间隔为

$$LAGi-j=EFj-（EFi+FTFi-j） \qquad (7-12)$$

相邻时距为 STF 时，EFj > ESi+STFi-j，则时间间隔为

$$LAGi-j=EFj-（EFiSTFi-j） \qquad (7-13)$$

相邻时距为 FTS 时，ESj > EFi+FTSi-j，则时间间隔为

$$LAGi-j=ESj-（EFi+FTSi-j） \qquad (7-14)$$

当相邻两项工作存在混合连接关系时，分别按式（7-11）~式（7-14）计算，取最小值为工作时间间隔。

当相邻两项工作无时距时，为一般单代号网络，按式（7-15）计算：

$$LAGi-j=ESj-EFi \qquad (7-15)$$

4. 工作总时差 TFi

工作 i 的总时差 TFi 应从网络计划的结束节点开始，逆着箭线方向依次逐项计算。

网络计划结束节点 n 的总时差为 TFn，如计划工期等于计算工期，其值为零，按式（7-16）计算：

$$TFn=TP-EFn=0 \qquad (7-16)$$

其他工作 i 的总时差 TFi 等于该工作的各个紧后工作 j 的总时差 TFj 加该工作与其紧后工作之间的时间间隔 LAGi-j 之和的最小值，按式（7-17）计算：

$$TFi=min[TFj+LAGi-j] \qquad (7-17)$$

5. 工作自由时差 FFi

网络计划结束节点 n 的自由时差 FFi 等于计划工期 TP 减去该工作的最早完成时间时 LAGi-j 按式（7-18）计算：

$$FFi=Tp-EFn \qquad (7-18)$$

其他工作 i 的自由时差 FFi 等于该工作与其紧后工作 j 之间的时间间隔 LAGi-j 最小值，按式（7-19）计算：

$$FFi=minLAGi-j] \qquad (7-19)$$

6.工作的最迟开始时间和最迟完成时间

网络计划结束节点 n 的最迟完成时间 LFn 应按网络计划的计划工期确定，按式（7-20）计算：

$$LFn=Tp \qquad (7-20)$$

其他工作 i 的最迟完成时间 LFi 等于该工作的最早完成时间 EF，加上其总时差 TF，之和，按式（7-21）计算：

$$LFi=EFi+TFi \qquad (7-21)$$

工作 I 的最迟开始时间 LSi 等于该工作的最早开始时间 ESi 加上其总时差 TFi 之和，按式（7-22）、式（7-23）计算：

$$LSi=ESi+TFi \qquad (7-22)$$

$$LSi=LFi-Di \qquad (7-23)$$

（三）关键工作和关键线路的确定

1.关键工作

总时差最小的工作是关键工作：

2.关键线路的确定

从开始节点开始到结束节点均为关键工作，且所有工作的时间间隔为零的线路为关键线路。

单代号网络计划时间参数计算如图 7-18 所示。

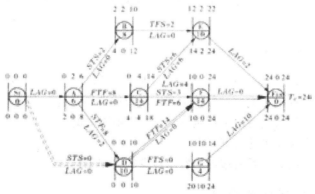

图7-18　某工程单代号搭接网络计划计算

第三节　网络计划优化

根据工作之间的逻辑关系，可以绘制出网络图，计算时间参数，得到关键工作和关键线路。但这只是一个初始网络计划，还需要根据不同要求进行优化，从而得到一个满足工程要求、成本低、效益好的网络实施计划。

网络计划优化，就是在满足既定的约束条件下，按某一目标，通过不断调整，寻找最优网络计划方案的过程。如计算工期大于要求工期，就要压缩关键工作持续时间以缩短工期，称为工期优化；如某种资源供应有一定的限制，就要调整工作安排以经济有效地利用资源，称为资源优化；如要降低工程成本，就要重新调整计划以满足最低成本要求，称为费用优化。在工程施工中，工期目标、资源目标和费用目标是相互影响的，必须综合考虑各方面的要求，力求获得最好的效果，得到最优的网络计划。

网络计划优化的原理主要有两个：第一是压缩关键工作持续时间，以优化工期目标、费用目标；第二是调整非关键工作的安排，以优化资源目标。

一、工期优化

网络工期优化是指当计算工期不能满足要求工期时，通过压缩关键工作的持续时间满足工期要求的过程。

（一）压缩关键工作的原则

工期优化通常通过压缩关键工作的持续时间来实现。在这一过程中，要注意以下两个原则：

第一，不能将关键工作压缩为非关键工作。

第二，当出现多条关键线路时，要将各条关键线路作相同程度的压缩；否则，不能有效缩短工期。

（二）压缩关键工作的选择

在对关键工作的持续时间进行压缩时，要注意到其对工程质量、施工安全、施工成本和施工资源供应的影响。一般按下列因素择优选择关键工作进行压缩：

第一，缩短持续时间后对工程质量、安全影响不大的关键工作。

第二，备用资源充足的关键工作。

第三，缩短持续时间后所增加的费用最少的关键工作。

（三）工期优化的步骤

第一，计算并找出初始网络计划的计算工期、关键线路及关键工作

第二，按要求工期确定应压缩的时间 ΔT，即

$$\Delta T = Tc - Tr$$

式中　Tc——计算工期；

Tr——要求工期。

第三，确定各关键工作可能的压缩时间。

第四，按优先顺序选择将要压缩的关键工作，调整其持续时间，并重新计算网络计划的计算工期。

第五，当计算工期仍大于要求工期时，则重复上述步骤，直到满足工期要求或工期不能再压缩为止。

第六，当所有关键活动的持续时间均压缩到极限，仍不能满足工期要求时，应对计划的原技术、组织方案进行调整，或对要求工期进行重新审定。

二、资源优化

所谓资源，是指完成工程项目所需的人力、材料、机械设备和资金等的统称。在一定的时期内，某个工程项目所需的资源量基本上是不变的，一般情况下，受各种条件的制约，这些资源也是有一定限量的。因此，在编制网络计划时，必须对资源进行统筹安排，保证资源需要量在其限量之内且尽量均衡。资源优化就是通过调整工作之间的安排，使资源按时间的分布符合优化的目标，

资源优化可分为资源有限、工期最短和工期固定、资源均衡两类问题。

（一）资源有限、工期最短的优化

资源有限、工期最短的优化是指在资源有限的条件下，保证各工作的单位时间的资源需要量不变，寻求工期最短的施工计划过程。

1.资源有限、工期最短的优化步骤

第一，根据工程情况，确定资源在一个时间单位的最大限量 Ra。

第二，按最早时间参数绘制双代号时标网络图，根据各个工作在单位时间的资源需要量，统计出每个时间单位内的资源需要量 Rt。

第三，从左向右逐个时间单位进行检查。当 Rt ≤ Ra 时，资源符合要求，不需调整工作安排；当 Rt > Ra 时，资源不符合要求，按工期最短的原则调整工作安排，即选择一项工作向右移到另一项工作的后面，使 Rt ≤ Ra，同时使工期延长的时间 ΔD 最小。

若将 i–j 工作移到 m–n 之后，则使工期延长的时间为：

$$\Delta Dm\text{-}n,i\text{-}j = EFm\text{-}n + Di\text{-}j - LFi\text{-}j = EFm\text{-}n - LSi\text{-}j$$

第四，绘制出调整后的时标网络计划图。

第五，重复上述（2）~（4）步骤，直至所有时间单位内的资源需要量都不超过资源最大限量，资源优化即告完成。

（二）工期固定、资源均衡的优化

工期固定、资源均衡的优化是指在工期保持不变的条件下，使资源需要量尽可能分布均衡的过程。也就是在资源需要量曲线上尽可能不出现短期高峰或长期低谷情况，力求使每天资源需要量接近于平均值。

工期固定、资源均衡的优化方法有多种，如方差值最小法、极差值最小法、削峰法等。以下仅介绍削峰法，即利用非关键工作的机动时间，在工期固定的条件下，使得资源峰值尽可能减小。

1.工期固定、资源均衡的优化步骤

第一，按最早时间参数绘制双代号时标网络图，根据各个工作在每个时间单位的资源需要量，统计出每个时间单位内的资源需要量 Rt。

第二，找出资源高峰时段的最后时刻孔，计算非关键工作如果向右移到 Th 处，还剩下的机动时间 $\Delta Ti\text{-}j$ 即

$$\Delta Ti\text{-}j = TFi\text{-}j - (Th - ESi\text{-}j)$$

当 $\Delta Ti\text{-}j \geqslant 0$ 时，则说明该工作可以向右移出高峰时段，使得峰值减小，并且不影响工期。当有多个工作项 $\Delta Ti\text{-}j \geqslant 0$，应选择 $\Delta Ti\text{-}j$ 值最大的工作向右移出高峰时段。

第三，绘制出调整后的时标网络计划图。

第四，重复上述（2）~（3）步骤，直至高峰时段的峰值不能再减少，资源优化即告完成。

（三）费用优化

费用优化又称为工期成本优化，即通过分析工期与工程成本（费用）的相互关系，寻求最低工程总成本（总费用）。

1.工期和费用的关系

工程费用包括直接费用和间接费用两部分，直接费是直接投入到工程中的成本，即在施工过程中耗费的人工费、材料费、机械设备费等构成工程实体相关的各项费用；而间接费是间接投入到工程中的成本，主要由公司管理费、财务费用和工期变化带来的其他损益（如效益增量和资金的时间价值）等构成。一般情况下，直接费用随工期的缩短而增加，与工期成反比；间接费用随工期的缩短而减少，与工期成正比。如图7-18的工期—费用曲线中，总存在一个最低的点，即最低总成本 C0 与此相对应的工期为最优工期 T0，这就是费用优化所寻求的目标。

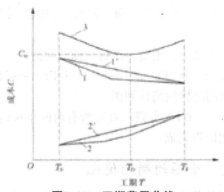

图7-18 工期费用曲线

1、1′—直接费用曲线、直线；2 2′—间接费用曲线、直线；3—总费用曲线；

Ts—最短工期；T0—最优工期；Tf—正常工期；C0—最低总成本

在图 7-18 中，直接费用曲线表明当缩短工期时，会造成直接费用的增加。这是因为在施工时为了加快作业速度，必须采取加班加点和多班制等突击作业方式，增加材料、劳动力及机械设备等资源的投入，使得直接投入工程的成本增加。然而，在施工中存在着一个最短工期仅，无论再增加多少直接费用，工期都不能再缩短了。另外，也同样存在着一个正常工期八，不管怎样再延长工期也不能使得直接费用再减少。

为简化计算，如图 7-18 所示，通常把直接费用曲线 1、间接费用曲线 2 表达为直接费用直线 1′、间接费用直线 2′。这样可以通过直线斜率表达直接（间接）费用率，即直接（间接）费用在单位时间内的增加（减少）值。如工作 i-j 的直接费用率 ΔCi-j 为

$$\Delta C_{i-j} = \frac{CC_{i-j} - CN_{i-j}}{DN_{i-j} - DC_{i-j}}$$

式中　CC_{i-j}——将工作持续时间缩短为最短持续时间后完成该工作所需的直接费用；

CN_{i-j}——在正常条件下完成工作 i-j 所需的直接费用；

DN_{i-j}——工作 i-j 的正常持续时间；

DC_{i-j}——工作 i-j 的最短持续时间。

2.费用优化的步骤

寻求最低费用和最优工期的基本思路是从网络计划的各活动持续时间和费用的关系中，依次找出能使计划工期缩短，又能使直接费用增加最少的活动，不断地缩短其持续时间，同时考虑其间接费用叠加，即可求出工程费用最低时的最优工期和工期确定时相应的最低费用。

第一，绘出网络图，按工作的正常持续时间确定计算工期和关键线路。

第二，计算间接费用率 ΔC′ 和各项工作的直接费用率 ΔCi-j。

第三，当只有一条关键线路时，应找出直接费用率 ΔCi-j 最小的一项关键工作，作为缩短持续时间的对象；当有多条关键线路时，应找出组合直接费用率 ∑ ΔCi-j 最小的一组关键工作，作为缩短持续时间的对象。

第四，对选定的压缩对象缩短其持续时间，缩短值必须符合两个原则：第一是不能压缩成非关键工作；第二是缩短后其持续时间不小于最短持续时间。

第五，计算压缩对象缩短后总费用的变化 Ci：

$$C = \sum (\Delta C_{i-j} \times \Delta L) - \Delta C_v \times \Delta L$$

第六，当 Ci ≤ 0，重复上述（3）~（5）步骤，一直计算到 Ci > 0，即总费用不能降低为止，费用优化即告完成。

第四节　施工进度控制

一、施工进度计划执行过程中偏差分析的方法

（一）横道图比较法

横道图比较法是指将项目实施过程中检查实际进度收集到的数据，经加工整理后直接用横道线平行绘于原计划的横道线处，进行实际进度与计划进度的比较方法。采用横道图比较法，可以形象、直观地反映实际进度与计划进度的比较情况。

例如，某工程项目基础工程的计划进度和截至第9周末的实际进度如图7-19所示。其中，双线条表示该工程计划进度，粗实线表示实际进度。从图中实际进度与计划进度的比较可以看出，到第9周末进行实际进度检查时，挖土方和做垫层两项工作已经完成；支模板按计划也应该完成，但实际只完成75%，任务量拖欠25%；绑钢筋按计划应该完成60%，而实际只完成20%，任务量拖欠40%。

根据各项工作的进度偏差，进度控制者可以采取相应的纠偏措施对进度计划进行调整，以确保该工程按期完成。图7-19所表达的比较方法仅适用于工程项目中的各项工作都均匀进展的情况，即每项工作在单位时间内完成的任务量都相等的情况。

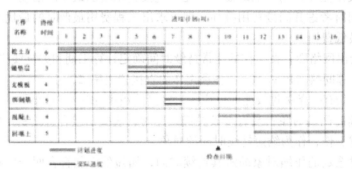

图7-19　某基础工程实际进度与计划进度比较图

（二）S形曲线比较法

以横坐标表示进度时间，以纵坐标表示累计完成工作任务量而绘制出来的曲线将是一条S形曲线，S形曲线比较法就是将进度计划确定的计划累计完成工作任务量和实际累计完成工作量分别绘制成S形曲线，并通过两者的比较借以判断实际进度与计划进度相比是超前还是滞后。

通过比较实际进度S形曲线和计划进度S形曲线，可以获得如下信息：

1.工程项目实际进展状况

如果工程实际进展点落在计划进度S形曲线左侧，表明此时实际进度比计划进度超前，如图7-20中的a点；如果工程实际进展点落在计划进度S形曲线右侧，表明此

时实际进度拖后，如图 7-20 中的 b 点；如果工程实际进展点正好落在计划进度 S 形曲线上，则表示此时实际进度与计划进度一致。

2. 工程项目实际进度超前或拖后的时间

在 S 形曲线比较图中可以直接读出实际进度比计划进度超前或拖后的时间。如图 7-20 所示，ΔTa 表示 Ta 时刻实际进度超前的时间；ΔTb 表示 Tb 时刻实际进度拖后的时间。

3. 工程项目实际超额或拖欠的任务量

在 S 形曲线比较图中，也可以直接读出实际进度比计划进度超额或拖欠的任务量。如图 7-20 所示，ΔQa 表示 Ta 时刻超额完成的任务量，ΔQb 表示 Tb 时刻拖欠的任务量。

4. 后期工程进度预测

如果后期工程按原计划速度进行，则可作出后期工程计划 S 形曲线，如图 446 中虚线所示，从而可以确定工期拖延预测值 ΔTc。

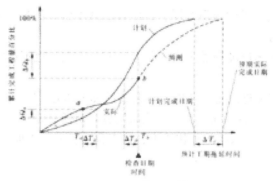

图7-20　S形曲线比较法

（三）香蕉形曲线比较法

香蕉形曲线比较法借助于两条 S 形曲线概括表示：第一是按工作的最早可以开始时间安排计划进度而绘制的 S 形曲线，称为 ES 曲线；第二是按工作的最迟必须开始时间安排计划进度而绘制的 S 形曲线，称为 LS 曲线。由于两条曲线除在开始点和结束点相互重合以外，ES 曲线上的其余各点均落在 LS 曲线的左侧，从而使得两条曲线围合成一个形如香蕉的闭合曲线圈，故将其称为香蕉形曲线（见图 7-21）。

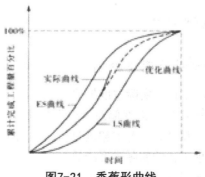

图7-21　香蕉形曲线

（四）前锋线比较法

前锋线比较法是适用于时标网络计划的实际进度与计划进度的比较方法。前锋线是指从计划执行情况检查时刻的时标位置出发，经依次连接时标网络图上每一工作箭线的实际进度点，再最终结束于检查时刻的时标位置而形成的对应于检查时刻各项工作实际进度前锋点位置的折线（一般用点画线标出），故前锋线也可称为实际进度前锋线。简而言之，前锋线比较法就是借助于实际进度前锋线比较工程实际进度与计划进度偏差的方法。

例如，某工程项目时标网络计划如图7-22所示。该计划执行到第6周末检查实际进度时，发现工作A和B已经全部完成，工作D和E分别完成计划任务量的20%和50%，工作C尚需3周完成，用前锋线比较法进行实际进度与计划进度的比较如下。

根据第6周末实际进度的检查结果绘制前锋线，如图7-22中点画线所示。通过比较可以看出：

第一，工作D实际进度拖后2周，将使其后续工作F的最早开始时间推迟2周，并使总工期延长1周；

第二，工作E实际进度拖后1周，既不影响总工期，也不影响其后续工作的正常进行；

第三，工作C实际进度拖后2周，将使其后续工作G、H、J的最早开始时间推迟2周。由于工作G、J开始时间的推迟，从而使总工期延长2周。

综上所述，如果不采取措施加快进度，该工程项目的总工期将延长2周。

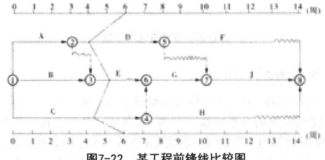

图7-22 某工程前锋线比较图

二、施工进度调整方法

（一）施工进度计划的调整原则

1.进度偏差体现为某项工作的实际进度超前

当计划进度执行过程中产生的进度偏差体现为某项工作的实际进度超前时，若超前幅度不大，此时计划不必调整；若超前幅度过大，则此时计划必须调整。

2.进度偏差体现为某项工作的实际进度滞后

第一，若出现进度偏差的工作为关键工作，则由于工作进度滞后，必然会引起后续工作最早开工时间的延误和整个计划工期的相应延长，因此必须对原定进度计划采取相应调整措施。

第二，若出现进度偏差的工作为非关键工作，且工作进度滞后天数已超出其总时差，则由于工作进度延误同样会引起后续工作最早开工时间的延误和整个计划工期的相应延长，因此必须对原定进度计划采取相应调整措施。

第三，若出现进度偏差的工作为非关键工作，且工作进度滞后天数已超出其自由时差而未超出其总时差，则由于工作进度延误只引起后续工作最早开工时间的延误而对整个计划工期并无影响，因此此时只有在后续工作最早开工时间不宜推后的情况下才考虑对原定计划采取相应调整措施。

第四，若出现进度偏差的工作为非关键工作，且工作进度滞后天数未超出其自由时差，则由于工作进度延误对后续工作的最早开工时间和整个计划工期均无影响，因此不必对原定计划采取任何调整措施。

（二）施工进度计划的调整方法

1.改变某些后续工作之间的逻辑关系

若进度偏差已影响计划工期，并且有关后续工作之间的逻辑关系允许改变，此时可变更位于关键线路或位于非关键线路但延误时间已超出其总时差的有关工作之间的逻辑关系，从而达到缩短工期的目的。例如，可将按原计划安排依次进行的工作关系改为平行进行、搭接进行或分段流水进行的工作关系。通过变更工作逻辑关系缩短工期，往往简便易行且效果显著。

2.缩短某些后续工作的持续时间

当进度偏差已影响计划工期，进度计划调整的另一方法是不改变工作之间的逻辑关系，而是压缩某些后续工作的持续时间，以借此加快后期工程进度，从而使原计划工期仍然能够得以实现。应用本方法需注意被压缩持续时间的工作应是位于因工作实际进度拖延而引起计划工期延长的关键线路或某些非关键线路上的工作，且这些工作应切实具有收缩持续时间的余地。可压缩对质量、安全影响不大、费率增加较小，资源充足，工作面充裕的工作。

该方法通常是在网络图中借助图上分析计算直接进行，其基本思路是：通过计算到计划执行过程中某一检查时刻剩余网络时间参数的计算结果确定工作进度偏差对计划工期的实际影响程度，再以此为依据反过来推算有关工作持续时间的压缩幅度，其具体计算分析步骤一般为：

第一，删去截止计划执行情况检查时刻业已完成的工作，将检查计划时的当前日期作为剩余网络的开始日期形成剩余网络；

第二，将正处于进行过程中的工作的剩余持续时间标注于剩余网络图中；

第三，计算剩余网络的各项时间参数；

第四，据剩余网络时间参数的计算结果推算有关工作持续时间的压缩幅度。

第八章　水利水电工程质量规划

第一节　水利工程质量管理规定

水利工程质量管理规定，具体内容如下。
1997年12月21日水利部发布

一、总则

第一条：根据国务院《质量振兴纲要（1996年—2010年）》和有关规定，为了加强对水利工程的质量管理，保证工程质量，制定本规定。

第二条：凡在中华人民共和国境内从事水利工程建设活动的单位（包括项目法人（建设单位）、监理、设计、施工等单位）或个人，必须遵守本规定。

第三条：本规定所称水利工程是指由国家投资、中央和地方合资、地方投资以及其他投资方式兴建的防洪、除涝灌溉、水力发电、供水、围垦等（包括配套与附属工程）各类水利工程。

第四条：本规定所称水利工程质量是指在国家和水利行业现行的有关法律、法规、技术标准和批准的设计文件及工程合同中，对兴建的水利工程的安全、适用、经济、美观等特性的综合要求。

第五条：水利部负责全国水利工程质量管理工作。各流域机构受水利部的委托负责本流域由流域机构管辖的水利工程的质量管理工作，指导地方水行政主管部门的质量管理工作。各省、自治区、直辖市水行政主管部门负责本行政区域内水利工程质量管理工作。

第六条：水利工程质量实行项目法人（建设单位）负责、监理单位控制、施工单位保证和政府监督相结合的质量管理体制。

水利工程质量由项目法人（建设单位）负全面责任。监理、施工、设计单位按照合同及有关规定对各自承担的工作负责。质量监督机构履行政府部门监督职能，不代替项目法人（建设单位）、监理、设计、施工单位的质量管理工作。水利工程建设各方均有责任和权利向有关部门和质量监督机构反映工程质量问题。

第七条：水利工程项目法人（建设单位）、监理、设计、施工等单位的负责人，对本单位的质量工作负领导责任。各单位在工程现场的项目负责人对本单位在工程现场的质量工作负直接领导责任。各单位的工程技术负责人对质量工作负技术责任。具体工作人员为直接责任人。

第八条：水利工程建设各单位要积极推行全面质量管理，采用先进的质量管理模式和管理手段，推广先进的科学技术和施工工艺，依靠科技进步和加强管理，努力创建优质工程，不断提高工程质量。

各级水行政主管部门要对提高工程质量做出贡献的单位和个人实行奖励。

第九条：水利工程建设各单位要加强质量法制教育，增强质量法制观念，把提高劳动者的素质作为提高质量的重要环节，加强对管理人员和职工的质量意识和质量管理知识的教育，建立和完善质量管理的激励机制，积极开展群众性质量管理和合理化建议活动。

二、工程质量监督管理

第十条：政府对水利工程的质量实行监督的制度。

水利工程按照分级管理的原则由相应水行政主管部门授权的质量监督机构实施质量监督。

第十一条：水利工程质量监督机构，必须按照水利部有关规定设立，经省级以上水行政主管部门资质审查合格，方可承担水利工程的质量监督工作。

各级水利工程质量监督机构，必须建立健全质量监督工作机制，完善监督手段，增强质量监督的权威性和有效性。

各级水利工程质量监督机构，要加强对贯彻执行国家和水利部有关质量法规、规范情况的检查，坚决查处有法不依、执法不严、违法不究以及滥用职权的行为。

第十二条：水利部水利工程质量监督机构负责对流域机构、省级水利工程质量监督机构和水利工程质量检测单位进行统一规划、管理和资质审查。

各省、自治区、直辖市设立的水利工程质量监督机构负责本行政区域内省级以下水利工程质量监督机构和水利工程质量检测单位统一规划管理和资质审查。

第十三条：水利工程质量监督机构负责监督设计、监理、施工单位在其资质等级允许范围内从事水利工程建设的质量工作；负责检查、督促建设、监理、设计、施工单位建立健全质量体系。

水利工程质量监督机构，按照国家和水利行业有关工程建设法规、技术标准和设计文件实施工程质量监督，对施工现场影响工程质量的行为进行监督检查。

第十四条：水利工程质量监督实施以抽查为主的监督方式，运用法律和行政手段，做好监督抽查后的处理工作。工程竣工验收时，质量监督机构应对工程质量等级进行核定。未经质量核定或核定不合格的工程，施工单位不得交验，工程主管部门不能验收，工程不得投入使用。

第十五条：根据需要，质量监督机构可委托经计量认证合格的检测单位，对水利工程有关部位以及所采用的建筑材料和工程设备进行抽样检测。

水利部水利工程质量监督机构认定的水利工程质量检测机构出具的数据是全国水利系统的最终检测。

各省级水利工程质量监督机构认定的水利工程质量检测机构所出具的检测数据是本行政区域内水利系统的最高检测。

三、项目法人（建设单位）质量管理

第十六条：项目法人（建设单位）应根据国家和水利部有关规定依法设立，主动接受水利工程质量监督机构对其质量体系的监督检查。

第十七条：项目法人（建设单位）应根据工程规模和工程特点，按照水利部有关规定，通过资质审查招标选择勘测设计、施工、监理单位并实行合同管理。

在合同文件中，必须有工程质量条款，明确图纸、资料、工程、材料、设备等的质量标准及合同双方的质量责任。

第十八条：项目法人（建设单位）要加强工程质量管理，建立健全施工质量检查体系，根据工程特点建立质量管理机构和质量管理制度。

第十九条：项目法人（建设单位）在工程开工前，应按规定向水利工程质量监督机构办理工程质量监督手续。在工程施工过程中，应主动接受质量监督机构对工程质量的监督检查。

第二十条：项目法人（建设单位）应组织设计和施工单位进行设计交底；施工中应对工程质量进行检查，工程完工后，应及时组织有关单位进行工程质量验收、签证。

四、监理单位质量管理

第二十一条：监理单位必须持有水利部颁发的监理单位资格等级证书，依照核定的监理范围承担相应水利工程的监理任务。监理单位必须接受水利工程质量监督机构对其监理资格质量检查体系及质量监理工作的监督检查。

第二十二条：监理单位必须严格执行国家法律、水利行业法规、技术标准，严格履行监理合同。

第二十三条：监理单位根据所承担的监理任务向水利工程施工现场派出相应的监理机构，人员配备必须满足项目要求。监理工程师上岗必须持有水利部颁发的监理工程师岗位证书，一般监理人员上岗要经过岗前培训。

第二十四条：监理单位应根据监理合同参与招标工作，从保证工程质量全面履行工程承建合同出发，签发施工图纸；审查施工单位的施工组织设计和技术措施；指导监督合同中有关质量标准、要求的实施；参加工程质量检查、工程质量事故调查处理和工程验收工作。

五、设计单位质量管理

第二十五条：设计单位必须按其资质等级及业务范围承担勘测设计任务，并应主动接受水利工程质量监督机构对其资质等级及质量体系的监督检查。

第二十六条：设计单位必须建立健全设计质量保证体系，加强设计过程质量控制，健全设计文件的审核、会签批准制度，做好设计文件的技术交底工作。

第二十七条：设计文件必须符合下列基本要求：

①设计文件应当符合国家、水利行业有关工程建设法规、工程勘测设计技术规程、标准和合同的要求。

②设计依据的基本资料应完整、准确、可靠，设计论证充分，计算成果可靠。

③设计文件的深度应满足相应设计阶段有关规定要求，设计质量必须满足工程质量、安全需要，并符合设计规范的要求。

第二十八条：设计单位应按合同规定及时提供设计文件及施工图纸，在施工过程中要随时掌握施工现场情况，优化设计，解决有关设计问题。对大中型工程，设计单位应按合同规定在施工现场设立设计代表机构或派驻设计代表。

第二十九条：设计单位应按水利部有关规定在阶段验收、单位工程验收和竣工验收中，对施工质量是否满足设计要求提出评价意见。

六、施工单位质量管理

第三十条：施工单位必须按其资质等级和业务范围承揽工程施工任务，接受水利工程质量监督机构对其资质和质量保证体系的监督检查。

第三十一条：施工单位必须依据国家、水利行业有关工程建设法规、技术规程、技术标准的规定以及设计文件和施工合同的要求进行施工，并对其施工的工程质量负责。

第三十二条：施工单位不得将其承接的水利建设项目的主体工程进行转包。对工程的分包，分包单位必须具备相应资质等级，并对其分包工程的施工质量向总包单位负责，总包单位对全部工程质量向项目法人（建设单位）负责。工程分包必须经过项目法人（建设单位）的认可。

第三十三条：施工单位要推行全面质量管理，建立健全质量保证体系，制定和完善岗位质量规范、质量责任及考核办法，落实质量责任制。在施工过程中要加强质量检验工作，认真执行"三检制"，切实做好工程质量的全过程控制。

第三十四条：工程发生质量事故，施工单位必须按照有关规定向监理单位、项目法人（建设单位）及有关部门报告，并保护好现场，接受工程质量事故调查，认真进行事故处理。

第三十五条：竣工工程质量必须符合国家和水利行业现行的工程标准及设计文件要求，并应向项目法人（建设单位）提交完整的技术档案、试验成果及有关资料。

七、建筑材料、设备采购的质量管理和工程保修

第三十六条：建筑材料和工程设备的质量由采购单位承担相应责任。凡进入施工现场的建筑材料和工程设备均应按有关规定进行检验。经检验不合格的产品不得用于工程。

第三十七条：建筑材料和工程设备的采购单位具有按合同规定自主采购的权利，其他单位或个人不得干预。

第三十八条：建筑材料或工程设备应当符合下列要求：

①有产品质量检验合格证明；

②有中文标明的产品名称、生产厂名和厂址；

③产品包装和商标式样符合国家有关规定和标准要求；

④工程设备应有产品详细的使用说明书，电气设备还应附有线路图；

⑤实施生产许可证或实行质量认证的产品，应当具有相应的许可证或认证证书。

第三十九条：水利工程保修期从工程移交证书写明的工程完工日起一般不少于一年。有特殊要求的工程，其保修期限在合同中规定。

工程质量出现永久性缺陷的，承担责任的期限不受以上保修期限制。

第四十条：水利工程在规定的保修期内，出现工程质量问题，一般由原施工单位承担保修，所需费用由责任方承担。

八、罚则

第四十一条：水利工程发生重大工程质量事故，应严肃处理。对责任单位予以通报批评、降低资质等级或收缴资质证书；对责任人给予行政纪律处分，构成犯罪的，移交司法机关进行处理。

第四十二条：因水利工程质量事故造成人身伤亡及财产损失的，责任单位应按有关规定，给予受损方经济赔偿。

第四十三条：项目法人（建设单位）有下列行为之一的，由其主管部门予以通报批评或其他纪律处理。

①未按规定选择相应资质等级的勘测设计、施工、监理单位的；

②未按规定办理工程质量监督手续的；

③未按规定及时进行已完工程验收就进行下一阶段施工和未经竣工或阶段验收，而将工程交付使用的；

④发生重大工程质量事故没有按有关规定及时向有关部门报告的。

第四十四条：勘测设计、施工、监理单位有下列行为之一的，根据情节轻重，予以通报批评、降低资质等级直至收缴资质证书，经济处理按合同规定办理，触犯法律的，按国家有关法律处理：

①无证或超越资质等级承接任务的；

②不接受水利工程质量监督机构监督的；

③设计文件不符合本规定第二十七条要求的；

④竣工交付使用的工程不符合本规定第三十五条要求的；

⑥使用未经检验或检验不合格的建筑材料和工程设备，或在工程施工中粗制滥造、偷工减料、伪造记录的；

⑦发生重大工程质量事故没有及时按有关规定向有关部门报告的；

⑧经水利工程质量监督机构核定工程质量等级为不合格或工程需加固或拆除的。

第四十五条：检测单位伪造检验数据或伪造检验结论的，根据情节轻重，予以通报批评、降低资质等级直至收缴资质证书。因伪造行为造成严重后果的，按国家有关规定处理。

第四十六条：对不认真履行水利工程质量监督职责的质量监督机构，由相应水行政主管部门或其上一级水利工程质量监督机构给予通报批评、撤换负责人或撤销授权并进行机构改组。

从事工程质量监督的工作人员执法不严，违法不究或者滥用职权、贪污受贿，由其所在单位或上级主管部门给予行政处分，构成犯罪的，依法追究刑事责任。

九、附则

第四十七条：本规定由水利部负责解释。

第四十八条：本规定自发布之日起施行。

第二节　水利工程质量监督管理规定

一、总则

第一条：根据《质量振兴纲要（1996年—2010年）》和《中华人民共和国水法》，为加强水行政主管部门对水利工程质量的监督管理，保证工程质量，确保工程安全，发挥投资效益，制订本规定。

第二条：水行政主管部门主管水利工程质量监督工作。水利工程质量监督机构是水行政主管部门对水利工程质量进行监督管理的专职机构，对水利工程质量进行强制性的监督管理。

第三条：在我国境内新建、扩建、改建、加固各类水利水电工程和城镇供水、滩涂围垦等工程（以下简称水利工程）及其技术改造，包括配套与附属工程，均必须由水利工程质量监督机构负责质量监督。工程建设、监理、设计和施工单位在工程建设阶段，必须接受质量监督机构的监督。

第四条：工程质量监督的依据：

（一）国家有关的法律、法规

（二）水利水电行业有关技术规程、规范，质量标准

（三）经批准的设计文件等

第五条：工程竣工验收前，必须经质量监督机构对工程质量进行等级核验。未经工程质量等级核验或者核验不合格的工程，不得交付使用。

工程在申报优秀设计、优秀施工、优质工程项目时，必须有相应质量监督机构签署的工程质量评定意见。

二、机构与人员

第六条：水利部主管全国水利工程质量监督工作，水利工程质量监督机构按总站、中心站、站三级设置。

第一，水利部设置全国水利工程质量监督总站，办事机构设在建设司。水利水电规划设计管理局设置水利工程设计质量监督分站，各流域机构设置流域水利工程质量监督分站作为总站的派出机构。

第二，各省、自治区、直辖市水利（水电）厅（局），新疆生产建设兵团水利局设置水利工程质量监督中心站。

第三，各地（市）水利（水电）局设置水利工程质量监督站。各级质量监督机构隶属于同级水行政主管部门，业务上接受上一级质量监督机构的指导。

第七条：水利工程质量监督项目站（组），是相应质量监督机构的派出单位。

第八条：各级质量监督机构的站长一般应由同级水行政主管部门主管工程建设的领导兼任，有条件的可配备相应级别的专职副站长。各级质量监督机构的正副站长由其主管部门任命，并报上一级质量监督机构备案。

第九条：各级质量监督机构应配备一定数量的专职质量监督员。质量监督员的数量由同级水行政主管部门根据工作需要和专业配套的原则确定。

第十条：水利工程质量监督员必须具备以下条件：

第一，取得工程师职称，或具有大专以上学历并有五年以上从事水利水电工程设计、施工、监理、咨询或建设管理工作的经历。

第二，坚持原则，秉公办事，认真执法，责任心强。

第三，经过培训并通过考核取得"水利工程质量监督员证"。

第十一条：质量监督机构可聘任符合条件的工程技术人员作为工程项目的兼职质量监督员。为保证质量监督工作的公正性、权威性，凡从事该工程监理、设计、施工、设备制造的人员不得担任该工程的兼职质量监督员。

第十二条：各质量监督分站、中心站、地（市）站和质量监督员必须经上一级质量监督机构考核、认证，取得合格证书后，方可从事质量监督工作。质量监督机构资质每四年复核一次，质量监督员证有效期为四年。

第十三条："水利工程质量监督机构合格证书"和"水利工程质量监督员证"由水利部统一印制。

三、机构职责

第十四条：全国水利工程质量监督总站的主要职责：

（一）贯彻执行国家和水利部有关工程建设质量管理的方针、政策

（二）制订水利工程质量监督、检测有关规定和办法，并监督实施

（三）归口管理全国水利工程的质量监督工作，指导各分站、中心站的质量监督工作

（四）对部直属重点工程组织实施质量监督。参加工程的阶段验收和竣工验收

（五）监督有争议的重大工程质量事故的处理。

（六）掌握全国水利工程质量动态。组织交流全国水利工程质量监督工作经验，组织培训质量监督人员。开展全国水利工程质量检查活动

第十五条：水利工程设计质量监督分站受总站委托承担的主要任务：

（一）归口管理全国水利工程的设计质量监督工作

（二）负责设计全面质量管理工作

（三）掌握全国水利工程的设计质量动态，定期向总站报告设计质量监督情况

第十六条：各流域水利工程质量监督分站的主要职责：

（一）对本流域内下列工程项目实施质量监督：

1.总站委托监督的部属水利工程

2.中央与地方合资项目，监督方式由分站和中心站协商确定

3.省（自治区、直辖市）市及国际边界河流上的水利工程。

（二）监督受监督水利工程质量事故的处理

（三）参加受监督水利工程的阶段验收和竣工验收

（四）掌握本流域内水利工程质量动态，及时上报质量监督工作中发现的重大问题，开展水利工程质量检查活动，组织交流本流域内的质量监督工作经验

第十七条：各省、自治区、直辖市，新疆生产建设兵团水利工程质量监督中心站的职责：

（一）贯彻执行国家、水利部和省、自治区、直辖市有关工程建设质量管理的方针、政策

（二）管理辖区内水利工程的质量监督工作；指导本省、自治区、直辖市的市（地）质量监督站工作

（三）对辖区内除第十四条、第十六条规定以外的水利工程实施质量监督；协助配合由部总站和流域分站组织监督的水利工程的质量监督工作

（四）参加受监督水利工程的阶段验收和竣工验收

（五）监督受监督水利工程质量事故的处理

（六）掌握辖区内水利工程质量动态和质量监督工作情况，定期向总站报告，同时抄送流域分站；组织培训质量监督人员，开展水利工程质量检查活动，组织交流质量监督工作经验

第十八：条市（地）水利工程质量监督站的职责，由各中心站根据本规定制订。

四、质量监督

第十九条：水利工程建设项目质量监督方式以抽查为主。大型水利工程应建立质量监督项目站，中、小型水利工程可根据需要建立质量监督项目站（组），或进行巡回监督。

第二十条：从工程开工前办理质量监督手续始，到工程竣工验收委员会同意工程交付使用止，为水利工程建设项目的质量监督期（含合同质量保修期）0

第二十一条：项目法人（或建设单位）应在工程开工前到相应的水利工程质量监督机构办理监督手续，签订《水利工程质量监督书》，并按规定缴纳质量监督费，同时提交以下材料：

（一）工程项目建设审批文件

（二）项目法人（或建设单位）与监理、设计、施工单位签订的合同（或协议）

副本

（三）建设、监理、设计、施工等单位的基本情况和工程质量管理组织情况等资料

第二十二条：质量监督机构根据受监督工程的规模、重要性等，制订质量监督计划，确定质量监督的组织形式。在工程施工中，根据本规定对工程项目实施质量监督。

第二十三条：工程质量监督的主要内容为：

（一）对监理、设计、施工和有关产品制作单位的资质进行复核

（二）对建设、监理单位的质量检查体系和施工单位的质量保证体系以及设计单位现场服务等实施监督检查

（三）对工程项目的单位工程、分部工程、单元工程的划分进行监督检查。

（四）监督检查技术规程、规范和质量标准的执行情况

（五）检查施工单位和建设、监理单位对工程质量检验和质量评定情况

（六）在工程竣工验收前，对工程质量进行等级核定，编制工程质量评定报告，并向工程竣工验收委员会提出工程质量等级的建议

第二十四条：工程质量监督权限如下：

（一）对监理、设计、施工等单位的资质等级、经营范围进行核查，发现越级承包工程等不符合规定要求的，责成建设单位限期改正，并向水行政主管部门报告

（二）质量监督人员需持"水利工程质量监督员证"进入施工现场执行质量监督。对工程有关部位进行检查，调阅建设、监理单位和施工单位的检测试验成果、检查记录和施工记录

（三）对违反技术规程、规范、质量标准或设计文件的施工单位，通知建设、监理单位采取纠正措施。问题严重时，可向水行政主管部门提出整顿的建议

（四）对使用未经检验或检验不合格的建筑材料、构配件及设备等，责成建设单位采取措施纠正

（五）提请有关部门奖励先进质量管理单位及个人

（六）提请有关部门或司法机关追究造成重大工程质量事故的单位和个人的行政、经济、刑事责任。

五、质量检测

第二十五条：工程质量检测是工程质量监督和质量检查的重要手段。水利工程质量检测单位，必须取得省级以上计量认证合格证书，并经水利工程质量监督机构授权，方可从事水利工程质量检测工作，检测人员必须持证上岗。

第二十六条：质量监督机构根据工作需要，可委托水利工程质量检测单位承担以下主要任务：

（一）核查受监督工程参建单位的试验室装备、人员资质、试验方法及成果等

（二）根据需要对工程质量进行抽样检测，提出检测报告

（三）参与工程质量事故分析和研究处理方案

（四）质量监督机构委托的其他任务

第二十七条：质量检测单位所出具的检测鉴定报告必须实事求是，数据准确可靠，并对出具的数据和报告负法律责任。

第二十八条：工程质量检测实行有偿服务，检测费用由委托方支付。收费标准按有关规定确定。在处理工程质量争端时，发生的一切费用由责任方支付。

六、工程质量监督费

第二十九条：项目法人（或建设单位）应向质量监督机构缴纳工程质量监督费。工程质量监督费属事业性收费。工程质量监督收费，根据国家计委等部门的有关文件规定，收费标准按水利工程所在地域确定。原则上，大城市按受监工程建筑安装工作量的0.15%，中等城市按受监工程建筑安装工作量的0.20%，小城市按受监工程建筑安装工作量的0.25%收取。城区以外的水利工程可比照小城市的收费标准适当提高。

第三十条：工程质量监督费由工程建设单位负责缴纳。大中型工程在办理监督手续时，应确定缴纳计划，每年按年度投资计划，年初一次结清年度工程质量监督费。中小型水利工程在办理质量监督手续时交纳工程质量监督费的50%，余额由质量监督部门根据工程进度收缴。

水利工程在工程竣工验收前必须缴清全部的工程质量监督费。

第三十一条：质量监督费应用于质量监督工作的正常经费开支，不得挪作它用。其使用范围主要为：工程质量监督、检测开支以及必要的差旅费开支等。

七、奖惩

第三十二条：项目法人（或建设单位）未按第二十一条规定要求办理质量监督手续的，水行政主管部门依据《中华人民共和国行政处罚法》对建设单位进行处罚，并责令限期改正或按有关规定处理。

第三十三条：质量检测单位伪造检测数据、检测结论的，视情节轻重，报上级水行政主管部门对责任单位和责任人按有关规定进行处罚，构成犯罪的由司法机关依法追究其刑事责任。

第三十四条：质量监督员滥用职权、玩忽职守、徇私舞弊的，由质量监督机构提交水行政主管部门视情节轻重，给予行政处分，构成犯罪的由司法机关依法追究其刑事责任。

第三十五条：对在工程质量管理和质量监督工作中做出突出成绩的单位和个人，由质量监督部门或报请水行政主管部门给予表彰和奖励。

八、附则

第三十六条：各水利工程质量监督中心站可根据本规定制订实施细则，并报全国水利工程质量监督总站核备。

第三十七条：本规定由水利部负责解释。

第三十八条: 本规定自发布之日起施行, 原《水利基本建设工程质量监督暂行规定》同时废止。

第三节　工程质量管理的基本概念

一、工程项目质量和质量控制的概念

水利水电工程项目的施工阶段是根据设计图纸和设计文件的要求, 通过工程参建各方及其技术人员的劳动形成工程实体的阶段。这个阶段的质量控制无疑是极其重要的, 其中心任务是通过建立健全有效的工程质量监督体系, 确保工程质量达到合同规定的标准和等级要求。为此, 在水利水电工程项目建设中, 建立了质量管理的三个体系, 即施工单位的质量保证体系、建设（监理）单位的质量检查体系和政府部门的质量监督体系。

（一）工程项目质量

质量是反映实体满足明确或隐含需要能力的特性之总和。工程项目质量是国家现行的有关法律、法规、技术标准、设计文件及工程承包合同对工程的安全、适用、经济、美观等特征的综合要求。

从功能和使用价值来看, 工程项目质量体现在适用性、可靠性、经济性、外观质量与环境协调等方面。由于工程项目是依据项目法人的需求而兴建的, 故各工程项目的功能和使用价值的质量应满足于不同项目法人的需求, 并无一个统一的标准。

从工程项目质量的形成过程来看, 工程项目质量包括工程建设各个阶段的质量, 即可行性研究质量、工程决策质量、工程设计质量、工程施工质量、工程竣工验收质量。

工程项目质量具有两个方面的含义: 第一是指工程产品的特征性能, 即工程产品质量; 第二是指参与工程建设各方面的工作水平、组织管理等, 即工作质量。工作质量包括社会工作质量和生产过程工作质量。社会工作质量主要是指社会调查、市场预测、维修服务等。生产过程工作质量主要包括管理工作质量、技术工作质量、后勤工作质量等, 最终将反映在工序质量上, 而工序质量的好坏, 直接受人、原材料、机具设备、工艺及环境等五方面因素的影响。因此, 工程项目质量的好坏是各环节、各方面工作质量的综合反映, 而不是单纯靠质量检验查出来的。

（二）工程项目质量控制

质量控制是指为达到质量要求所采取的作业技术和活动, 工程项目质量控制, 实际上就是对工程在可行性研究、勘测设计、施工准备、建设实施、后期运行等各阶段、各环节、各因素的全过程、全方位的质量监督控制。工程项目质量有个产生、形成和实现的过程, 控制这个过程中的各环节, 以满足工程合同、设计文件、技术规范规定的质量标准。在我国的工程项目建设中, 工程项目质量控制按其实施者的不同, 包括如下三个方面。

1. 项目法人的质量控制

项目法人方面的质量控制，主要是委托监理单位依据国家的法律、规范、标准和工程建设的合同文件，对工程建设进行监督和管理。其特点是外部的、横向的、不间断的控制。

2. 政府方面的质量控制

政府方面的质量控制是通过政府的质量监督机构来实现的，其目的在于维护社会公共利益，保证技术性法规和标准的贯彻执行。其特点是外部的、纵向的、定期或不定期的抽查。

3. 承包人方面的质量控制

承包人主要是通过建立健全质量保证体系，加强工序质量管理，严格施行"三检制"（即初检、复检、终检），避免返工，提高生产效率等方式来进行质量控制。其特点是内部的、自身的、连续的控制。

二、工程项目质量的特点

建筑产品位置固定、生产流动性、项目单件性、生产一次性、受自然条件影响大等特点，决定了工程项目质量具有以下特点。

（一）影响因素多

影响工程质量的因素是多方面的，如人的因素、机械因素、材料因素、方法因素、环境因素等均直接或间接地影响着工程质量。尤其是水利水电工程项目主体工程的建设，一般由多家承包单位共同完成，故其质量形式较为复杂，影响因素多。

（二）质量波动大

由于工程建设周期长，在建设过程中易受到系统因素及偶然因素的影响，产品质量产生波动。

（三）质量变异大

由于影响工程质量的因素较多，任何因素的变异，均会引起工程项目的质量变异。

（四）质量具有隐蔽性

由于工程项目实施过程中，工序交接多，中间产品多，隐蔽工程多，取样数量受到各种因素、条件的限制，产生错误判断的概率增大。

（五）终检局限性大

建筑产品位置固定等自身特点，使质量检验时不能解体、拆卸，所以在工程项目终检验收时难以发现工程内在的、隐蔽的质量缺陷。

此外，质量、进度和投资目标三者之间既对立又统一的关系，使工程质量受到投资、进度的制约。因此，应针对工程质量的特点，严格控制质量，并将质量控制贯穿于项目建设的全过程。

三、工程项目质量控制的原则

在工程项目建设过程中，对其质量进行控制应遵循以下几项原则。

（一）质量第一原则

"百年大计，质量第一"，工程建设与国民经济的发展和人民生活的改善息息相关。质量的好坏，直接关系到国家繁荣富强，关系到人民生命财产的安全，关系到子孙幸福，所以必须树立强烈的"质量第一"的思想。

要确立质量第一的原则，必须弄清并且摆正质量和数量、质量和进度之间的关系。不符合质量要求的工程，数量和进度都将失去意义，也没有任何使用价值，而且数量越多，进度越快，国家和人民遭受的损失也将越大。因此，好中求多，好中求快，好中求省，才是符合质量管理所要求的质量水平。

（二）预防为主原则

对于工程项目的质量，我们长期以来采取事后检验的方法，认为严格检查，就能保证质量，实际上这是远远不够的。应该从消极防守的事后检验变为积极预防的事先管理。因为好的建筑产品是好的设计、好的施工所产生的，不是检查出来的。必须在项目管理的全过程中，事先采取各种措施，消灭种种不符合质量要求的因素，以保证建筑产品质量。如果各质量因素（人、机、料、法、环）预先得到保证，工程项目的质量就有了可靠的前提条件。

（三）为用户服务原则

建设工程项目，是为了满足用户的要求，尤其要满足用户对质量的要求。真正好的质量是用户完全满意的质量。进行质量控制，就是要把为用户服务的原则，作为工程项目管理的出发点，贯穿到各项工作中去。同时，要在项目内部树立"下道工序就是用户"的思想。各个部门、各种工作、各种人员都有个前、后的工作顺序，在自己这道工序的工作一定要保证质量，凡达不到质量要求不能交给下道工序，一定要使"下道工序"这个用户感到满意。

（四）用数据说话原则

质量控制必须建立在有效的数据基础之上，必须依靠能够确切反映客观实际的数字和资料，否则就谈不上科学的管理。一切用数据说话，就需要用数理统计方法，对工程实体或工作对象进行科学的分析和整理，从而研究工程质量的波动情况，寻求影响工程质量的主次原因，采取改进质量的有效措施，掌握保证和提高工程质量的客观规律。

在很多情况下，我们评定工程质量，虽然也按规范标准进行检测计量，也有一些数据，但是这些数据往往不完整，不系统，没有按数理统计要求积累数据，抽样选点，所以难以汇总分析，有时只能统计加估计，抓不住质量问题，既不能完全表达工程的内在质量状态，也不能有针对性地进行质量教育，提高企业素质。所以，必须树立起"用数据说话"的意识，从积累的大量数据中，找出控制质量的规律性，以保证工程项目的优质建设。

四、工程项目质量控制的任务、

工程项目质量控制的任务就是根据国家现行的有关法规、技术标准和工程合同规定的工程建设各阶段质量目标实施全过程的监督管理。由于工程建设各阶段的质量目标不同，因此需要分别确定各阶段的质量控制对象和任务。

（一）工程项目决策阶段质量控制的任务

第一，审核可行性研究报告是否符合国民经济发展的长远规划、国家经济建设的方针政策。

第二，审核可行性研究报告是否符合工程项目建议书或业主的要求。

第三，审核可行性研究报告是否具有可靠的基础资料和数据。

第四，审核可行性研究报告是否符合技术经济方面的规范标准和定额等指标。

第五，审核可行性研究报告的内容、深度和计算指标是否达到标准要求。

（二）工程项目设计阶段质量控制的任务

第一，审查设计基础资料的正确性和完整性。

第二，编制设计招标文件，组织设计方案竞赛。

第三，审查设计方案的先进性和合理性，确定最佳设计方案。

第四，督促设计单位完善质量保证体系，建立内部专业交底及专业会签制度。

第五，进行设计质量跟踪检查，控制设计图纸的质量。在初步设计和技术设计阶段，主要检查生产工艺及设备的选型，总平面布置，建筑与设施的布置，采用的设计标准和主要技术参数；在施工图设计阶段，主要检查计算是否有错误，选用的材料和做法是否合理，标注的各部分设计标高和尺寸是否有错误，各专业设计之间是否有矛盾等。

（三）工程项目施工阶段质量控制的任务

施工阶段质量控制是工程项目全过程质量控制的关键环节。根据工程质量形成的时间，施工阶段的质量控制又可分为质量的事前控制、事中控制和事后控制，其中事前控制为重点控制。

1. 事前控制

第一，审查承包商及分包商的技术资质。

第二，协助承建商完善质量体系，包括完善计量及质量检测技术和手段等，同时对承包商的实验室资质进行考核。

第三，督促承包商完善现场质量管理制度，包括现场会议制度、现场质量检验制度、质量统计报表制度和质量事故报告及处理制度等。

第四，与当地质量监督站联系，争取其配合、支持和帮助。

第五，组织设计交底和图纸会审，对某些工程部位应下达质量要求标准。

第六，审查承包商提交的施工组织设计，保证工程质量具有可靠的技术措施。审核工程中采用的新材料、新结构、新工艺、新技术的技术鉴定书；对工程质量有重大影响的施工机械、设备，应审核其技术性能报告。

第七，对工程所需原材料、构配件的质量进行检查与控制。

第八，对永久性生产设备或装置，应按审批同意的设计图纸组织采购或订货，到场后进行检查验收。

第九，对施工场地进行检查验收。检查施工场地的测量标桩、建筑物的定位放线以及高程水准点，重要工程还应复核，落实现场障碍物的清理、拆除等。

第十，把好开工关。对现场各项准备工作检查合格后，方可发开工令；停工的工程，未发复工令者不得复工。

2. 事中控制

第一，督促承包商完善工序控制措施。工程质量是在工序中产生的，工序控制对工程质量起着决定性的作用。应把影响工序质量的因素都纳入控制状态中，建立质量管理点，及时检查和审核承包商提交的质量统计分析资料和质量控制图表。

第二，严格工序交接检查。主要工作作业包括隐蔽作业需按有关验收规定经检查验收后，方可进行下一工序的施工。

第三，重要的工程部位或专业工程（如混凝土工程）要做试验或技术复核。

第四，审查质量事故处理方案，并对处理效果进行检查。

第五，对完成的分项分部工程，按相应的质量评定标准和办法进行检查验收。

第六，审核设计变更和图纸修改。

第七，按合同行使质量监督权和质量否决权。

第八，组织定期或不定期的质量现场会议，及时分析、通报工程质量状况。

3. 事后控制

第一，审核承包商提供的质量检验报告及有关技术性文性。

第二，审核承包商提交的竣工图。

第三，组织联动试车。

第四，按规定的质量评定标准和办法，进行检查验收。

第五，组织项目竣工总验收。

第六，整理有关工程项目质量的技术文件，并编目、建档。

4. 工程项目保修阶段质量控制的任务

第一，审核承包商的工程保修书。

第二，检查、鉴定工程质量状况和工程使用情况。

第三，对出现的质量缺陷，确定责任者。

第四，督促承包商修复缺陷。

第五，在保修期结束后，检查工程保修状况，移交保修资料。

五、工程项目质量影响因素的控制

在工程项目建设的各个阶段，对工程项目质量影响的主要因素就是"人、机、料、法、环"等五大方面。为此，应对这五个方面的因素进行严格的控制，以确保工程项目建设的质量。

（一）对"人"的因素的控制

人是工程质量的控制者，也是工程质量的"制造者"。工程质量的好与坏，与人的因素是密不可分的。控制人的因素，即调动人的积极性、避免人的失误等，是控制工程质量的关键因素。

1.领导者的素质

领导者是具有决策权力的人，其整体素质是提高工作质量和工程质量的关键，因此在对承包商进行资质认证和选择时一定要考核领导者的素质。

2.人的理论和技术水平

人的理论水平和技术水平是人的综合素质的表现，它直接影响工程项目质量，尤其是技术复杂，操作难度大，要求精度高，工艺新的工程对人员素质要求更高，否则，工程质量就很难保证。

3.人的生理缺陷

根据工程施工的特点和环境，应严格控制人的生理缺陷，如高血压、心脏病的人，不能从事高空作业和水下作业；反应迟钝、应变能力差的人，不能操作快速运行、动作复杂的机械设备等，否则将影响工程质量，引起安全事故。

4.人的心理行为

影响人的心理行为因素很多，而人的心理因素如疑虑、畏惧、抑郁等很容易使人产生愤怒、怨恨等情绪，使人的注意力转移，由此引发质量、安全事故。所以，在审核企业的资质水平时，要注意企业职工的凝聚力如何，职工的情绪如何，这也是选择企业的一条标准。

5.人的错误行为

人的错误行为是指人在工作场地或工作中吸烟、打盹、错视、错听、误判断、误动作等，这些都会影响工程质量或造成质量事故。所以，在有危险的工作场所，应严格禁止吸烟、嬉戏等。

6.人的违纪违章

人的违纪违章是指人的粗心大意、注意力不集中、不履行安全措施等不良行为，会对工程质量造成损害，甚至引起工程质量事故。所以，在使用人的问题上，应从思想素质、业务素质和身体素质等方面严格控制。

（二）对材料、构配件的质量控制

1.材料质量控制的要点

第一，掌握材料信息，优选供货厂家。应掌握材料信息，优先选有信誉的厂家供货，对主要材料、构配件在订货前，必须经监理工程师论证同意后，才可订货。

第二，合理组织材料供应。应协助承包商合理地组织材料采购、加工、运输、储备。尽量加快材料周转，按质、按量、如期满足工程建设需要。

第三，合理地使用材料，减少材料损失。

第四，加强材料检查验收。用于工程上的主要建筑材料，进场时必须具备正式的出厂合格证和材质化验单。否则，应作补检。工程中所有各种构配件，必须具有厂家批号和出厂合格证。

凡是标志不清或质量有问题的材料，对质量保证资料有怀疑或与合同规定不相符的一般材料，应进行一定比例的材料试验，并需要追踪检验。对于进口的材料和设备以及重要工程或关键施工部位所用材料，则应进行全部检验。

第五，重视材料的使用认证，以防错用或使用不当

2.材料质量控制的内容

（1）材料质量的标准

材料质量的标准是用以衡量材料标准的尺度，并作为验收、检验材料质量的依据。其具体的材料标准指标可参见相关材料手册。

（2）材料质量的检验、试验

材料质量的检验目的是通过一系列的检测手段，将取得的材料数据与材料的质量标准相比较，用以判断材料质量的可靠性。

3.材料质量的检验方法

（1）书面检验

书面检验是通过对提供的材料质量保证资料、试验报告等进行审核，取得认可方能使用。

（2）外观检验

外观检验是对材料从品种、规格、标志、外形尺寸等进行直观检查，看有无质量问题。

（3）理化检验

理化检验是借助试验设备和仪器对材料样品的化学成分、机械性能等进行科学的鉴定。

（4）无损检验

无损检验是在不破坏材料样品的前提下，利用超声波、X射线、表面探伤仪等进行检测。

4.材料质量检验程度

材料质量检验程度分为免检、抽检和全部检查三种。

（1）免检

免检就是免去质量检验工序。对有足够质量保证的一般材料，以及实践证明质量长期稳定而且质量保证资料齐全的材料，可予以免检。

（2）抽检

抽检是按随机抽样的方法对材料抽样检验。如对材料的性能不清楚，对质量保证资料有怀疑，或对成批生产的构配件，均应按一定比例进行抽样检验。

（3）全检

对进口的材料、设备和重要工程部位的材料，以及贵重的材料，应进行全部检验，以确保材料和工程质量。

5.材料质量检验项目

材料检验项目一般可分为一般检验项目和其他检验项目。

6.材料质量检验的取样

材料质量检验的取样必须具有代表性，也就是所取样品的质量应能代表该批材料的质量。在采取试样时，必须按规定的部位、数量及采选的操作要求进行。

7.材料抽样检验的判断

抽样检验是对一批产品（个数为 m）根据一次抽取 n 个样品进行检验，用其结果来判断该批产品是否合格。

8.材料的选择和使用要求

材料的选择不当和使用不正确，会严重影响工程质量或造成工程质量事故。因此，在施工过程中，必须针对工程项目的特点和环境要求及材料的性能、质量标准、适用范围等多方面综合考察，慎重选择和使用材料。

（三）对方法的控制

对方法的控制主要是指对施工方案的控制，也包括对整个工程项目建设期内所采用的技术方案、工艺流程、组织措施、检测手段、施工组织设计等的控制。对一个工程项目而言，施工方案恰当与否，直接关系到工程项目质量，关系到工程项目的成败，所以应重视对方法的控制。这里说的方法控制，在工程施工的不同阶段，其侧重点也不相同，但都是围绕确保工程项目质量这个纲。

（四）对施工机械设备的控制

施工机械设备是工程建设不可缺少的设施，目前，工程建设的施工进度和施工质量都与施工机械关系密切。因此，在施工阶段，必须对施工机械的性能、选型和使用操作等方面进行控制。

1.机械设备的选型

机械设备的选型应因地制宜，按照技术先进、经济合理、生产适用、性能可靠、使用安全、操作和维修方便等原则来选择施工机械。

2.机械设备的主要性能参数

机械设备的性能参数是选择机械设备的主要依据，为满足施工的需要，在参数选择上可适当留有余地，但不能选择超出需要很多的机械设备，否则，容易造成经济上的不合理。机械设备的性能参数很多，要综合各参数，确定合适的施工机械设备。在这方面，要结合机械施工方案，择优选择机械设备，要严格把关，对不符合需要和有安全隐患的机械，不准进场。

3.机械设备的使用、操作要求

合理使用机械设备，正确地进行操行，是保证工程项目施工质量的重要环节，应贯彻"人机固定"的原则,实行定机、定人、定岗位的制度。操作人员必须认真执行各项规章制度,严格遵守操作规程,防止出现安全质量事故。

(五)对环境因素的控制

影响工程项目质量的环境因素很多,有工程技术环境、工程管理环境、劳动环境等。环境因素对工程质量的影响复杂而且多变,因此应根据工程特点和具体条件,对影响工程质量的环境因素严格控制。

第四节 质量体系建立与运行

一、施工阶段的质量控制

(一)质量控制的依据

施工阶段的质量管理及质量控制的依据,大体上可分为两类,即共同性依据及专门技术法规性依据。

共同性依据是指那些适用于工程项目施工阶段与质量控制有关的,具有普遍指导意义和必须遵守的基本文件。主要有工程承包合同文件,设计文件,国家和行业现行的有关质量管理方面的法律、法规文件。

工程承包合同中分别规定了参与施工建设的各方在质量控制方面的权利和义务,并据此对工程质量进行监督和控制。

有关质量检验与控制的专门技术法规性依据是指针对不同行业、不同的质量控制对象而制定的技术法规性的文件,主要包括:

第一,已批准的施工组织设计。它是承包单位进行施工准备和指导现场施工的规划性、指导性文件,详细规定了工程施工的现场布置,人员设备的配置,作业要求,施工工序和工艺,技术保证措施,质量检查方法和技术标准等,是进行质量控制的重要依据。

第二,合同中引用的国家和行业的现行施工操作技术规范、施工工艺规程及验收规范。它是维护正常施工的准则,与工程质量密切相关,必须严格遵守执行。

第三,合同中引用的有关原材料、半成品、配件方面的质量依据。如水泥、钢材、骨料等有关产品技术标准;水泥、骨料、钢材等有关检验、取样、方法的技术标准;有关材料验收、包装、标志的技术标准。

第四,制造厂提供的设备安装说明书和有关技术标准。这是施工安装承包人进行设备安装必须遵循的重要技术文件,也是进行检查和控制质量的依据。

(二)质量控制的方法

施工过程中的质量控制方法主要有旁站检查、测量、试验等。

1. 旁站检查

旁站是指有关管理人员对重要工序（质量控制点）的施工所进行的现场监督和检查，以避免质量事故的发生。旁站也是驻地监理人员的一种主要现场检查形式。根据工程施工难度及复杂性，可采用全过程旁站、部分时间旁站两种方式。对容易产生缺陷的部位，或产生了缺陷难以补救的部位，以及隐蔽工程，应加强旁站检查。

在旁站检查中，必须检查承包人在施工中所用的设备、材料及混合料是否符合已批准的文件要求，检查施工方案、施工工艺是否符合相应的技术规范。

2. 测量

测量是对建筑物的尺寸控制的重要手段。应对施工放样及高程控制进行核查，不合格者不准开工。对模板工程、已完工程的几何尺寸、高程、宽度、厚度、坡度等质量指标，按规定要求进行测量验收，不符合规定要求的需进行返工。测量记录，均要事先经工程师审核签字后方可使用。

3. 试验

试验是工程师确定各种材料和建筑物内在质量是否合格的重要方法。所有工程使用的材料，都必须事先经过材料试验，质量必须满足产品标准，并经工程师检查批准后，方可使用。材料试验包括水源、粗骨料、沥青、土工织物等各种原材料，不同等级混凝土的配合比试验，外购材料及成品质量证明和必要的试验鉴定，仪器设备的校调试验，加工后的成品强度及耐用性检验，工程检查等。没有试验数据的工程不予验收。

（三）工序质量监控

1. 工序质量监控的内容

工序质量控制主要包括对工序活动条件的监控和对工序活动效果的监控。

（1）工序活动条件的监控

所谓工序活动条件监控，就是指对影响工程生产因素进行的控制。工序活动条件的控制是工序质量控制的手段。尽管在开工前对生产活动条件已进行了初步控制，但在工序活动中有的条件还会发生变化，使其基本性能达不到检验指标，这正是生产过程产生质量不稳定的重要原因。因此，只有对工序活动条件进行控制，才能达到对工程或产品的质量性能特性指标的控制。工序活动条件包括的因素较多，要通过分析，分清影响工序质量的主要因素，抓住主要矛盾，逐渐予以调节，以达到质量控制的目的。

（2）工序活动效果的监控

工序活动效果的监控主要反映在对工序产品质量性能的特征指标的控制上。通过对工序活动的产品采取一定的检测手段进行检验，根据检验结果分析、判断该工序活动的质量效果，从而实现对工序质量的控制，其步骤如下：首先是工序活动前的控制，主要要求人、材料、机械、方法或工艺、环境能满足要求；然后采用必要的手段和工具，对抽出的工序子样进行质量检验；应用质量统计分析工具（如直方图、控制图、排列图等）对检验所得的数据进行分析，找出这些质量数据所遵循的规律。根据质量数据分布规律的结果，判断质量是否正常；若出现异常情况，寻找原因，找出影响工序质量的因素，尤其是那些主要因素，采取对策和措施进行调整；再重复前面的步骤，检查调整效果，直到满足要求，这样便可达到控制工序质量的目的。

2.工序质量监控实施要点

对工序活动质量监控，首先应确定质量控制计划，它是以完善的质量监控体系和质量检查制度为基础。一方面，工序质量控制计划要明确规定质量监控的工作程序、流程和质量检查制度；另一方面，需进行工序分析，在影响工序质量的因素中，找出对工序质量产生影响的重要因素，进行主动的、预防性的重点控制。例如，在振捣混凝土这一工序中，振捣的插点和振捣时间是影响质量的主要因素，为此，应加强现场监督并要求施工单位严格予以控制。

同时，在整个施工活动中，应采取连续的动态跟踪控制，通过对工序产品的抽样检验，判定其产品质量波动状态，若工序活动处于异常状态，则应查出影响质量的原因，采取措施排除系统性因素的干扰，使工序活动恢复到正常状态，从而保证工序活动及其产品质量。此外，为确保工程质量，应在工序活动过程中设置质量控制点，进行预控。

3.质量控制点的设置

质量控制点的设置是进行工序质量预防控制的有效措施。质量控制点是指为保证工程质量而必须控制的重点工序、关键部位、薄弱环节。应在施工前，全面、合理地选择质量控制点，并对设置质量控制点的情况及拟采取的控制措施进行审核。必要时，应对质量控制实施过程进行跟踪检查或旁站监督，以确保质量控制点的施工质量。

设置质量控制点的对象，主要有以下几方面：

（1）关键的分项工程

如大体积混凝土工程，土石坝工程的坝体填筑，隧洞开挖工程等。

（2）关键的工程部位

如混凝土面板堆石坝面板趾板及周边缝的接缝，土基上水闸的地基基础，预制框架结构的梁板节点，关键设备的设备基础等。

（3）薄弱环节

指经常发生或容易发生质量问题的环节，或承包人无法把握的环节，或采用新工艺（材料）施工的环节等。

（4）关键工序

如钢筋混凝土工程的混凝土振捣，灌注桩钻孔，隧洞开挖的钻孔布置、方向、深度、用药量和填塞等。

（5）关键工序的关键质量特性

如混凝土的强度、耐久性，土石坝的干容重、黏性土的含水率等。

（6）关键质量特性的关键因素

如冬季混凝土强度的关键因素是环境（养护温度），支模的关键因素是支撑方法，泵送混凝土输送质量的关键因素是机械，墙体垂直度的关键因素是人等。

控制点的设置应准确有效，因此究竟选择哪些作为控制点，需要由有经验的质量控制人员进行选择。一般可根据工程性质和特点来确定

4.见证点、停止点的概念

在工程项目实施控制中，通常是由承包人在分项工程施工前制定施工计划时，就

选定设置控制点，并在相应的质量计划中进一步明确哪些是见证点，哪些是停止点。所谓见证点和停止点是国际上对于重要程度不同及监督控制要求不同的质量控制对象的一种区分方式。见证点监督也称为 W 点监督。凡是被列为见证点的质量控制对象，在规定的控制点施工前，施工单位应提前 24 h 通知监理人员在约定的时间内到现场进行见证并实施监督。如监理人员未按约定到场，施工单位有权对该点进行相应的操作和施工。停止点也称为待检查点或 H 点，它的重要性高于见证点，是针对那些由于施工过程或工序施工质量不易或不能通过其后的检验和试验而充分得到论证的"特殊过程"或"特殊工序"而言的。凡被列入停止点的控制点，要求必须在该控制点来临之前 24 h 通知监理人员到场实验监控，如监理人员未能在约定时间内到达现场，施工单位应停止该控制点的施工，并按合同规定等待监理方，未经认可不能超过该点继续施工，如水闸闸墩混凝土结构在钢筋架立后，混凝土浇筑之前，可设置停止点。

在施工过程中，应加强旁站和现场巡查的监督检查；严格实施隐蔽式工程工序间交接检查验收、工程施工预检等检查监督；严格执行对成品保护的质量检查。只有这样才能及早发现问题，及时纠正，防患于未然，确保工程质量，避免导致工程质量事故。

为了对施工期间的各分部、分项工程的各工序质量实施严密、细致和有效的监督、控制，应认真地填写跟踪档案，即施工和安装记录。

（四）施工合同条件下的工程质量控制

工程施工是使业主及工程设计意图最终实现并形成工程实体的阶段，也是最终形成工程产品质量和工程项目使用价值的重要阶段。由此可见，施工阶段的质量控制不但是工程师的核心工作内容，也是工程项目质量控制的重点。

1.质量检查（验）的职责和权力

施工质量检查（验）是建设各方质量控制必不可少的一项工作，它可以起到监督、控制质量，及时纠正错误，避免事故扩大，消除隐患等作用。

（1）承包商质量检查（验）的职责

第一，提交质量保证计划措施报告。保证工程施工质量是承包商的基本义务。承包商应按 ISO9000 系列标准建立和健全所承包工程的质量保障计划，在组织上和制度上落实质量管理工作，以确保工程质量。

承包商质量检查（验）职责。根据合同规定和工程师的指示，承包商应对工程使用的材料和工程设备以及工程的所有部位及其施工工艺进行全过程的质量自检，并作质量检查（验）记录，定期向工程师提交工程质量报告。同时，承包商应建立一套全部工程的质量记录和报表，以便于工程师复核检验和日后发现质量问题时查找原因。当合同发生争议时，质量记录和报表还是重要的当时记录。

自检是检验的一种形式，它是由承包商自己来进行的。在合同环境下，承包商的自检包括：班组的"初检"；施工队的"复检"；公司的"终检"。自检的目的不仅在于判定被检验实体的质量特性是否符合合同要求，更为重要的是用于对过程的控制。因此，承包商的自检是质量检查（验）的基础，是控制质量的关键。为此，工程师有权拒绝对那些"三检"资料不完善或无"三检"资料的过程（工序）进行检验。

（2）工程师的质量检查（验）权力

按照我国有关法律、法规的规定：工程师在不妨碍承包商正常作业的情况下，可以随时对作业质量进行检查（验）。这表明工程师有权对全部工程的所有部位及其任何一项工艺、材料和工程设备进行检查和检验，并具有质量否决权。具体内容包括：

第一，复核材料和工程设备的质量及承包商提交的检查结果。

第二，对建筑物开工前的定位定线进行复核签证，未经工程师签认不得开工。

第三，对隐蔽工程和工程的隐蔽部位进行覆盖前的检查（验），上道工序质量不合格的不得进入下一工序施工。

第四，对正在施工中的工程在现场进行质量跟踪检查（验），发现问题及时纠正等。

这里需要指出，承包商要求工程师进行检查（验）的意向，以及工程师要进行检查（验）的意向均应提前24 h通知对方。

2.材料、工程设备的检查和检验

《水利水电土建工程施工合同条件》通用条款及技术条款规定，材料和工程设备的采购分两种情况：承包商负责采购的材料和工程设备。业主负责采购的工程设备，承包商负责采购的材料。

对材料和工程设备进行检查和检验时应区别对待以上两种情况。

（1）材料和工程设备的检验和交货验收

对承包商采购的材料和工程设备，其产品质量承包商应对业主负责。材料和工程设备的检验和交货验收由承包商负责实施，并承担所需费用，具体做法：承包商会同工程师进行检验和交货验收，查验材质证明和产品合格证书。此外，承包商还应按合同规定进行材料的抽样检验和工程设备的检验测试，并将检验结果提交给工程师。工程师参加交货验收不能减轻或免除承包商在检验和验收中应负的责任。

对业主采购的工程设备，为了简化验交手续和重复装运，业主应将其采购的工程设备由生产厂家直接移交给承包商。为此，业主和承包商在合同规定的交货地点（如生产厂家、工地或其他合适的地方）共同进行交货验收，由业主正式移交给承包商。在交货验收过程中，业主采购的工程设备检验及测试由承包商负责，业主不必再配备检验及测试用的设备和人员，但承包商必须将其检验结果提交工程师，并由工程师复核签认检验结果。

（2）工程师检查或检验

工程师和承包商应商定对工程所用的材料和工程设备进行检查和检验的具体时间和地点。通常情况下，工程师应到场参加检查或检验，如果在商定时间内工程师未到场参加检查或检验，且工程师无其他指示（如延期检查或检验），承包商可自行检查或检验，并立即将检查或检验结果提交给工程师。除合同另有规定外，工程师应在事后确认承包商提交的检查或检验结果。

对于承包商未按合同规定检查或检验材料和工程设备，工程师指示承包商按合同规定补做检查或检验。此时，承包商应无条件地按工程师的指示和合同规定补做检查或检验，并应承担检查或检验所需的费用和可能带来的工期延误责任。

（3）额外检验和重新检验

1) 额外检验

在合同履行过程中，如果工程师需要增加合同中未作规定的检查和检验项目，工程师有权指示承包商增加额外检验，承包商应遵照执行，但应由业主承担额外检验的费用和工期延误责任。

2) 重新检验

在任何情况下，如果工程师对以往的检验结果有疑问，有权指示承包商进行再次检验即重新检验，承包商必须执行工程师指示，不得拒绝。"以往检验结果"是指已按合同规定要求得到工程师的同意，如果承包商的检验结果未得到工程师同意，则工程师指示承包商进行的检验不能称为重新检验，应为合同内检测。

重新检验带来的费用增加和工期延误责任的承担视重新检验结果而定。如果重新检验结果证明这些材料、工程设备、工序不符合合同要求，则应由承包商承担重新检验的全部费用和工期延误责任；如果重新检验结果证明这些材料、工程设备、工序符合合同要求，则应由业主承担重新检验的费用和工期延误责任。

当承包商未按合同规定进行检查或检验，并且不执行工程师有关补做检查或检验指示和重新检验的指示时，工程师为了及时发现可能的质量隐患，减少可能造成的损失，可以指派自己的人员或委托其他人进行检查或检验，以保证质量。此时，不论检查或检验结果如何，工程师因采取上述检查或检验补救措施而造成的工期延误和增加的费用均应由承包商承担。

（4）不合格工程、材料和工程设备

1) 禁止使用不合格材料和工程设备

工程使用的一切材料、工程设备均应满足合同规定的等级、质量标准和技术特性。工程师在工程质量的检查或检验中发现承包商使用了不合格材料或工程设备时，可以随时发出指示，要求承包商立即改正，并禁止在工程中继续使用这些不合格的材料和工程设备。

如果承包商使用了不合格材料和工程设备，其造成的后果应由承包商承担责任，承包商应无条件地按工程师指示进行补救。业主提供的工程设备经验收不合格的应由业主承担相应责任。

2) 不合格工程、材料和工程设备的处理

第一，如果工程师的检查或检验结果表明承包商提供的材料或工程设备不符合合同要求，工程师可以拒绝接收，并立即通知承包商。此时，承包商除立即停止使用外，应与工程师共同研究补救措施。如果在使用过程中发现不合格材料，工程师应视具体情况，下达运出现场或降级使用的指示。

第二，如果检查或检验结果表明业主提供的工程设备不符合合同要求，承包商有权拒绝接收，并要求业主予以更换。

第三，如果因承包商使用了不合格材料和工程设备造成了工程损害，工程师可以随时发出指示，要求承包商立即采取措施进行补救，直至彻底清除工程的不合格部位及不合格材料和工程设备。

第四，如果承包商无故拖延或拒绝执行工程师的有关指示，则业主有权委托其他承包商执行该项指示。由此而造成的工期延误和增加的费用由承包商承担。

3.隐蔽工程

隐蔽工程和工程隐蔽部位是指已完成的工作面经覆盖后将无法事后查看的任何工程部位和基础。由于隐蔽工程和工程隐蔽部位的特殊性及重要性，因此没有工程师的批准，工程的任何部分均不得覆盖或使之无法查看。

对于将被覆盖的部位和基础在进行下一道工序之前，首先由承包商进行自检（"三检"），确认符合合同要求后，再通知工程师进行检查，工程师不得无故缺席或拖延，承包商通知时应考虑到工程师有足够的检查时间。工程师应按通知约定的时间到场进行检查，确认质量符合合同规定要求，并在检查记录上签字后，才能允许承包商进入下一道工序，进行覆盖。承包商在取得工程师的检查签证之前，不得以任何理由进行覆盖，否则，承包商应承担因补检而增加的费用和工期延误责任。如果由于工程师未及时到场检查，承包商因等待或延期检查而造成工期延误则承包商有权要求延长工期和赔偿其停工、窝工等损失。

4.放线

（1）施工控制网

工程师应在合同规定的期限内向承包商提供测量基准点、基准线和水准点及其书面资料。业主和工程师应对测量点、基准线和水准点的正确性负责。

承包商应在合同规定期限内完成测设自己的施工控制网，并将施工控制网资料报送工程师审批。承包商应对施工控制网的正确性负责。此外，承包商还应负责保管全部测量基准和控制网点。工程完工后，应将施工控制网点完好地移交给业主。

工程师为了监理工作的需要，可以使用承包商的施工控制网，并不为此另行支付费用。此时，承包商应及时提供必要的协助，不得以任何理由加以拒绝。

（2）施工测量

承包商应负责整个施工过程中的全部施工测量放线工作,包括地形测量、放样测量、断面测量、支付收方测量和验收测量等，并应自行配置合格的人员、仪器、设备和其他物品。

承包商在施测前，应将施工测量措施报告报送工程师审批。

工程师应按合同规定对承包商的测量数据和放样成果进行检查。工程师认为必要时还可指示承包商在工程师的监督下进行抽样复测，并修正复测中发现的错误。

5.完工和保修

（1）完工验收

完工验收指承包商基本完成合同中规定的工程项目后，移交给业主接收前的交工验收，不是国家或业主对整个项目的验收。基本完成是指不一定要合同规定的工程项目全部完成，有些不影响工程使用的尾工项目，经工程师批准，可待验收后在保修期中去完成。

1）完工验收申请报告

当工程具备了下列条件，并经工程师确认时，承包商即可向业主和工程师提交完工验收申请报告，并附上完工资料：

①除工程师同意可列入保修期完成的项目外,已完成了合同规定的全部工程项目。

②已按合同规定备齐了完工资料,包括:工程实施概况和大事记,已完工程(含工程设备)清单,永久工程完工图,列入保修期完成的项目清单,未完成的缺陷修复清单,施工期观测资料,各类施工文件、施工原始记录等。

③已编制了在保修期内实施的项目清单和未修复的缺陷项目清单以及相应的施工措施计划。

2)工程师审核。

工程师在接到承包商完工验收申请报告后的 28 d 内进行审核并作出决定,或者提请业主进行工程验收,或者通知承包商在验收前尚应完成的工作和对申请报告的异议,承包商应在完成工作后或修改报告后重新提交完工验收申请报告。

3)完工验收和移交证书。

业主在接到工程师提请进行工程验收的通知后,应在收到完工验收申请报告后 56 d 内组织工程验收,并在验收通过后向承包商颁发移交证书。移交证书上应注明由业主、承包商、工程师协商核定的工程实际完工日期。此日期是计算承包商完工工期的依据,也是工程保修期的开始。从颁交证书之日起,照管工程的责任即应由业主承担,且在此后 14 d 内,业主应将保留金总额的 50% 退还给承包商。

4)分阶段验收和施工期运行。

水利水电工程中分阶段验收有两种情况。第一种情况是在全部工程验收前,某些单位工程,如船闸、隧洞等已完工,经业主同意可先行单独进行验收,通过后颁发单位工程移交证书,由业主先接管该单位工程。第二种情况是业主根据合同进度计划的安排,需提前使用尚未全部建成的工程,如大坝工程达到某一特定高程可以满足初期发电时,可对该部分工程进行验收,以满足初期发电要求。验收通过应签发临时移交证书。工程未完成部分仍由承包商继续施工。对通过验收的部分工程由于在施工期运行而使承包商增加了修复缺陷的费用,业主应给予适当的补偿。

5)业主拖延验收。

如业主在收到承包商完工验收申请报告后,不及时进行验收,或在验收通过后无故不颁发移交证书,则业主应从承包商发出完工验收申请报告 56d 后的次日起承担照管工程的费用。

(2)工程保修

1)保修期(FIDIC 条款中称为缺陷通知期)。

工程移交前,虽然已通过验收,但是还未经过运行的考验,而且还可能有一些尾工项目和修补缺陷项目未完成,所以还必须有一段期间用来检验工程的正常运行,这就是保修期。水利水电土建工程保修期一般为一年,从移交证书中注明的全部工程完工日期开始起算。在全部工程完工验收前,业主已提前验收的单位工程或部分工程,若未投入正常运行,其保修期仍按全部工程完工日期起算;若验收后投入正常运行,其保修期应从该单位工程或部分工程移交证书上注明的完工日期起算。

2)保修责任。

①保修期内,承包商应负责修复完工资料中未完成的缺陷修复清单所列的全部项目。

②保修期内如发现新的缺陷和损坏，或原修复的缺陷又遭损坏，承包商应负责修复。至于修复费用由谁承担，需视缺陷和损坏的原因而定，由于承包商施工中的隐患或其他承包商原因所造成，应由承包商承担；若由于业主使用不当或业主其他原因所致，则由业主承担。

保修责任终止证书（FIDIC 条款中称为履约证书）。在全部工程保修期满，且承包商不遗留任何尾工项目和缺陷修补项目，业主或授权工程师应在 28 d 内向承包商颁发保修责任终止证书。

保修责任终止证书的颁发，表明承包商已履行了保修期的义务，工程师对其满意，也表明了承包商已按合同规定完成了全部工程的施工任务，业主接受了整个工程项目。但此时合同双方的财务账目尚未结清，可能有些争议还未解决，故并不意味合同已履行结束。

（3）清理现场与撤离

圆满完成清场工作是承包商进行文明施工的一个重要标志。一般而言，在工程移交证书颁发前，承包商应按合同规定的工作内容对工地进行彻底清理，以便业主使用已完成的工程。经业主同意后也可留下部分清场工作在保修期满前完成。

承包商应按下列工作内容对工地进行彻底清理，并需经工程师检验合格为止：

①工程范围内残留的垃圾已全部焚毁、掩埋或清除出场。

②临时工程已按合同规定拆除，场地已按合同要求清理和平整。

③承包商设备和剩余的建筑材料已按计划撤离工地，废弃的施工设备和材料亦已清除。

④施工区内的永久道路和永久建筑物周围的排水沟道，均已按合同图纸要求和工程师指示进行疏通和修整。

⑤主体工程建筑物附近及其上、下游河道中的施工堆积场，已按工程师的指示予以清理。

此外，在全部工程的移交证书颁发后 42 d 内，除了经工程师同意，由于保修期工作需要留下部分承包商人员、施工设备和临时工程外，承包商的队伍应撤离工地，并做好环境恢复工作。

二、全面质量管理的基本概念

全面质量管理（Total Quality Management，简称 TQM）是企业管理的中心环节，是企业管理的纲，它和企业的经营目标是一致的。这就是要求将企业的生产经营管理和质量管理有机地结合起来。

（一）全面质量管理的基本概念

全面质量管理是以组织全员参与为基础的质量管理模式，它代表了质量管理的最新阶段，菲根堡姆指出：全面质量管理是为了能够在最经济的水平上，并充分考虑到满足用户的要求的条件下进行市场研究、设计、生产和服务，把企业内各部门研制质量，维持质量和提高质量的活动构成为一体的一种有效体系。他的理论经过世界各国的继承和发展，得到了进一步的扩展和深化。1994 版 ISO9000 族标准中对全面质量管理的定义为：一个组织以质量为中心，以全员参与为基础，目的在于通过让顾客满意和本组织所有成员及社会受益而达到长期成功的管理途径。

（二）全面质量管理的基本要求

1.全过程的管理

任何一个工程（和产品）的质量，都有一个产生、形成和实现的过程；整个过程是由多个相互联系、相互影响的环节所组成的，每一环节都或重或轻地影响着最终的质量状况。因此，要搞好工程质量管理，必须把形成质量的全过程和有关因素控制起来，形成一个综合的管理体系，做到以防为主，防检结合，重在提高。

2.全员的质量管理

工程（产品）的质量是企业各方面、各部门、各环节工作质量的反映。每一环节，每一个人的工作质量都会不同程度地影响着工程（产品）最终质量。工程质量人人有责，只有人人都关心工程的质量，做好本职工作，才能生产出好质量的工程。

3.全企业的质量管理

全企业的质量管理一方面要求企业各管理层次都要有明确的质量管理内容，各层次的侧重点要突出，每个部门应有自己的质量计划、质量目标和对策，层层控制；另一方面就是要把分散在各部门的质量职能发挥出来。如水利水电工程中的"三检制"，就充分反映这一观点。

4.多方法的管理

影响工程质量的因素越来越复杂：既有物质的因素，又有人为的因素；既有技术因素，又有管理因素；既有内部因素，又有企业外部因素。要搞好工程质量，就必须把这些影响因素控制起来，分析它们对工程质量的不同影响。灵活运用各种现代化管理方法来解决工程质量问题。

（三）全面质量管理的基本指导思想

1.质量第一、以质量求生存

任何产品都必须达到所要求的质量水平，否则就没有或未实现其使用价值，从而给消费者、给社会带来损失。从这个意义上讲，质量必须是第一位的。贯彻"质量第一"就要求企业全员，尤其是领导层，要有强烈的质量意识；要求企业在确定质量目标时，首先应根据用户或市场的需求，科学地确定质量目标，并安排人力、物力、财力予以保证。当质量与数量、社会效益与企业效益、长远利益与眼前利益发生矛盾时，应把质量、社会效益和长远利益放在首位。

"质量第一"并非"质量至上"。质量不能脱离当前的市场水准，也不能不问成本一味地讲求质量。应该重视质量成本的分析，把质量与成本加以统一，确定最适合的质量。

2.用户至上

在全面质量管理中，这是一个十分重要的指导思想。"用户至上"就是要树立以用户为中心，为用户服务的思想。要使产品质量和服务质量尽可能满足用户的要求。产品质量的好坏最终应以用户的满意程度为标准。这里，所谓用户是广义的，不仅指产品出厂后的直接用户，而且指在企业内部，下道工序是上道工序的用户。如混凝土工程，模板工程的质量直接影响混凝土浇筑这一下道关键工序的质量。每道工序的质量不仅影响下道工序质量，也会影响工程进度和费用。

3.质量是设计、制造出来的，而不是检验出来的

在生产过程中，检验是重要的，它可以起到不允许不合格品出厂的把关作用，同时还可以将检验信息反馈到有关部门。但影响产品质量好坏的真正原因并不在检验，而主要在于设计和制造。设计质量是先天性的，在设计的时候就已经决定了质量的等级和水平；而制造只是实现设计质量，是符合性质的。二者不可偏废，都应重视。

4.强调用数据说话

这就是要求在全面质量管理工作中具有科学的工作作风，在研究问题时不能满足于一知半解和表面，对问题不仅有定性分析还尽量有定量分析，做到心中有"数"，这样才可以避免主观盲目性。

在全面质量管理中广泛地采用了各种统计方法和工具，其中用得最多的有"七种工具"，即因果图、排列图、直方图、相关图、控制图、分层法和调查表。常用的数理统计方法有回归分析、方差分析、多元分析、实验分析、时间序列分析等。

5.突出人的积极因素

从某种意义上讲，在开展质量管理活动过程中，人的因素是最积极、最重要的因素。与质量检验阶段和统计质量控制阶段相比较，全面质量管理阶段格外强调调动人的积极因素的重要性。这是因为现代化生产多为大规模系统，环节众多，联系密切复杂，远非单纯靠质量检验或统计方法就能奏效的。必须调动人的积极因素，加强质量意识，发挥人的主观能动性，以确保产品和服务的质量。全面质量管理的特点之一就是全体人员参加的管理。"质量第一，人人有责"。

要提高质量意识，调动人的积极因素，一靠教育，二靠规范，需要通过教育培训和考核，同时还要依靠有关质量的立法以及必要的行政手段等各种激励及处罚措施。

（四）全面质量管理的工作原则

1.预防原则

在企业的质量管理工作中，要认真贯彻预防为主的原则，凡事要防患于未然。在产品制造阶段应该采用科学方法对生产过程进行控制，尽量把不合格品消灭在发生之前。在产品的检验阶段，不论是对最终产品或是在制品，都要把质量信息及时反馈并认真处理。

2.经济原则

全面质量管理强调质量，但无论质量保证的水平或预防不合格的深度都是没有止境的，必须考虑经济性，建立合理的经济界限，这就是所谓经济原则。因此，在产品

设计制定质量标准时，在生产过程进行质量控制时，在选择质量检验方式为抽样检验或全数检验时等场合，都必须考虑其经济效益□

3.协作原则

协作是大生产的必然要求。生产和管理分工越细，就越要求协作。一个具体单位的质量问题往往涉及许多部门，如无良好的协作是很难解决的。因此，强调协作是全面质量管理的一条重要原则，也反映了系统科学全局观点的要求。

4.按照PDCA循环组织活动

PDCA循环是质量体系活动所应遵循的科学工作程序，周而复始，内外嵌套，循环不已，以求质量不断提高。

（五）全面质量管理的运转方式

质量保证体系运转方式是按照计划（P）、执行（D）、检查（C）、处理（A）的管理循环进行的。它包括四个阶段和八个工作步骤。

1.四个阶段

（1）计划阶段

按使用者要求，根据具体生产技术条件，找出生产中存在的问题及其原因，拟定生产对策和措施计划。

（2）执行阶段

按预定对策和生产措施计划，组织实施。

（3）检查阶段

对生产成品进行必要的检查和测试，即把执行的工作结果与预定目标对比，检查执行过程中出现的情况和问题。

（4）处理阶段

把经过检查发现的各种问题及用户意见进行处理。凡符合计划要求的予以肯定，成文标准化。对不符合设计要求和不能解决的问题，转入下一循环以进一步研究解决。

2.八个步骤

第一，分析现状，找出问题，不能凭印象和表面作判断。结论要用数据表示。

第二，分析各种影响因素，要把可能因素一一加以分析。

第三，找出主要影响因素，要努力找出主要因素进行解剖，才能改进工作，提高产品质量。

第四，研究对策，针对主要因素拟定措施，制定计划，确定目标。

以上属P阶段工作内容。

第五，执行措施为D阶段的工作内容。

第六，检查工作成果，对执行情况进行检查，找出经验教训，为C阶段的工作内容。

第七，巩固措施，制定标准，把成熟的措施订成标准（规程、细则）形成制度。

第八，遗留问题转入下一个循环。

以上（7）和（8）为A阶段的工作内容。PDCA管理循环的工作程序如图8-1所示。

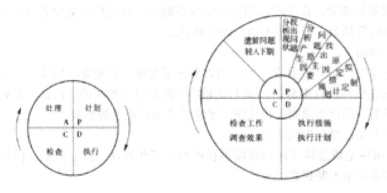

图8-1　PDCA管理循环的工作程序

3.PDCA 循环的特点

第一，四个阶段缺一不可，先后次序不能颠倒。就好像一只转动的车轮，在解决质量问题中滚动前进逐步使产品质量提高。

第二，企业的内部 PDCA 循环各级都有，整个企业是一个大循环，企业各部门又有自己的循环，如图 8-2 所示。大循环是小循环的依据，小循环又是大循环的具体和逐级贯彻落实的体现。

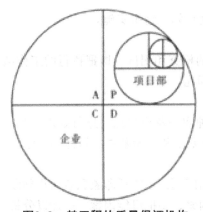

图8-2　某工程的质量保证机构

第三，PDCA 循环不是在原地转动，而是在转动中前进。每个循环结束，质量便提高一步。图 8-3 为循环上升示意图，它表明每一个 PDCA 循环都不是在原地周而复始地转动，而是像爬楼梯那样，每转一个循环都有新的目标和内容。因而就意味前进了一步，从原有水平上升到了新的水平，每经过一次循环，也就解决了一批问题，质量水平就有新的提高。

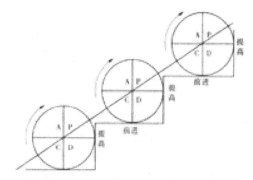

图8-3 某工程项目的质量保证体系

第四，A阶段是一个循环的关键，这一阶段（处理阶段）的目的在于总结经验，巩固成果，纠正错误，以利于下一个管理循环。为此必须把成功和经验纳入标准，定为规程，使之标准化、制度化，以便在下一个循环中遵照办理，使质量水平逐步提高。

必须指出，质量的好坏反映了人们质量意识的强弱，也反映了人们对提高产品质量意义的认识水平。有了较强的质量意识，还应使全体人员对全面质量管理的基本思想和方法有所了解。这就需要开展全面质量管理，必须加强质量教育的培训工作，贯彻执行质量责任制并形成制度，持之以恒，才能使工程施工质量水平不断提高。

（六）质量保证体系的建立和运转

工程项目在实施过程中，要建立质量保证机构和质量保证体系。

第五节 工程质量统计及事故处理

一、质量数据

利用质量数据和统计分析方法进行项目质量控制，是控制工程质量的重要手段。通常，通过收集和整理质量数据，进行统计分析比较，找出生产过程的质量规律，判断工程产品质量状况，发现存在的质量问题，找出引起质量问题的原因，并及时采取措施，预防和纠正质量事故，使工程质量始终处于受控状态。

质量数据是用以描述工程质量特征性能的数据。它是进行质量控制的基础，没有质量数据，就不可能有现代化的科学的质量控制。

（一）质量数据的类型

质量数据按其自身特征，可分为计量值数据和计数值数据；按其收集目的可分为控制性数据和验收性数据。

1.计量值数据

计量值数据是可以连续取值的连续型数据。如长度、质量、面积、标高等特征，一般都是可以用量测工具或仪器等量测，一般都带有小数。

2.计数值数据

计数值数据是不连续的离散型数据。如不合格品数、不合格的构件数等，这些反映质量状况的数据是不能用量测器具来度量的，采用计数的办法，只能出现 0、1、2 等非负数的整数。

3.控制性数据

控制性数据一般是以工序作为研究对象，是为分析、预测施工过程是否处于稳定状态，而定期随机地抽样检验获得的质量数据。

4.验收性数据

验收性数据是以工程的最终实体内容为研究对象，以分析、判断其质量是否达到技术标准或用户的要求，而采取随机抽样检验而获取的质量数据。

（二）质量数据的波动及其原因

在工程施工过程中常可看到在相同的设备、原材料、工艺及操作人员条件下，生产的同一种产品的质量不同，反映在质量数据上，即具有波动性，其影响因素有偶然性因素和系统性因素两大类。偶然性因素引起的质量数据波动属于正常波动，偶然因素是无法或难以控制的因素，所造成的质量数据的波动量不大，没有倾向性，作用是随机的，工程质量只有偶然因素影响时，生产才处于稳定状态。由系统因素造成的质量数据波动属于异常波动，系统因素是可控制、易消除的因素，这类因素不经常发生，但具有明显的倾向性，对工程质量的影响较大。

质量控制的目的就是要找出出现异常波动的原因，即系统性因素是什么，并加以排除，使质量只受随机性因素的影响。

（三）质量数据的收集

质量数据的收集总的要求应当是随机地抽样，即整批数据中每一个数据都有被抽到的同样机会。常用的方法有随机法、系统抽样法、二次抽样法和分层抽样法。

（四）样本数据特征

为了进行统计分析和运用特征数据对质量进行控制，经常要使用许多统计特征数据。统计特征数据主要有均值、中位数、极值、极差、标准偏差、变异系数，其中均值、中位数表示数据集中的位置；极差、标准偏差、变异系数表示数据的波动情况，即分散程度。

二、质量控制的统计方法简介

通过对质量数据的收集、整理和统计分析，找出质量的变化规律和存在的质量问题，提出进一步的改进措施，这种运用数学工具进行质量控制的方法是所有涉及质量管理的

人员所必须掌握的，它可以使质量控制工作定量化和规范化。下面介绍几种在质量控制中常用的数学工具及方法。

（一）直方图法

1.直方图的用途

直方图又称频率分布直方图,它们将产品质量频率的分布状态用直方图形来表示,根据直方图形的分布形状和与公差界限的距离来观察、探索质量分布规律,分析和判断整个生产过程是否正常。

利用直方图可以制定质量标准,确定公差范围,可以判明质量分布情况是否符合标准的要求。

2.直方图的分析

直方图有以下几种分布形式,见图8-4。

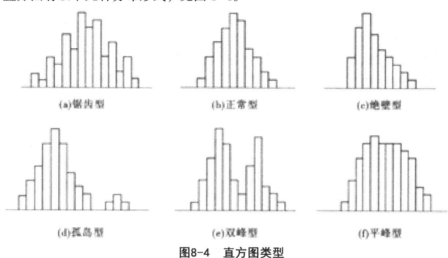

图8-4　直方图类型

（1）正常对称型

说明生产过程正常,质量稳定,如图8-4（b）所示。

（2）锯齿型

原因一般是分组不当或组距确定不当,如图8-4（a）所示。

（3）孤岛型

原因一般是材质发生变化或他人临时替班,如图8-4（d）所示。

（4）绝壁型

一般是剔除下限以下的数据造成的,如图8-4（e）所示。

（5）双峰型

把两种不同的设备或工艺的数据混在一起造成的,如图8-4（e）所示。

（6）平峰型

生产过程中有缓慢变化的因素起主导作用,如图8-4（f）所示。

3.注意事项

第一,直方图属于静态的,不能反映质量的动态变化。

第二,画直方图时,数据不能太少,一般应大于50个数据,否则画出的直方图难以正确反映总体的分布状态。

第三，直方图出现异常时，应注意将收集的数据分层，然后画直方图。

第四，直方图呈正态分布时，可求平均值和标准差。

（二）排列图法

排列图法又称巴雷特法、主次排列图法，是分析影响质量主要问题的有效方法，将众多的因素进行排列，主要因素就一目了然，如图 8-5 所示。

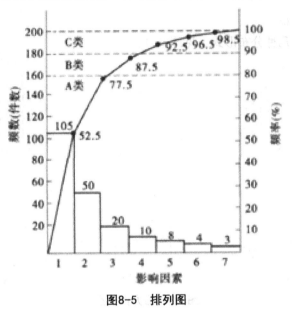

图8-5　排列图

排列图法是由一个横坐标、两个纵坐标、几 180 个长方形和一条曲线组成的。左侧的纵坐标是频数或件数，右侧纵坐标是累计频率，横轴则是项目或因素，按项目频数大小顺序在横轴上自左而右画长方形，其高度为频数，再根据右侧的纵坐标，画出累计频率曲线，该曲线也称巴雷特曲。

（三）因果分析图法

因果分析图也叫鱼刺图、树枝图，这是一种逐步深入研究和讨论质量问题的图示方法。在工程建设过程中，任何一种质量问题的产生，一般都是多种原因造成的，这些原因有大有小，把这些原因按照大小顺序分别用主干、大枝、中枝、小枝来表示，这样，就可一目了然地观察出导致质量问题的原因，并以此为据，制定相应对策，如图 8-6 所示。

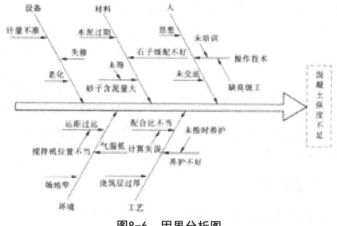

图8-6　因果分析图

（四）管理图法

管理图也称控制图，它是反映生产过程随时间变化而变化的质量动态，即反映生产过程中各个阶段质量波动状态的图形，如图 8-7 所示。管理图利用上下控制界限，将产品质量特性控制在正常波动范围内，一旦有异常反映，通过管理图就可以发现，并及时处理。

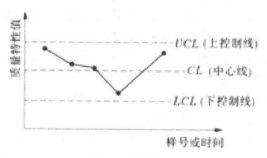

图8-7　控制图

（五）相关图法

产品质量与影响质量的因素之间，常有一定的相互关系，但不一定是严格的函数关系，这种关系称为相关关系，可利用直角坐标系将两个变量之间的关系表达出来。相关图的形式有正相关、负相关、非线性相关和无相关。

此外，还有调查表法、分层法等。

三、工程质量事故的处理

工程建设项目不同于一般工业生产活动，其项目实施的一次性、生产组织特有的流动性、综合性、劳动的密集性、协作关系的复杂性和环境的影响，均导致建筑工程质量事故具有复杂性、严重性、可变性及多发性的特点，事故是很难完全避免的。因此，必须加强组织措施、经济措施和管理措施，严防事故发生，对发生的事故应调查清楚，按有关规定进行处理。

需要指出的是，不少事故开始时经常只被认为是一般的质量缺陷，容易被忽视。随着时间的推移，待认识到这些质量缺陷问题的严重性时，则往往处理困难，或难以补救，或导致建筑物失事。因此，除明显的不会有严重后果的缺陷外，对其他的质量问题，均应分析，进行必要处理，并做出处理意见。

（一）工程事故的分类

凡水利水电工程在建设中或完工后，由于设计、施工、监理、材料、设备、工程管理和咨询等方面造成工程质量不符合规程、规范和合同要求的质量标准，影响工程的使用寿命或正常运行，一般需作补救措施或返工处理的，统称为工程质量事故。日常所说的事故大多指施工质量事故。

在水利水电工程中，按对工程的耐久性和正常使用的影响程度，检查和处理质量事故对工期影响时间的长短以及直接经济损失的大小，将质量事故分为一般质量事故、较大质量事故、重大质量事故和特大质量事故。

一般质量事故是指对工程造成一定经济损失，经处理后不影响正常使用，不影响工程使用寿命的事故。小于一般质量事故的统称为质量缺陷。

较大质量事故是指对工程造成较大经济损失或延误较短工期，经处理后不影响正常使用，但对工程使用寿命有较大影响的事故。

重大质量事故是指对工程造成重大经济损失或延误较长工期，经处理后不影响正常使用，但对工程使用寿命有较大影响的事故。

特大质量事故是指对工程造成特大经济损失或长时间延误工期，经处理后仍对工程正常使用和使用寿命有较大影响的事故。

《水利工程质量事故处理暂行规定》规定：一般质量事故，它的直接经济损失在20万～100万元，事故处理的工期在一个月内，且不影响工程的正常使用与寿命。一般建筑工程对事故的分类略有不同，主要表现在经济损失大小之规定。

（二）工程事故的处理方法

1. 事故发生的原因

工程质量事故发生的原因很多，最基本的还是人、机械、材料、工艺和环境几方面。一般可分直接原因和间接原因两类。

直接原因主要有人的行为不规范和材料、机械的不符合规定状态。如设计人员不按规范设计、监理人员不按规范进行监理，施工人员违反规程操作等，属于人的行为不规范；又如水泥、钢材等某些指标不合格，属于材料不符合规定状态。

间接原因是指质量事故发生地的环境条件，如施工管理混乱，质量检查监督失职，质量保证体系不健全等。间接原因往往导致直接原因的发生。

事故原因也可从工程建设的参建各方来寻查，业主、监理、设计、施工和材料、机械、设备供应商的某些行为或各种方法也会造成质量事故。

2.事故处理的目的

工程质量事故分析与处理的目的主要是：正确分析事故原因，防止事故恶化；创造正常的施工条件；排除隐患，预防事故发生；总结经验教训，区分事故责任；采取有效的处理措施，尽量减少经济损失，保证工程质量。

3.事故处理的原则

质量事故发生后，应坚持"三不放过"的原则，即事故原因不查清不放过，事故主要责任人和职工未受到教育不放过，补救措施不落实不放过。

发生质量事故，应立即向有关部门（业主、监理单位、设计单位和质量监督机构等）汇报，并提交事故报告。

由质量事故而造成的损失费用，坚持事故责任是谁由谁承担的原则。如责任在施工承包商，则事故分析与处理的一切费用由承包商自己负责；施工中事故责任不在承包商，则承包商可依据合同向业主提出索赔；若事故责任在设计或监理单位，应按照有关合同条款给予相关单位必要的经济处罚。构成犯罪的，移交司法机关处理。

4.事故处理的程序和方法

事故处理的程序是：

（1）下达工程施工暂停令

（2）组织调查事故

（3）事故原因分析

（4）事故处理与检查验收

（5）下达复工令

事故处理的方法有两大类：

（1）修补

这种方法适用于通过修补可以不影响工程的外观和正常使用的质量事故，此类事故是施工中多发的。

（2）返工

这类事故严重违反规范或标准，影响工程使用和安全，且无法修补，必须返工。

有些工程质量问题，虽严重超过了规程、规范的要求，已具有质量事故的性质，但可针对工程的具体情况，通过分析论证，不需作专门处理，但要记录在案。如混凝土蜂窝、麻面等缺陷，可通过涂抹、打磨等方式处理；欠挖或模板问题使结构断面被削弱，经设计复核验算，仍能满足承载要求的，也可不作处理，但必须记录在案，并有设计和监理单位的鉴定意见。

第九章　水利水电工程安全规划

第一节　水利工程安全管理的概述

一、安全管理概念

安全生产是指生产过程处于避免人身伤害、设备损坏及其他不可接受的损害风险（危险）的状态。不可接受的损害风险（危险）是指：超出了法律、法规和规章的要求，超出了方针、目标和企业规定的其他要求，超出了人们普遍接受的要求。建筑工程安全生产管理是指建设行政主管部门、建筑安全监督管理机构、建筑施工企业及有关单位对建筑安全生产过程中的安全工作，进行计划、组织、指挥、控制、监督、调节和改进等一系列致力于满足生产安全的管理活动。

（一）建筑工程安全生产管理的特点

（1）安全生产管理涉及面广、涉及单位多

由于建筑工程规模大，生产工艺复杂、工序多，在建造过程中流动作业多、高处作业多，作业位置多变，遇到不确定因素多，所以安全管理工作涉及范围大，控制面广。安全管理不仅是施工单位的责任，还包括建设单位、勘察设计单位、监理单位，这些单位也要为安全管理承担相应的责任和义务。

（2）安全生产管理动态性

第一，由于建筑工程项目的单件性，使得每项工程所处的条件不同，所面临的危险因素和防范也会有所改变。

第二，工程项目的分散性。

施工人员在施工过程中，分散于施工现场的各个部位，当他们面对各种具体的生产问题时，一般依靠自己的经验和知识进行判断并作出决定，从而增加了施工过程中由不安全行为而导致事故的风险。

第三，安全生产管理的交叉性。

建筑工程项目是开放系统，受自然环境和社会环境影响很大，安全生产管理需要把工程系统和环境系统及社会系统相结合。

第四，安全生产管理的严谨性。

安全状态具有触发性，安全管理措施必须严谨，一旦失控，就会造成损失和伤害。

（二）建筑工程安全生产管理的方针

"安全第一"是建筑工程安全生产管理的原则和目标，"预防为主"是实现安全第一的最重要手段。

（三）建筑工程安全管理的原则

第一，"管生产必须管安全"的原则。一切从事生产、经营的单位和管理部门都必须管安全，全面开展安全工作。

第二，"安全具有否决权"的原则。安全管理工作是衡量企业经营管理工作好坏的一项基本内容，在对企业进行各项指标考核时，必须首先考虑安全指标的完成情况。安全生产指标具有一票否决的作用。

第三，职业安全卫生"三同时"的原则。"三同时"指建筑工程项目其劳动安全卫生设施必须符合国家规范规定的标准，必须与主体工程同时设计、同时施工、同时投入生产和使用。

（四）建筑工程安全生产管理有关法律、法规与标准、规范

1. 我国的安全生产的法律制度

我国的安全生产法律体系如图 9-1 所示。

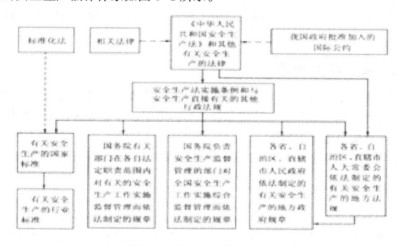

图9-1　安全生产管理体系

2. 法治是强化安全管理的重要内容

法律是上层建筑的组成部分，为其赖以建立的经济基础服务。

3. 事故处理"四不放过"的原则

①事故原因分析不清不放过；

②事故责任者和群众没有受到教育不放过；

③没有采取防范措施不放过；

④事故责任者没有受到处理不放过。

（五）安全生产管理体制

当前我国的安全生产管理体制是"企业负责、行业管理、国家监察和群众监督、劳动者遵章守法"。

（六）安全生产责任制度

安全生产责任制度是建筑生产中最基本的安全管理制度，是所有安全规章制度的核心。安全生产责任制度是指将各种不同的安全责任落实到具体安全管理的人员和具体岗位人员身上的一种制度。这一制度是安全第一、预防为主的具体体现，是建筑安全生产的基本制度。

（七）安全生产目标管理

安全生产目标管理就是根据建筑施工企业的总体规划要求，制订出在一定时期内安全生产方面所要达到的预期目标并组织实现此目标。其基本内容是：确定目标、目标分解、执行目标、检查总结。

（八）施工组织设计

施工组织设计是组织建设工程施工的纲领性文件，是指导施工准备和组织施工的全面性的技术、经济文件，是指导现场施工的规范性文件。施工组织设计必须在施工准备阶段完成。

（九）安全技术措施

安全技术措施是指为防止工伤事故和职业病的危害，从技术上采取的措施。在工程施工中，是指针对工程特点、环境条件、劳力组织、作业方法、施工机械、供电设施等制订的确保安全施工的措施。

安全技术措施也是建设工程项目管理实施规划或施工组织设计的重要组成部分。

（十）安全技术交底

安全技术交底是落实安全技术措施及安全管理事项的重要手段之一。重大安全技术措施及重要部位的安全技术由公司负责人向项目经理部技术负责人进行书面的安全技术交底；一般安全技术措施及施工现场应注意的安全事项由项目经理部技术负责人向施工作业班组、作业人员作出详细说明，并经双方签字认可。

（十一）安全教育

安全教育是实现安全生产的一项重要基础工作，它可以提高职工搞好安全生产的自觉性、积极性和创造性，增强安全意识，掌握安全知识，提高职工的自我防护能力，使安全规章制度得到贯彻执行。安全教育培训的主要内容有：安全生产思想、安全知识、安全技能、安全操作规程标准、安全法规、劳动保护和典型事例。

（十二）班组安全活动

班组安全活动是指在上班前由班组长组织并主持，根据本班目前工作内容，重点介绍安全注意事项、安全操作要点，以达到组员在班前掌握安全操作要领，提高安全防范意识，减少事故发生的活动。

（十三）特种作业

特种作业是指在劳动过程中容易发生伤亡事故，对操作者本人，尤其对他人和周围设施的安全有重大危害因素的作业。直接从事特种作业者，称特种作业人员。

（十四）安全检查

安全检查是指建设行政主管部门、施工企业安全生产管理部门或项目经理，对施工企业和工程项目经理部贯彻国家安全生产法律及法规的情况、安全生产情况、劳动条件、事故隐患等进行的检查。

（十五）安全事故

安全事故是人们在进行有目的的活动中，发生了违背人们意愿的不幸事件，使其有目的的行动暂时或永久的停止。重大安全事故，是指在施工过程中由于责任过失造成工程倒塌或废弃、机械设备破坏和安全设施失当造成人身伤亡或者重大经济损失的事故。

（十六）安全评价

安全评价是采用系统科学方法，辨别和分析系统存在的危险性并根据其形成事故的风险大小，采取相应的安全措施，以达到系统安全的过程。安全评价的基本内容有：识别危险源、评价风险、采取措施，直到达到安全目标。

（十七）安全标志

安全标志由安全色、几何图形符号构成，以此表达特定的安全信息。其目的是引起人们对不安全因素的注意，预防事故的发生。安全标志分为禁止标志、警告标志、指令标志、提示性标志四类。

二、工程施工特点

建筑业的生产活动危险性大，不安全因素多，是事故多发行业。建筑施工的特点主要是：

第一，工程建设最大的特点就是产品固定，这是它不同于其他行业的根本点，建筑产品是固定的，体积大、生产周期长。建筑物一旦施工完毕就固定了，生产活动都是围绕着建筑物、构筑物来进行的，有限的场地上集中了大量的人员、建筑材料、设备零部件和施工机具等，这样的情况可以持续几个月或一年，有的甚至需要七八年，工程才能完成。

第二,高处作业多,工人常年在室外操作。一栋建筑物从基础、主体结构到屋面工程、室外装修等,露天作业约占整个工程的 70%。现在的建筑物一般都在 7 层以上,绝大部分工人都在十几米或几十米的高处从事露天作业。工作条件差,且受到气候条件多变的影响。

第三,手工操作多,繁重的劳动消耗大量体力。建筑业是劳动密集型的传统行业之一,大多数工种需要手工操作。近几年来,墙体材料有了改革,出现了大模、滑模、大板等施工工艺,但就全国来看,绝大多数墙体仍然是使用粘土砖、水泥空心砖和小砌块砌筑。

第四,现场变化大。每栋建筑物从基础、主体到装修,每道工序都不同,不安全因素也就不同,即使同一工序由于施工工艺和施工方法不同,生产过程也不同。而随着工程进度的推进,施工现场的施工状况和不安全因素也随之变化。为了完成施工任务,要采取很多临时性措施。

第五,近年来,建筑任务已由以工业为主向以民用建筑为主转变,建筑物由低层向高层发展,施工现场由较为宽阔的场地向狭窄的场地变化。施工现场的吊装工作量增多,垂直运输的办法也多了,多采用龙门架(或井字架)、高大旋转塔吊等。随着流水施工技术和网络施工技术的运用,交叉作业也随之大量增加,木工机械如电平刨、电锯普遍使用。因施工条件变化,伤亡类别增多。过去是"钉子扎脚"等小事故较多,现在则是机械伤害、高处坠落、触电等事故较多。

建筑施工复杂,加上流动分散、工期不固定,比较容易形成临时观念,不采取可靠的安全防护措施,存在侥幸心理,伤亡事故必然频繁发生。

第二节　施工安全因素与安全管理体系

一、安全因素特点

事故潜在的不安全因素是造成人的伤害、物的损失事故的先决条件,各种人身伤害事故均离不开物与人这两个因素。人的不安全行为和物的不安全状态,是造成绝大部分事故的两个方面潜在的不安全因素,通常也可称作事故隐患。

安全是在人类生产过程中,将系统的运行状态对人类的生命、财产、环境可能产生的损害控制在人类能接受水平以下的状态。安全因素的定义就是在某一指定范围内与安全有关的因素。水利水电工程施工安全因素有以下特点:

第一,安全因素的确定取决于所选的分析范围,此处分析范围可以指整个工程,也可以针对具体工程的某一施工过程或者某一部分的施工,例如围堰施工,升船机施工等。

第二,安全因素的辨识依赖于对施工内容的了解,对工程危险源的分析以及运作安全风险评价的人员的安全工作经验。

第三,安全因素具有针对性,并不是对于整个系统事无巨细的考虑,安全因素的选取具有一定的代表性和概括性。

第四，安全因素具有灵活性，只要能对所分析的内容具有一定概括性，能达到系统分析的效果的，都可成为安全因素。

第五，安全因素是进行安全风险评价的关键点，是构成评价系统框架的节点。

二、安全因素辨识过程

安全因素是进行风险评价的基础，人们在辨识出的安全因素的基础上，进行风险评价框架的构建。在进行水利水电工程施工安全因素的辨识，首先对工程施工内容和施工危险源进行分析和了解，在危险源的认知基础上，以整个工程为分析范围，从管理、施工人员、材料、危险控制等各个方面结合以往的安全分析危险，进行安全因素的辨识，其具体过程如图9-2所示。

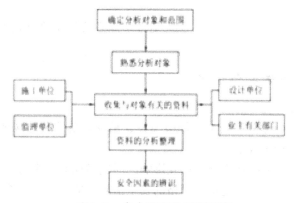

图9-2　安全因素的辨识过程

宏观安全因素辨识工作需要收集以下资料：

（一）工程所在区域状况

第一，本地区有无地震、洪水、浓雾、暴雨、雪害、龙卷风及特殊低温等自然灾害？

第二，工程施工：期间如发生火药爆炸、油库火灾爆炸等对邻近地区有何影响？

第三，工程施工过程中如发生大范围滑坡、塌方及其他意外情况对行船、导流、行车等有无影响？

第四，附近有无易燃、易爆、毒物泄漏的危险源，对本区域的影响如何？是否存在其他类型的危险源？

第五，工程过程中排土是否会形成公害或对本工程及友邻工程进行产生不良影响？

第六，公用设施如供水、供电等是否充足？重要设施有无备用电源？

第七，本地区消防设备和人员是否充足？

第八，本地区医院、救护车及救护人员等配置是否适当？有无现场紧急抢救措施？

（二）安全管理情况

第一，安全机构、安全人员设置满足安全生产要求与否？

第二，怎样进行安全管理的计划、组织协调、检查、控制工作？

第三，对施工队伍中各类用工人员是否实行了安全一体化管理？

第四，有无安全考评及奖罚方面的措施？

第五，如何进行事故处理？同类事故发生情况如何？

第六，隐患整改如何？

第七，是否制定有切实有效且操作性强的防灾计划？领导是否经常过问？关键性设备、设施是否定期进行试验、维护？

第八，整个施工过程是否制定完善的操作规程和岗位责任制？实施状况如何？

第九，程序性强的作业（如起吊作业）及关键性作业（如停送电、放炮）是否实行标准化作业？

第十，是否进行在线安全训练？职工是否掌握必备的安全抢救常识和紧急避险、互救知识？

（三）施工措施安全情况

第一，是否设置了明显的工程界限标识？

第二，有可能发生塌陷、滑坡、爆破飞石、吊物坠落等危险场所是否标定合适的安全范围并设有警示标志或信号？

第三，友邻工程施工中在安全上相互影响的问题是如何解决的？

第四，特殊危险作业是否规定了严格的安全措施？能强制实施否？

第五，可能发生车辆伤害的路段是否设有合适的安全标志？

第六，作业场所的通道是否良好？是否有滑倒、摔伤的危险？

第七，所有用电设施是否按要求接地、接零？人员可能触及的带电部位是否采取有效的保护措施？

第八，可能遭受雷击的场所是否采取了必要的防雷措施？

第九，作业场所的照明、噪声、有毒有害气体浓度是否符合安全要求？

第十，所使用的设备、设施、工具、附件、材料是否具有危险性？是否定期进行检查确认？有无检查记录？

第十一，作业场所是否存在冒顶片帮或坠井、掩埋的危险性？曾经采取了何等措施？

第十二，登高作业是否采取了必要的安全措施（可靠的跳板、护栏、安全带等）？

第十三，防、排水设施是否符合安全要求？

第十四，劳动防护用品适应作业要求之情况，发放数量、质量、更换周期满足要求与否？

（四）油库、炸药库等易燃、易爆危险品

第一，危险品名称、数量、设计最大存放量？

第二，危险品化学性质及其燃点、闪点、爆炸极限、毒性、腐蚀性等r解与否？

第三，危险品存放方式（是否根据其用途及特性分开存放）？

第四，危险品与其他设备、设施等之间的距离、爆破器材分放点之间是否有殉爆的可能性？

第五，存放场所的照明及电气设施的防爆、防雷、防静电情况？

第六，存放场所的防火设施配置消防通道否？有无烟、火自动检测报警装置？

第七，存放危险品的场所是否有专人24小时值班，有无具体岗位责任制和危险品管理制度？

第八，危险品的运输、装卸、领用、加工、检验、销毁是否严格按照安全规定进行？

第九，危险品运输、管理人员是否掌握火灾、爆炸等危险状况下的避险、自救、互救的知识？是否定期进行必要的训练？

（五）起重运输大型作业机械情况

第一，运输线路里程、路面结构、平交路口、防滑措施等情况如何？

第二，指挥、信号系统情况如何？信息通道是否存在干扰？

第三，人—机系统匹配有何问题？

第四，设备检查、维护制度和执行情况如何？是否实行各层次的检查？周期多长？是否实行定期计划维修？周期多长？

第五，司机是否经过作业适应性检查？

第六，过去事故情况如何？

以上这些因素均是进行施工安全风险因素识别时需要考虑的主要因素。实际工程中需考虑的因素可能比上述因素还要多。

三、施工过程行为因素

采用HFACS框架对导致工程施工事故发生的行为因素进行分析。对标准的HFACS框架进行修订，以适应水电工程施工实际的安全管理、施工作业技术措施、人员素质等状况。框架的修改遵循4个原则：

第一，删除在事故案例分析中出现频率极少的因素，包括对工程施工影响较小和难以在事故案例中找到的潜在因素。

第二，对相似的因素进行合并，避免重复统计，从而无形之中提高类似因素在整个工程施工当中的重要性。

第三，针对水电工程施工的特点，对因素的定义、因素的解释和其涵盖的具体内容进行适当的调整。

第四，HFACS框架是从国外引进的，将部分因素的名称加以修改，以更贴切我国工程施工安全管理业务的习惯用语。

对标准HFACS框架修改如下。

（一）企业组织影响（L4）

企业（包括水电开发企业、施工承包单位、监理单位）组织层的差错属于最高级别的差错，它的影响通常是间接地、隐性的，因而常会被安全管理人员所忽视。在进行事故分析时，很难挖掘起企业组织层的缺陷；而一经发现，其改正的代价也很高，但是却更能加强系统的安全。一般而言，组织影响包括3个方面：

1.资源管理

主要指组织资源分配及维护决策存在的问题，如安全组织体系不完善、安全管理人员配备不足、资金设施等管理不当、过度削减与安全相关的经费（安全投入不足）等。

2.安全文化与氛围

可以定义为影响管理人员与作业人员绩效的多种变量，包括组织文化和政策，比如信息流通传递不畅、企业政策不公平、只奖不罚或滥奖、过于强调惩罚等都属于不良的文化与氛围。

3.组织流程

主要涉及组织经营过程中的行政决定和流程安排，如施工组织设计不完善、企业安全管理程序存在缺陷、制定的某些规章制度及标准不完善等。

其中，"安全文化与氛围"这一因素，虽然在提高安全绩效方面具有积极作用，但不好定性衡量，在事故案例报告中也未明确的指明，而且在工程施工各类人员成分复杂的结构当中，其传播较难有一个清晰的脉络。为了简化分析过程，将该因素去除。

（二）安全监管（L3）

1.监督（培训）不充分

指监督者或组织者没有提供专业的指导、培训、监督等。若组织者没有提供充足的 CRM 培训，或某个管理人员、作业人员没有这样的培训机会，则班组协同合作能力将会大受影响，出现差错的概率必然增加。

2.作业计划不适当

包括这样几种情况，班组人员配备不当，如没有职工带班，没有提供足够的休息时间，任务或工作负荷过量。整个班组的施工节奏以及作业安排由于赶工期等原因安排不当，会使得作业风险加大。

3.隐患未整改

指的是管理者知道人员、培训、施工设施、环境等相关安全领域的不足或隐患之后，仍然允许其持续下去的情况。

4.管理违规

指的是管理者或监督者有意违反现有的规章程序或安全操作规程，如允许没有资格、未取得相关特种作业证的人员作业等。

以上四项因素在事故案例报告中均有体现，虽然相互之间有关联，但各有差异，彼此独立，因此，均加以保留。

（三）不安全行为的前提条件（L2）

这一层级指出了直接导致不安全行为发生的主客观条件，包括作业人员状态、环境因素和人员因素。将"物理环境"改为"作业环境"，"施工人员资源管理"改为"班组管理"，"人员准备情况"改为"人员素质"。定义如下：

1. 作业环境

既指操作环境（如气象、高度、地形等），也指施工人员周围的环境，如作业部位的高温、振动、照明、有害气体等。

2. 技术措施

包括安全防护措施、安全设备和设施设计、安全技术交底的情况，以及作业程序指导书与施工安全技术方案等一系列情况。

3. 班组管理

属于人员因素，常为许多不安全行为的产生创造前提条件。未认真开展"班前会"及搞好"预知危险活动"；在施工作业过程中，安全管理人员、技术人员、施工人员等相互间信息沟通不畅、缺乏团队合作等问题属于班组管理不良。

4. 人员素质

包括体力（精力）差、不良心理状态与不良生理状态等生理心理素质，如精神疲劳，失去情境意识，工作中自满、安全警惕性差等属于不良心理状态；生病、身体疲劳或服用药物等引起生理状态差，当操作要求超出个人能力范围时会出现身体、智力局限，同时为安全埋下隐患，如视觉局限、休息时间不足、体能不适应等；以及没有遵守施工人员的休息要求、培训不足、滥用药物等属于个人准备情况的不足。

将标准HFACS的"体力（精力）限制"、"不良心理状态"与"不良生理状态"合并，是因为这三者可能互相影响和转换。"体力（精力）限制"可能会导致"不良心理状态"与"不良生理状态"，此处便产生了重复，增加了心理和生理状态在所有因素当中的比重。同时，"不良心理状态"与"不良生理状态"之间也可能相互转化，由于心理状态的失调往往会带来生理 E 的伤害，而生理上的疲劳等因素又会引起心理状态的变化，两者相辅相成，常常是共同存在的。此外，没有充分的休息、滥用药物、生病、心理障碍也可以归结为人员准备不足，因此，将"体力（精力）限制"、"不良心理状态"与"不良生理状态"合并至"人员素质"。

（四）施工人员的不安全行为（L1）

人的不安全行为是系统存在问题的直接表现。将这种不安全行为分成3类：知觉与决策差错、技能差错以及操作违规。

1. 知觉与决策差错

"知觉差错"和"决策差错"通常是并发的，由于对外界条件、环境因素以及施工器械状况等现场因素感知上产生的失误，进而导致做出错误的决定。决策差错指由于经验不足，缺乏训练或外界压力等造成，也可能理解问题不彻底，如紧急情况判断错误，决策失败等。知觉差错指一个人的感知觉和实际情况不一致，就像出现视觉错觉和空间定向障碍一样，可能是由于工作场所光线不足，或在不利地质、气象条件下作业等。

2.技能差错

包括漏掉程序步骤、作业技术差、作业时注意力分配不当等。不依赖于所处的环境，而是由施工人员的培训水平决定，而在操作当中不可避免地发生，因此应该作为独立的因素保留。

3.操作违规

故意或者主观不遵守确保安全作业的规章制度，分为习惯性的违章和偶然性的违规。前者是组织或管理人员常常能容忍和默许的，常造成施工人员习惯成自然。而后者偏离规章或施工人员通常的行为模式，一般会被立即禁止。

确定适用于水电工程施工的修订的 HFACS 框架应当如图9-3所示。

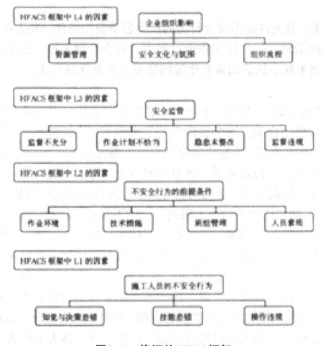

图9-3　修订的HFACS框架

经过修订的新框架，根据工程施工的特点重新选择了因素。在实际的工程施工事故分析以及制定事故防范与整改措施的过程中，通常会成立事故调查组对某一类原因，比如施工人员的不安全行为进行调查，给出处理意见及建议。应用 HFACS 框架的目…之一是尽快找到并确定在工程施工中，所有已经发生的事故当中，哪一类因素占相对重要的部分，可以集中人力和物力资源对该因素所反映的问题进行整改。对于类似的或者可以归为一类的因素整体考虑，科学决策，将结果反馈给整改单位，由他们完成相关一系列后续工作。因此，修订后的 HFACS 框架通过对标准框架因素的调整，加强了独立性和概括性，使得能更合理地反映水电工程施工的实际状况。

应用HFACS框架对行为因素导致事故的情况初步分类，在求证判别一致性的基础上，分析了导致事故发生的主要因素。但这种分析只是静态的，Dekker 指出 HFACS 框架仅仅简单地将发生事故中的行为因素进行分类，没有指出上层因素是如何影响下层因素的，以及采取什么样的措施才能在将来尽量地避免事故发生。基于 HFACS 框架的静态分析只是将行为因素按照不同的层次进行了重新配置，没有寻求因素的发生过程和事故的解决之道。因此，有必要在此基础上，对 HFACS 框架当中相邻层次之间因素的联系进行分析，指出每个层次的因素如何被上一层次的因素影响，以及作用于下一次层次的因素，从而有利于针对某因素制定安全防范措施的时候，能够承上启下，进行综合考虑，使得从源头上避免该类因素的产生，并且能够有效抑制由于该因素发生而产生的连锁反应。

采用统计性描述，揭示不良的企业组织影响如何通过组织流程等因素向下传递造成安全监管的失误，安全监管的错误决定了安全检查与培训等力度，决定了是否严格执行安全管理规章制度等，决定了对隐患是否漠视等，这些错误造成了不安全行为的前提条件，进一步影响了施工人员的工作状态，最终导致事故的发生。进行统计学分析的目的是为了提供邻近层次的不同种类之间因素的概率数据，以用来确定框架当中高层次对底层次因素的影响程度。一旦确定了自上而下的主要途径，就可以量化因素之间的相互作用，也有利于制定针对性的安全防范措施与整改措施。

三、安全管理体系内容

（一）建立健全安全生产责任制

安全生产责任制是安全管理的核心，是保障安全生产的重要手段，它能有效地预防事故的发生。

安全生产责任制是根据"管生产必须管安全"、"安全生产人人有责"的原则。明确各级领导和各职能部门及各类人员在生产活动中应负的安全职责的制度。有些安全生产责任制，就能把安全与生产从组织形式上统一起来，把"管生产必须管安全"的原则从制度上固定下来，从而增强了各级管理人员的安全责任心，使安全管理纵向到底、横向到边、专管成线、群管成网、责任明确、协调配合、共同努力，真正把安全生产工作落到实处。

安全生产责任制的内容要分级制定和细化，如企业、项目、班组都应建立各级安全生产责任制，按其职责分工，确定各自的安全责任，并组织实施和考评，保证安全生产责任制的落实。

（二）制定安全教育制度

安全教育制度是企业对职工进行安全法律、法规、规范、标准、安全知识和操作规程培训教育的制度，是提高职工安全意识的重要手段，是企业安全管理的一项重要内容。

安全教育制度内容应规定：定期和不定期安全教育的时间、应受教育的人员、教育的内容和形式，如新工人、外施队人员等进场前必须接受三级（公司、项目、班组）

安全教育。从事危险性较大的特殊工种的人员必须经过专门的培训机构培训合格后持证上岗，每年还必须进行一次安全操作规程的训练和再教育。对采用新工艺、新设备、新技术和变换工种的人员应进行安全操作规程和安全知识的培训和教育。

（三）制定安全检查制度

安全检查是发现隐患、消除隐患、防止事故、改善劳动条件和环境的重要措施，是企业预防安全生产事故的一项重要手段。

安全检查制度内容应规定：安全检查负责人、检查时间、检查内容和检查方式。它包括经常性的检查、专业化的检查、季节性的检查和专项性的检查，以及群众性的检查等。对于检查出的隐患应进行登记，并采取定人、定时间、定措施的"三定"办法给予解决，同时对整改情况进行复查验收，彻底消除隐患。

（四）制定各工种安全操作规程

工种安全操作规程是消除和控制劳动过程中的不安全行为，预防伤亡事故，确保作业人员的安全和健康的需要的措施，也是企业安全管理的重要制度之一。

安全操作规程的内容应根据国家和行业安全生产法律、法规、标准、规范，结合施工现场的实际情况制定出各种安全操作规程。同时根据现场使用的新工艺、新设备、新技术，制定出相应的安全操作规程，并监督其实施。

（五）制定安全生产奖罚办法

企业制定安全生产奖罚办法的目的是不断提高劳动者进行安全生产的自觉性，调动劳动者的积极性和创造性，防止和纠正违反法律、法规和劳动纪律的行为，也是企业安全管理重要制度之一。

安全生产奖罚办法规定奖罚的目的、条件、种类、数额、实施程序等。企业只有建立安全生产奖罚办法，做到有奖有罚、奖罚分明，才能鼓励先进、督促落后。

（六）制定施工现场安全管理规定

施工现场安全管理规定是施工现场安全管理制度的基础，目的是规范施工现场安全防护设施的标准化、定型化。

施工现场安全管理规定的内容包括：施工现场一般安全规定、安全技术管理、脚手架工程安全管理（包括特殊脚手架、工具式脚手架等）、电梯井操作平台安全管理、马路搭设安全管理、大模板拆装存放安全管理、水平安全网、井字架龙门架安全管理、孔洞临边防护安全管理、拆除工程安全管理等。

（七）制定机械设备安全管理制度

机械设备是指目前建筑施工普遍使用的垂直运输和加工机具，由于机械设备本身存在一定的危险性。管理不当就可能造成机毁人亡。所以它是目前施工安全管理的重点对象。

机械设备安全管理制度应规定，大型设备应到上级有关部门备案，符合国家和行业有关规定,还应设专人负责定期进行安全检查、保养,保证机械设备处于良好的状态,以及各种机械设备的安全管理制度。

（八）制定施工现场临时用电安全管理制度

施工现场临时用电是目前建筑施工现场离不开的一项操作,由于其使用广泛、危险性比较大,因此它牵涉到每个劳动者的安全,也是施工现场一项重要的安全管理制度。

施工现场临时用电管理制度的内容应包括:外电的防护、地下电缆的保护、设备的接地与接零保护、配电箱的设置及安全管理规定（总箱、分箱、开关箱）、现场照明、配电线路、电器装置、变配电装置、用电档案的管理等。

（九）制定劳动防护用品管理制度

使用劳动防护用品是为了减轻或避免劳动过程中,劳动者受到的伤害和职业危害,保护劳动者安全健康的一项预防性辅助措施,是安全生产防止职业性伤害的需要,对于减少职业危害起着相当重要的作用。

劳动防护用品制度的内容应包括:安全网、安全帽、安全带、绝缘用品、防职业病用品等。

第三节　施工安全控制与安全应急预案

一、安全操作要求

（一）爆破作业

1.爆破器材的运输

气温低于10℃运输易冻的硝化甘油炸药时,应采取防冻措施;气温低于-15℃运输硝化甘油炸药时,也应采取防冻措施;禁止用翻斗车、自卸汽车、拖车、机动三轮车、人力三轮车、摩托车和自行车等运输爆破器材;运输炸药雷管时,装车高度要低于车厢10cm。车厢、船底应加软垫。雷管箱不许倒放或立放,层间也应垫软垫;水路运输爆破器材,停泊地点距岸上建筑物不得小于250m;汽车运输爆破器材,汽车的排气管宜设在车前下侧,并应设置防火罩装置;汽车在视线良好的情况下行驶时,时速不得超过20km（工区内不得超过15km）;在弯多坡陡、路面狭窄的山区行驶,时速应保持在5km以内。平坦道路行车间距应大于50m,上下坡应大于300m。

2.爆破

明挖爆破音响依次发出预告信号（现场停止作业,人员迅速撤离）、准备信号、起爆信号、解除信号。检查人员确认安全后,由爆破作业负责人通知警报室发出解除信号。在特殊情况下,如准备工作尚未结束,应由爆破负责人通知警报室延后发布起爆信号,并用广播器通知现场全体人员。装药和堵塞应使用木、竹制做的炮棍。严禁使用金属棍棒装填。

深孔、竖井、倾角大于30°的斜井、有瓦斯和粉尘爆炸危险等工作面的爆破，禁止采用火花起爆；炮孔的排距较密时，导火索的外露部分不得超过1.0m，以防止导火索互相交错而起火；一人连续单个点火的火炮，暗挖不得超过5个，明挖不得超过10个；并应在爆破负责人指挥下，作好分工及撤离工作；当信号炮响后，全部人员应立即撤出炮区，迅速到安全地点掩蔽；点燃导火索应使用专用点火工具，禁止使用火柴和打火机等。

用于同一爆破网路内的电雷管，电阻值应相同。网路中的支线、区域线和母线彼此连接之前各自的两端应绝缘；装炮前工作面一切电源应切除，照明至少设于距工作面30m以外，只有确认炮区无漏电、感应电后，才可装炮；雷雨天严禁采用电爆网路；供给每个电雷管的实际电流应大于准爆电流，网路中全部导线应绝缘；有水时导线应架空；各接头应用绝缘胶布包好，两条线的搭接口禁止重叠，至少应错开0.1m；测量电阻只许使用经过检查的专用爆破测试仪表或线路电桥；严禁使用其他电气仪表进行量测；通电后若发生拒爆，应立即切断母线电源，将母线两端拧在一起，锁上电源开关箱进行检查；进行检查的时间：对于即发电雷管，至少在10min以后；对于延发电雷管，至少在15min以后。

导爆索只准用快刀切割，不得用剪刀剪断导火索；支线要顺主线传爆方向连接，搭接长度不应少于15cm，支线与主线传爆方向的夹角应不大于90°；起爆导爆索的雷管，其聚能穴应朝向导爆索的传爆方向；导爆索交叉敷设时，应在两根交叉爆索之间设置厚度不小于10cm的木质垫板；连接导爆索中间不应出现断裂破皮、打结或打圈现象。

用导爆管起爆时，应有设计起爆网路，并进行传爆试验；网路中所使用的连接元件应经过检验合格；禁止导爆管打结，禁止在药包上缠绕；网路的连接处应牢固，两元件应相距2m；敷设后应严加保护，防止冲击或损坏；一个8号雷管起爆导爆管的数量不宜超过40根，层数不宜超过3层，只有确认网路连接正确，与爆破无关人员已经撤离，才准许接入引爆装置。

（二）起重作业

钢丝绳的安全系数应符合有关规定。根据起重机的额定负荷，计算好每台起重机的吊点位置，最好采用平衡梁抬吊。每台起重机所分配的荷重不得超过其额定负荷的75%~80%。应有专人统一指挥，指挥者应站在两台起重机司机都能看到的位置。重物应保持水平，钢丝绳应保持铅直受力均衡。具备经有关部门批准的安全技术措施。起吊重物离地面10cm时，应停机检查绳扣、吊具和吊车的刹车可靠性，仔细观察周围有无障碍物。确认无问题后，方可继续起吊。

（三）脚手架拆除作业

拆脚手架前，必须将电气设备和其他管、线、机械设备等拆除或加以保护。拆脚手架时，应统一指挥，按顺序自上而下进行；严禁上下层同时拆除或自下而上进行。拆下的材料，禁止往下抛掷，应用绳索捆牢，用滑车、卷扬等方法慢慢放下来，集中堆放在指定地点。拆脚手架时，严禁采用将整个脚手架推倒的方法进行拆除。三级、特级及悬空高处作业使用的脚手架拆除时，必须事先制订安全可靠的措施才能进行拆除。拆除脚手架的区域内，无关人员禁止逗留和通过，在交通要道应设专人警戒。架子搭成后，未经有关人员同意，不得任意改变脚手架的结构和拆除部分杆子。

（四）常用安全工具

安全帽、安全带、安全网等施工生产使用的安全防护用具，应符合国家规定的质量标准，具有厂家安全生产许可证、产品合格证和安全鉴定合格证书，否则不得采购、发放和使用。常用安全防护用具应经常检查和定期试验，其检查试验的要求和周期如表9-4所示。高处临空作业应按规定架设安全网，作业人员使用的安全带，应挂在牢固的物体上或可靠的安全绳上，安全带严禁低挂高用。挂安全带用的安全绳，不宜超过3m。在有毒有害气体可能泄漏的作业场所，应配置必要的防毒护具，以备急用，并及时检查维修更换，保证其处在良好待用状态。电气操作人员应根据工作条件选用适当的安全电工用具和防护用品，电工用具应符合安全技术标准并定期检查，凡不符合技术标准要求的绝缘安全用具、登高作业安全工具、携带式电压和电流指示器以及检修中的临时接地线等，均不得使用。

表9-4　常用安全用具的检验标准与试验周期表

名称	检查与试验质量标准要求	检查试验周期
塑料安全帽	1.外表完整、光滑； 2.帽内缓冲带、相带齐全无损； 3.耐40～120℃高温不变形； 4.耐水、油、化学腐蚀性良好； 5.可抗3kg的钢球从5m高处垂直坠落的冲击力	一年一次
安全带	检查： 1.绳索无脆裂，断脱现象； 2.安全带各部接口完整、牢固，无露朽和虫蛀现象； 3.销口性能良好； 试验： 1.静荷载：使用255t重物悬吊5min无损伤； 2.动荷载：将重最为120t的重物从2～2.8m高架上冲击安全带，各部件无损伤	1.每次使用前均应检查； 2.新带使用一年后抽样试验； 3.旧带每隔6个月抽查试验一次
安全网	1.绳芯结构和网筋边绳结构符合要求； 2.两件各120kg的重物同时由4.5m高处坠落冲击完好无损	每年一次，每次使用前进行外表检查

二、安全控制要点

（一）一般脚手架安全控制要点

第一，脚手架搭设这前应根据工程的特点和施工工艺要求确定搭设（包括拆除）施工方案。

第二，脚手架必须设置纵、横向扫地杆。

第三，高度在 24m 以下的单、双排脚手架均必须在外侧立面的两端各设置一道剪刀撑并应由底至顶连续设置中间各道剪刀撑。剪刀撑及横向斜撑搭设应随立杆、纵向和横向水平杆等同步搭设，各底层斜杆下端必须支承在垫块或垫板上。

第四，高度在 24m 以下的单、双排脚手架宜采用刚性连墙件与建筑物可靠连接，亦可采用拉筋和顶撑配合使用的附墙连接方式，严禁使用仅有拉筋的柔性连墙件。24m 以上的双排脚手架必须采用刚性连墙件与建筑物可靠连接，连墙件必须采用可承受拉力和压力的构造。50m 以下（含 50m）脚手架连墙件，应按 3 步 3 跨进行布置，50m 以上的脚手架连墙件应按 2 步 3 跨进行布置。

（二）一般脚手架检查与验收程序

脚手架的检查与验收应由项目经理组织项目施工、技术、安全、作业班组负责人等有关人员参加，按照技术规范、施工方案、技术交底等有关技术文件对脚手架进行分段验收，在确认符合要求后方可投入使用。

脚手架及其地基基础应在下列阶段进行检查和验收：

①基础完工后及脚手架搭设前。
②作业层上施加荷载前。
③每搭设完 10 ~ 13m 高度后。
④达到设计高度后。
⑤遇有六级及以上大风与大雨后。
⑥寒冷地区土层开冻后。
⑦停用超过一个月的，在重新投入使用之前。

（三）附着式升降脚手架、整体提升脚手架或爬架作业安全控制要点

附着式升降脚手架（整体提升脚手架或爬架）作业要针对提升工艺和施工现场作业条件编制专项施工方案，专项施工方案包括设计、施工、检查、维护和管理等全部内容。

安装搭设必须严格按照设计要求和规定程序进行，安装后经验收并进行荷载试验，确认符合设计要求后，方可正式使用。

进行提升和下降作业时，架上人员和材料的数量不得超过设计规定并尽可能减少。

升降前必须仔细检查附着连接和提升设备的状态是否良好，发现异常应及时查找原因并采取措施解决。

升降作业应统一指挥、协调动作。

在安装、升降、拆除作业时，应划定安全警戒范围并安排专人进行监护。

（四）洞口、临边防护控制

1.洞口作业安全防护基本规定

①各种楼板与墙的洞口按其大小和性质应分别设置牢固的盖板、防护栏杆、安全网或其他防坠落的防护设施。

②坑槽、桩孔的上口柱形、条形等基础的上口以及天窗等处都要作为洞口采取符合规范的防护措施。

③楼梯口、楼梯口边应设置防护栏杆或者用正式工程的楼梯扶手代替临时防护栏杆。

④井口除设置固定的栅门外还应在电梯井内每隔两层不大于10m处设一道安全平网进行防护。

⑤在建工程的地面入口处和施工现场人员流动密集的通道上方应设置防护棚，防止因落物产生物体打击事故。

⑥施工现场大的坑槽、陡坡等处除需设置防护设施与安全警示标牌外，夜间还应设红灯示警。

2. 洞口的防护设施要求

①楼板、屋面和平台等面上短边尺寸小于25cm但大于2.5cm的孔口必须用坚实的盖板盖严，盖板要有防止挪动移位的固定措施。

②楼板面等处边长为25～50cm的洞口、安装预制构件时的洞口以及因缺件临时形成的洞口可用竹、木等做盖板盖住洞口，盖板要保持四周搁置均衡并有固定其位置不发生挪动移位的措施。

③边长为50～150cm的洞口必须设置一层以扣件连接钢管而成的网格栅，并在其上满铺竹篱笆或脚手板，也可采用贯穿于混凝土板内的钢筋构成防护网栅、钢盘网格，间距不得大于20cm。

④边长在150cm以上的洞口四周必须设防护栏杆，洞口下方设安全平网防护。

3. 施工用电安全控制

①施工现场临时用电设备在5台及以上或设备总容量在50kW及以上者应编制用电组织设计。临时用电设备在5台以下和设备总容量在50kW以下者应制订安全用电和电气防火措施。

②变压器中性点直接接地的低压电网临时用电工程必须采用TN-S接零保护系统。

③当施工现场与外线路共同同一供电系统时，电气设备的接地、接零保护应与原系统保持一致，不得一部分设备做保护接零，另一部分设备做保护接地。

④配电箱的设置。

第一，施工用电配电系统应设置总配电箱配电柜、分配电箱、开关箱，并按照"总—分—开"顺序作分级设置形成"三级配电"模式。

第二，施工用电配电系统各配电箱、开关箱的安装位置要合理。总配电箱配电柜要尽量靠近变压器或外电源处以便于电源的引入。分配电箱应尽量安装在用电设备或负荷相对集中区域的中心地带，确保三相负荷保持平衡。开关箱安装的位置应视现场情况和工况尽量靠近其控制的用电设备。

第三，为保证临时用电配电系统三相负荷平衡施工现场的动力用电和照明用电应形成两个用电回路，动力配电箱与照明配电箱应该分别设置。

第四，施工现场所有用电设备必须有各自专用的开关箱。

第五，各级配电箱的箱体和内部设置必须符合安全规定，开关电器应标明用途，箱体应统一编号。停止使用的配电箱应切断电源，箱门上锁。固定式配电箱应设围栏并有防雨防砸措施。

⑤电器装置的选择与装配。

在开关箱中作为末级保护的漏电保护器，其额定漏电动作电流不应大于30mA，额定漏电动作时间不应大于0.1s。在潮湿、有腐蚀性介质的场所中，漏电保护器要选用防溅型的产品，其额定漏电动作电流不应大于15mA，额定漏电动作时间不应大于0.1s。

⑥施工现场照明用电。

第一，在坑、洞、井内作业，夜间施工或厂房、道路、仓库、办公室、食堂、宿舍、料具堆放场所及自然采光差的场所应设一般照明、局部照明或混合照明。一般场所宜选用额定电压220V的照明器。

第二，隧道、人防工程、高温、有导电灰尘、比较潮湿或灯具离地面高度低于2.5m等场所的照明电源电压不得大于36V。

第三，潮湿和易触及带电体场所的照明电源电压不得大于24V。

第四，特别潮湿场所、导电良好的地面、锅炉或金属容器内的照明电源电压不得大于12V。

第五，照明变压器必须使用双绕组型安全隔离变压器，严禁使用自耦变压器。

第六，室外220V灯具距地面不得低于3m，室内220V灯具距地面不得低于5m。

4.垂直运输机械安全控制

（1）外用电梯安全控制要点

①外用电梯在安装和拆卸之前必须针对其类型特点说明书的技术要求，结合施工现场的实际情况制订详细的施工方案。

②外用电梯的安装和拆卸作业必须由取得相应资质的专业队伍进行安装完毕，经验收合格取得政府相关主管部门核发的《准用证》后方可投入使用。

③外用电梯在大雨、大雾和六级及六级以上大风天气时应停止使用。暴风雨过后应组织对电梯各有关安全装置进行一次全面检查。

（2）塔式起重机安全控制要点

①塔吊在安装和拆卸之前必须针对类型特点说明书的技术要求结合作业条件制订详细的施工方案。

②塔吊的安装和拆卸作业必须由取得相应资质的专业队伍进行安装完毕，经验收合格取得政府相关主管部门核发的《准用证》后方可投入使用。

③遇六级及六级以上大风等恶劣天气应停止作业将吊钩升起。行走式塔吊要夹好轨钳。当风力达十级以上时应在塔身结构上设置缆风绳或采取其他措施加以固定。

三、事故应急预案

应急预案，又称"应急计划"或"应急救援预案"，是针对可能发生的事故，为迅速、有序地开展应急行动、降低人员伤亡和经济损失而预先制定的有关计划或方案。它是在辨识和评估潜在重大危险、事故类型、发生的可能性、发生的过程、事故后果及影响严重程度的基础上，对应急机构职责、人员、技术、装备、设施、物资、救援行动及其指挥与协调方面预先做出的具体安排。应急预案明确了在事故发生前、事故过程中以及事故发生后，谁负责做什么，何时做，怎么做，以及相应的策略和资源准备等。

为控制重大事故的发生，防止事故蔓延，有效地组织抢险和救援，政府和生产经营单位应对已初步认定的危险场所和部位进行风险分析。对认定的危险有害因素和重大危险源，应事先对事故后果进行模拟分析，预测重大事故发生后的状态、人员伤亡情况及设备破坏和损失程度，以及由于物料的泄漏可能引起的火灾、爆炸，有毒有害物质扩散对单位可能造成的影响。

依据预测，提前制定重大事故应急预案，组织、培训事故应急救援队伍，配备事故应急救援器材，以便在重大事故发生后，能及时按照预定方案进行救援，在最短时间内使事故得到有效控制。编制事故应急预案主要目的有以下两个方面：

第一，采取预防措施使事故控制在局部，消除蔓延条件，防止突发性重大或连锁事故发生。

第二，能在事故发生后迅速控制和处理事故，尽可能减轻事故对人员及财产的影响保障人员生命和财产安全。

事故应急预案是事故应急救援体系的主要组成部分，是事故应急救援工作的核心内容之一，是及时、有序、有效地开展事故应急救援工作的重要保障。事故应急预案的作用体现在以下几个方面：

第一，事故应急预案确定了事故应急救援的范围和体系，使事故应急救援不再无据可依、无章可循，尤其是通过培训和演练，可以使应急人员熟悉自己的任务，具备完成指定任务所需的相应能力，并检验预案和行动程序，评估应急人员的整体协调性。

第二，事故应急预案有利于做出及时的应急响应，降低事故后果。应急行动对时间要求十分敏感，不允许有任何拖延。事故应急预案预先明确了应急各方的职责和响应程序，在应急救援等方面进行了先期准备，可以指导事故应急救援迅速、高效、有序地开展，将事故造成的人员伤亡、财产损失和环境破坏降到最低限度。

第三，事故应急预案是各类突发事故的应急基础。通过编制事故应急预案，可以对那些事先无法预料到的突发事故起到基本的应急指导作用，成为开展事故应急救援的"底线"。在此基础上，可以针对特定事故类别编制专项事故应急预案，并有针对性制定应急措施、进行专项应对准备和演习。

第四，事故应急预案建立了与上级单位和部门事故应急救援体系的衔接。通过编制事故应急预案可以确保当发生超过本级应急能力的重大事故时与有关应急机构的联系和协调。

第五，事故应急预案有利于提高风险防范意识。事故应急预案的编制、评审、发布、宣传、推演、教育和培训，有利于各方了解可能面临的重大事故及其相应的应急措施，有利于促进各方提高风险防范意识和能力。

四、应急预案的编制

事故应急预案的编制过程可分为 4 个步骤，编制工作流程如图 9-5 所示。

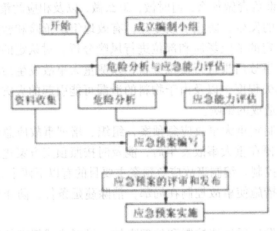

图9-5　事故应急预案的工作流程

（一）成立事故预案编制小组

应急预案的成功编制需要有关职能部门和团体的积极参与，并达成一致意见，尤其是应寻求与危险直接相关的各方进行合作。成立事故应急预案编制小组是将各有关职能部门、各类专业技术有效结合起来的最佳方式，可有效地保证应急预案的准确性、完整性和实用性，而且为应急各方提供了一个非常重要的协作与交流机会，有利于统一应急各方的不同观点和意见。

（二）危险分析和应急能力评估

为了准确策划事故应急预案的编制目标和内容，应开展危险分析和应急能力评估工作。为有效开展此项工作，预案编制小组首先应进行初步的资料收集，包括相关法律法规、应急预案、技术标准、国内外同行业事故案例分析、本单位技术资料、重大危险源等。

1.危险分析

危险分析是应急预案编制的基础和关键过程。在危险因素辨识分析、评价及事故隐患排查、治理的基础上，确定本区域或本单位可能发生事故的危险源、事故的类型、影响范围和后果等，并指出事故可能产生的次生、衍生事故，形成分析报告，分析结果作为应急预案的编制依据。危险分析主要内容为危险源的分析和危险度评估。危险源的分析主要包括有毒、有害、易燃、易爆物质的企事业单位的名称、地点、种类、数量、分布、产量、储存、危险度、以往事故发生情况和发生事故的诱发因素等。事故源潜在危险度的评估就是在对危险源进行全面调查的基础上，对企业单位的事故潜在危险度进行全面的科学评估，为确定目标单位危险度的等级找出科学的数据依据。

2.应急能力评估

应急能力评估就是依据危险分析的结果，对应急资源的准备状况充分性和从事应急救援活动所具备的能力评估，以明确应急救援的需求和不足，为事故应急预案的编制奠定基础。应急能力包括应急资源（应急人员、应急设施、装备和物资）、应急人员的技术、经验和接受的培训等，它将直接影响应急行动的快速、有效性。制定应急预案时应当在评估与潜在危险相适应的应急能力的基础上，选择最现实、最有效的应急策略。

（三）应急预案编制

针对可能发生的事故，结合危险分析和应急能力评估结果等信息，按照应急预案的相关法律法规的要求编制应急救援预案。应急预案编制过程中，应注意编制人员的参与和培训，充分发挥他们各自的专业优势，使他们掌握危险分析和应急能力评估结果，明确应急预案的框架、应急过程行动重点以及应急衔接、联系要点等。同时编制的应急预案应充分利用社会应急资源，考虑与政府应急预案、上级主管单位以及相关部门的应急预案相衔接。

（四）应急预案的评审和发布

1.应急预案的评审

为使预案切实可行、科学合理以及与实际情况相符，尤其是重点目标下的具体行动预案，编制前后需要组织有关部门、单位的专家、领导到现场进行实地勘察，如重点目标周围地形、环境、指挥所位置、分队行动路线、展开位置、人口疏散道路及流散地域等实地勘察、实地确定。经过实地勘察修改预案后，应急预案编制单位或管理部门还要依据我国有关应急的方针、政策、法律、法规、规章、标准和其他有关应急预案编制的指南性文件与评审检查表，组织有关部门、单位的领导和专家进行评议，取得政府有关部门和应急机构的认可。

2.应急预案的发布

事故应急救援预案经评审通过后，应由最高行政负责人签署发布，并报送有关部门和应急机构备案。预案经批准发布后，应组织落实预案中的各项工作，如开展应急预案宣传、教育和培训，落实应急资源并定期检查，组织开展应急演习和训练，建立电子化的应急预案，对应急预案实施动态管理与更新，并不断完善。

五、事故应急预案主要内容

一个完整的事故应急预案主要包括以下6个方面的内容。

（一）事故应急预案概况

事故应急预案概况主要描述生产经营单位总工以及危险特性状况等，同时对紧急情况下事故应急救援紧急事件、适用范围提供简述并作必要说明，如明确应急方针与原则，作为开展应急的纲领。

（二）预防程序

预防程序是对潜在事故、可能的次生与衍生事故进行分析，并说明所采取的预防和控制事故的措施。

（三）准备程序

准备程序应说明应急行动前所需采取的准备工作，包括应急组织及其职责权限、应急队伍建设和人员培训、应急物资的准备、预案的演练、公众的应急知识培训、签订互助协议等。

（四）应急程序

在事故应急救援过程中，存在一些必需的核心功能和任务，如接警与通知、指挥与控制、警报和紧急公告、通信、事态监测与评估、警戒与治安、人群疏散与安置、医疗与卫生、公共关系、应急人员安全、消防和抢险、泄漏物控制等，无论何种应急过程都必须围绕上述功能和任务开展。应急程序主要指实施上述核心功能和任务的步骤。

1.接警与通知

准确了解事故的性质和规模等初始信息是决定启动事故应急救援的关键。接警作为应急响应的第一步，必须对接警要求作出明确规定，保证迅速、准确地向报警人员询问事故现场的重要信息。接警人员接受报警后，应按预先确定的通报程序，迅速向有关应急机构、政府及上级部门发出事故通知，以采取相应的行动。

2.指挥与控制

建立统一的应急指挥、协调和决策程序，便于对事故进行初始评估，确认紧急状态，从而迅速有效地进行应急响应决策，建立现场工作区域，确定重点保护区域和应急行动的优先原则，指挥和协调现场各救援队伍开展救援行动，合理高效地调配和使用应急资源等。

3.警报和紧急公告

当事故可能影响到周边地区，对周边地区的公众可能造成威胁时，应及时启动警报系统，向公众发出警报，同时通过各种途径向公众发出紧急公告，告知事故性质、对健康的影响、自我保护措施、注意事项等，以保证公众能够及时做出自我保护响应。决定实施疏散时，应通过紧急公告确保公众了解疏散的有关信息，如疏散时间、路线、随身携带物、交通工具及目的地等。

4.通信

通信是应急指挥、协调和与外界联系的重要保障，在现场指挥部、应急中心、各事故应急救援组织、新闻媒体、医院、上级政府和外部救援机构之间，必须建立完善的应急通讯网络，在事故应急救援过程中应始终保持通讯网络畅通，并设立备用通信系统。

5.事态监测与评估

在事故应急救援过程中必须对事故的发展势态及影响及时进行动态的监测，建立对事故现场及场外的监测和评估程序。事态监测在事故应急救援中起着非常重要的决策支持作用，其结果不仅是控制事故现场、制定消防、抢险措施的重要决策依据，也是划分现场工作区域、保障现场应急人员安全、实施公众保护措施的重要依据。即使在现场恢复阶段，也应当对现场和环境进行监测。

6.警戒与治安

为保障现场事故应急救援工作的顺利开展，在事故现场周围建立警戒区域，实施交通管制，维护现场治安秩序是十分必要的，其目的是要防止与救援无关人员进入事故现场，保障救援队伍、物资运输和人群疏散等的交通畅通，并避免发生不必要的伤亡。

7.人群疏散与安置

人群疏散是防止人员伤亡扩大的关键，也是最彻底的应急响应。应当对疏散的紧急情况和决策、预防性疏散准备、疏散区域、疏散距离、疏散路线、疏散运输工具、避难场所以及回迁等作出细致的规定和准备，应考虑疏散人群的数量、所需要的时间、风向等环境变化以及老弱病残等特殊人群的疏散等问题。对已实施临时疏散的人群，要做好临时生活安置，保障必要的水、电、卫生等基本条件。

8.医疗与卫生

对受伤人员采取及时、有效的现场急救，合理转送医院进行治疗，是减少事故现场人员伤亡的关键。医疗人员必须了解城市主要的危险并经过培训，掌握对受伤人员进行正确消毒和治疗方法。

9.公共关系

事故发生后，不可避免地引起新闻媒体和公众的关注。应将有关事故的信息、影响、救援工作的进展等情况及时向媒体和公众公布，以消除公众的恐慌心理，避免公众的猜疑和不满。应保证事故和救援信息的统一发布，明确事故应急救援过程中对媒体和公众的发言人和信息批准、发布的程序，避免信息的不一致性。同时，还应处理好公众的有关咨询，接待和安抚受害者家属。

10.应急人员安全

水利水电工程施工安全事故的应急救援工作危险性极大，必须对应急人员自身的安全问题进行周密的考虑，包括安全预防措施、个体防护设备、现场安全监测等，明确紧急撤离应急人员的条件和程序，保证应急人员免受事故的伤害。

11.抢险与救援

抢险与救援是事故应急救援工作的核心内容之一，其目的是为了尽快地控制事故的发展，防止事故的蔓延和进一步扩大，从而最终控制住事故，并积极营救事故现场的受害人员。尤其是涉及危险物质的泄漏、火灾事故，其消防和抢险工作的难度和危险性十分巨大，应对消防和抢险的器材和物资、人员的培训、方法和策略以及现场指挥等做好周密的安排和准备。

12.危险物质控制

危险物质的泄漏或失控，将可能引发火灾、爆炸或中毒事故，对工人和设备等造成严重危险。而且，泄漏的危险物质以及夹带了有毒物质的灭火用水，都可能对一环境造成重大影响，同时也会给现场救援工作带来更大的危险。因此，必须对危险物质进行及时有效的控制，如对泄漏物的围堵、收容和洗消，并进行妥善处置。

（五）恢复程序

恢复程序是说明事故现场应急行动结束后所需采取的清除和恢复行动。现场恢复是在事故被控制住后进行的短期恢复，从应急过程来说意味着事故应急救援工作的结束，并进入到另一个工作阶段，即将现场恢复到一个基本稳定的状态。经验教训表明，在现场恢复的过程中往往仍存在潜在的危险，如余烬复燃、受损建筑物倒塌等，所以，应充分考虑现场恢复过程中的危险，制定恢复程序，防止事故再次发生。

六、应急预案的内容

根据《生产经营单位生产安全事故应急预案编制导则》（GB/T 29639-2020），应急预案可分为综合应急预案、专项应急预案和现场处置方案3个层次。

综合应急预案是应急预案体系的总纲，主要从总体上阐述事故的应急工作原则，包括应急组织机构及职责、应急预案体系、事故风险描述、预警及信息报告、应急响应、保障措施、应急预案管理等内容。

专项应急预案是为应对某一类型或某几种类型事故，或者针对重要生产设施、重大危险源、重大活动等内容而制定的应急预案。专项应急预案主要包括事故风险分析、应急指挥机构及职责、处置程序和措施等内容。

现场处置方案是根据不同事故类别，针对具体的场所、装置或设施所制定的应急处置措施，主要包括事故风险分析、应急工作职责、应急处置和注意事项等内容。水利水电工程建设参建各方应根据风险评估、岗位操作规程以及危险性控制措施，组织本单位现场作业人员及相关专业人员共同编制现场处置方案。

应急预案应形成体系，针对各级各类可能发生的事故和所有危险源制定专项应急预案和现场处置方案，并明确事前、事发、事中、事后各个过程中相关单位、部门和有关人员的职责。水利水电工程建设项目应根据现场情况，详细分析现场具体风险（如某处易发生滑坡事故），编制现场处置方案，主要由施工企业编制，监理单位审核，项目法人备案；分析工程现场的风险类型（如人身伤亡），编写专项应急预案，由监理单位与项目法人起草，相关领导审核，向各施工企业发布；综合分析现场风险，应急行动、措施和保障等基本要求和程序，编写综合应急预案，由项目法人编写，项目法人领导审批，向监理单位、施工企业发布。

由于综合应急预案是综述性文件，因此需要要素全面，而专项应急预案和现场处置方案要素重点在于制定具体救援措施，因此对于单位概况等基本要素不做内容要求。

第四节　安全健康管理体系与安全事故处理

一、安全健康管理体系

职业健康安全管理的目标使企业的职业伤害事故、职业病持续减少。实现这一目标的重要组织保证体系，是企业建立持续有效并不断改进的职业健康安全管理体系，简称 OSHMS。其核心是要求企业采用现代化的管理模式、使包括安全生产管理在内的所有生产经营活动科学、规范并有效，通过建立安全健康风险的预测、评价、定期审核和持续改进完善机制，从而预防事故发生和控制职业危害。

（一）安全体系基本特点

建筑企业在建立与实施自身职业健康安全管理体系时，应注意充分体现建筑业的基本特点。

第一，危害辨识、风险评价和风险控制策划的动态管理。建筑企业在实施职业健康安全管理体系时，应根据客观状况的变化，及时对危害辨识、风险评价和风险控制过程进行评审，并注意在发生变化前即采取适当的预防性措施。

第二，强化承包方的教育与管理。建筑企业在实施职业健康安全管理体系时，应特别注意通过适当的培训与教育形式来提高承包方人员的职业安全健康意识与知识，并建立相应的程序与规定，确保他们遵守企业的各项安全健康规定与要求，并促进他们积极地参与体系实施和以高度责任感完成其相应的职责。

第三，加强与各相关方的信息交流。建筑企业在施工过程中往往涉及多个相关方，如承包方、业主、监理方和供货方等。为了确保职业健康安全管理体系的有效实施与不断改进，必须依据相应的程序与规定，通过各种形式加强与各相关方的信息交流。

第四，强化施工组织设计等设计活动的管理。必须通过体系的实施，建立和完善对施工组织设计或施工方案以及单项安全技术措施方案的管理，确保每一设计中的安全技术措施都根据工程的特点、施工方法、劳动组织和作业环境等提出有针对性的具体要求，从而促进建筑施工的本质安全。

第五，强化生活区安全健康管理。每一承包项目的施工活动中都要涉及现场临建设施及施工人员住宿与餐饮等管理问题，这也是建筑施工队伍容易出现安全与中毒事故的关键环节。实施职业安全健康管理体系时，必须控制现场临建设施及施工人员住宿与餐饮管理中的风险，建立与保持相应的程序和规定。

第六，融合。建筑企业应将职业安全健康管理体系作为其全面管理的一个组成部分，它的建立与运行应融合于整个企业的价值取向，包括体系内各要素、程序和功能与其他管理体系的融合。

（二）建筑业建立 OSHMS 的作用和意义

第一，有助于提高企业的职业安全健康管理水平。OSHMS 概括了发达国家多年的管理经验。同时，体系本身具有相当的弹性，容许企业根据自身特点加以发挥和运用，结合企业自身的管理实践进行管理创新。OSHMS 通过开展周而复始的策划、实施、检查和评审改进等活动，保持体系的持续改进与不断完善，这种持续改进、螺旋上升的运行模式，将不断地提高企业的职业安全健康管理水平。

第二，有助于推动职业安全健康法规的贯彻落实。OSHMS 将政府的宏观管理和企业自身的微观管理结合起来，使职业安全健康管理成为组织全面管理的一个重要组成部分，突破了以强制性政府指令为主要手段的单一管理模式，使企业由消极被动地接受监督转变为主动地参与的市场行为，有助于国家有关法律法规的贯彻落实。

第三，有助于降低经营成本，提高企业经济效益。OSHMS 要求企业对各个部门的员工进行相应的培训，使他们了解职业安全健康方针及各自岗位的操作规程，提高全体职工的安全意识，预防及减少安全事故的发生，降低安全事故的经济损失和经营成本。同时，OSHMS 还要求企业不断改善劳动者的作业条件，保障劳动者的身心健康，这有助于提高企业职工的劳动效率，并进而提高企业的经济效益。

第四，有助于提高企业的形象和社会效益。为建立 OSHMS，企业必须对员工和相关方的安全健康提供有力的保证。这个过程体现了企业对员工生命和劳动的尊重，有利于改善企业的公共关系，提升社会形象，增强凝聚力，提高企业在金融、保险业中的信誉度和美誉度，从而增加获得贷款、降低保险成本的机会，增强其市场竞争力。

第五，有助于促进我国建筑企业进入国际市场。建筑业属于劳动密集型产业。我国建筑业由于具有低劳动力成本的特点，在国际市场中比较有优势。但当前不少发达国家为保护其传统产业采用了一些非关税壁垒（如安全健康环保等准入标准）来阻止发展中国家的产品与劳务进入本国市场。因此，我国企业要进入国际市场，就必须按照国际惯例规范自身的管理，冲破发达国家设置的种种准入限制。OSHMS 作为第三张标准化管理的国际通行证，它的实施将有助于我国建筑企业进入国际市场，并提高其在国际市场上的竞争力。

二、管理体系认证程序

建立 OSHMS 的步骤如下：领导决策→成立工作组→人员培训→危害辨识及风险评价→初始状态评审→职业安全健康管理体系策划与设计→体系文件编制→体系试运行→内部审核→管理评审→第三方审核及认证注册等。

建筑企业可参考如下步骤来制订建立与实施职业安全健康管理体系的推进计划。

（一）学习与培训

职业安全健康管理体系的建立和完善的过程，是始于教育、终于教育的过程，也是提高认识和统一认识的过程。教育培训要分层次、循序渐进地进行，需要企业所有人员的参与和支持。在全员培训基础上，要有针对性地抓好管理层和内审员的培训。

（二）初始评审

初始评审的目的是为职业安全健康管理体系建立和实施提供基础，为职业安全健康管理体系的持续改进建立绩效基准。

初始评审主要包括以下内容：

①收集相关的职业安全健康法律、法规和其他要求，对其适用性及需遵守的内容进行确认，并对遵守情况进行调查和评价；

②对现有的或计划的建筑施工相关活动进行危害辨识和风险评价；

③确定现有措施或计划采取的措施是否能够消除危害或控制风险；

④对所有现行职业安全健康管理的规定、过程和程序等进行检查，并评价其对管理体系要求的有效性和适用性；

⑤分析以往建筑安全事故情况以及员工健康监护数据等相关资料，包括人员伤亡、职业病、财产损失的统计、防护记录和趋势分析；

⑥对现行组织机构、资源配备和职责分工等进行评价。

初始评审的结果应形成文件，并作为建立职业安全健康管理体系的基础。

（三）体系策划

根据初始评审的结果和本企业的资源，进行职业安全健康管理体系的策划。策划工作主要包括：

①确立职业安全健康方针；

②制订职业安全健康体系目标及其管理方案；

③结合职业安全健康管理体系要求进行职能分配和机构职责分工；

④确定职业安全健康管理体系文件结构和各层次文件清单；

⑤为建立和实施职业安全健康管理体系准备必要的资源；

⑥文件编写。

（四）体系试运行

各个部门和所有人员都按照职业安全健康管理体系的要求开展相应的安全健康管理和建筑施工活动，对职业安全健康管理体系进行试运行，以检验体系策划与文件化规定的充分性、有效性和适宜性。

（五）评审完善

通过职业安全健康管理体系的试运行，特别是依据绩效监测和测信、审核以及管理评审的结果，检查与确认职业安全健康管理体系各要素是否按照计划安排有效运行，是否达到了预期的目标，并采取相应的改进措施，使所建立的职业安全健康管理体系得到进一步的完善。

三、管理体系认证的重点

（一）建立健全组织体系

建筑企业的最高管理者应对保护企业员工的安全与健康负全面责任，并应在企业内设立各级职业安全健康管理的领导岗位，针对那些对其施工活动、设施（设备）和管理过程的职业安全健康风险有一定影响的从事管理、执行和监督的各级管理人员，规定其作用、职责和权限，以确保职业安全健康管理体系的有效建立、实施与运行并实现职业安全健康目标。

（二）全员参与及培训

建筑企业为了有效地开展体系的策划、实施、检查与改进工作，必须基于相应的培训来确保所有相关人员均具备必要的职业安全健康知识，熟悉有关安全生产规章制度和安全操作规程，正确使用和维护安全和职业病防护设备及个体防护用品，具备本岗位的安全健康操作技能，及时发现和报告事故隐患或者其他安全健康危险因素。

（三）协商与交流

建筑企业应通过建立有效的协商与交流机制，确保员工及其代表在职业安全健康方面的权利，并鼓励他们参与职业安全健康活动，促进各职能部门之间的职业安全健康信息交流和及时接收处理相关方关于职业安全健康方面的意见和建议，为实现建筑企业职业安全健康方针和目标提供支持。

（四）文件化

与 ISO 9000 和 ISO 14000 类似，职业安全健康管理体系的文件可分为管理手册（A层次）、程序文件（B层次）、作业文件（C层次，即工作指令、作业指导书、记录表格等）三个层次，如图9-6所示。

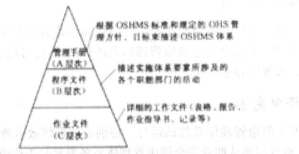

图9-6 职业安全健康管理体系文件的层次关系

（五）应急预案与响应

建筑企业应依据危害辨识、风险评价和风险控制的结果、法律法规等的要求，以往事故、事件和紧急状况的经历以及应急响应演练及改进措施效果的评审结果，针对施工安全事故、火灾、安全控制设备失灵、特殊气候、突然停电等潜在事故或紧急情况从预案与响应的角度建立并保持应急计划。

（六）评价

评价的目的是要求建筑企业定期或及时地发现其职业安全健康管理体系的运行过程或体系自身所在的问题，并确定出问题产生的根源或需要持续改进的地方。体系评价主要包括绩效测量与监测、事故和事件以及不符合的调查、审核、管理评审。

（七）改进措施

改进措施的目的是要求建筑企业针对组织职业安全健康管理体系绩效测量与监测、事故和事件，以及不符合的调查、审核以及管理评审活动所提出的纠正与预防措施的要求，制订具体的实施方案并予以保持，确保体系的自我完善功能，并依据管理评审等评价的结果，不断寻求方法持续改进建筑企业自身职业安全健康管理体系及其职业安全健康绩效，从而不断消除、降低或控制各类职业安全健康危害和风险。职业安全健康管理体系的改进措施主要包括纠正与预防措施和持续改进两个方面。

四、安全事故处理

水利工程施工安全是指在施工过程中，工程组织方应该采取必要的安全措施和手段来保证。施工人员的生命和健康安全，降低安全事故的发生概率。

（一）概念

工伤事故就是企业员工在为公司或工厂进行施工建设中因为某种原因造成的工伤亡事故。对于工伤事故，我国国务院早就做出过规定，《工人职员伤亡事故报告规程》指出"企业对于工人职员在生产区域中所发生的和生产有关的伤亡事故（包括急性中毒）必须按规定进行调查、登记统计和报告"。从目前的情况来看，除了施工单位的员工以外，工伤事故的发生群体还包括民工、临时工和参加生产劳动的学生、教师、干部等。

（二）伤亡事故的分类

一般来说，伤亡事故的分类都是根据受伤害者受到的伤害程度进行划分的。

1. 轻伤

轻伤是职工受到伤害程度最低的一种工伤事故，按照相关法律的规定，员工如果受到轻伤而造成歇工一天或一天以上就应视为轻伤事故处理C

2. 重伤事故

重伤的情况分为很多种，一般来说凡是有下列情况之一者，都属于重伤，作重伤事故处理。

第一，经医生诊断成为残废或可能成为残废的。

第二，伤势严重，需要进行较大手术才能挽救的。

第三，人体要害部位严重灼伤、烫伤或非要害部位，但灼伤、烫伤占全身面积 1/3 以上的；严重骨折，严重脑震荡等。

第四，眼部受伤较重，对视力产生影响，甚至有失明可能的。

第五，手部伤害：大拇指轧断一切的，食指、中指、无名指任何一只轧断两节或任何两只轧断一节的局部肌肉受伤严重，引起肌能障碍，有不能自由伸屈的残废可能的。

第六，脚部伤害：一脚脚趾轧断三只以上的，局部肌肉受伤甚剧，有不能行走自如的残废的可能的；内部伤害，内脏损伤、内出血或伤及腹膜等。

第七，其他部位伤害严重的：不在上述各点内，经医师诊断后，认为受伤较重，根据实际情况由当地劳动部门审查认定。

3.多人事故

在施工过程中如果出现多人（3 人或 3 人以上）受伤的情况，那么应认定为多人工伤事故处理。

4.急性中毒

急性中毒是指由于食物、饮水、接触物等原因造成的员工中毒。急性中毒会对受害者的机体造成严重的伤害，一般作为工伤事故处理。

5.重大伤亡事故

重大伤亡事故是指在施工过程中，由于事故造成一次死亡 1 ~ 2 人的事故，应作重大伤亡处理。

6.多人重大伤亡事故

多人重大伤亡事故是指在施工过程中，由于事故造成一次死亡 3 人或 3 人以上 10 人以下的重大工伤事故。

7.特大伤亡事故

特大伤亡事故是指在施工过程中，由于事故造成一次死亡 10 人或 10 人以上的伤亡事故。

五、事故处理程序

一般来说如果在施工过程中发生重大伤亡事故，企业负责人员应在第一时间组织伤员的抢救，并及时将事故情况报告给各有关部门，具体来说主要分为以下三个主要步骤。

（一）迅速抢救伤员、保护好事故现场

在工伤事故发生之后，施工单位的负责人应迅速组织人员对伤员展开抢救，并拨打 120 急救热线，另外，还要保护好事故现场，帮助劳动责任认定部门进行劳动责任认定。

（二）组织调查组

轻伤、重伤事故，由企业负责人或其指定人员组织生产、技术、安全等部门及工

会组成事故调查组，进行调查；伤亡事故，由企业主管部门会同同级行政安全管理部门、公安部门、监察部门、工会组成事故调查组，进行调查。死亡和重大死亡事故调查组应邀请人民检察院参加，还可邀请有关专业技术人员参加，与发生事故有直接利害关系的人员不得参加调查组。

（三）现场勘察

1.作出笔录

通常情况下，笔录的内容包括事发时间、地点以及气象条件等；现场勘察人员的姓名、单位、职务；现场勘察起止时间、勘察过程；能量逸散所造成的破坏情况、状态、程度；设施设备损坏情况及事故发生前后的位置；事故发生前的劳动组合，现场人员的具体位置和行动；重要物证的特征、位置及检验情况等。

2.实物拍照

包括方位拍照，反映事故现场周围环境中的位置；全面拍照，反映事故现场各部位之间的联系；中心拍照，反映事故现场中心情况；细目拍照，提示事故直接原因的痕迹物、致害物；人体拍照，反映伤亡者主要受伤和造成伤害的部位。

3.现场绘图

根据事故的类别和规模以及调查工作的需要应绘制；建筑物平面图、剖面图；事故发生时人员位置及疏散图；破坏物立体图或展开图；涉及范围图；设备或工、器具构造图等。

4.分析事故原因、确定事故性质

分析的步骤和要求是：

第一，通过详细的调查、查明事故发生的经过。

第二，整理和仔细阅读调查资料，对受伤部位、受伤性质、起因物、致害物、伤害方法、不安全行为和不安全状态等七项内容进行分析。

第三，根据调查所确认的事实，从直接原因入手，逐渐深入到间接原因。通过对原因的分析、确定出事故的直接责任者和领导责任者，根据在事故发生中的作用，找出主要责任者。

第四，确定事故的性质。如责任事故、非责任事故或破坏性事故。

5.写出事故调查报告

事故调查组应着重把事故发生的经过、原因、责任分析和处理意见以及本次事故的教训和改进工作的建议等写成报告，以调查组全体人员签字后报批。如内部意见不统一，应进一步弄清事实，对照政策法规反复研究，统一认识。对于个别同志仍持有不同意见的，可在签字时写明自己的意见。

6.事故的审理和结案

建设部对事故的审批和结案有以下几点要求：

第一，事故调查处理结论，应经有关机关审批后，方可结案。伤亡事故处理工作应当在 90 日内结案，特殊情况不得超过 180 日。

第二，事故案件的审批权限，同企业的隶属关系及人事管理权限一致。

第三，对事故责任人的处理，应根据其情节轻重和损失大小，谁有责任，主要责任，其次责任，重要责任，一般责任，还是领导责任等，按规定给予处分。

第四，要把事故调查处理的文件、图纸、照片、资料等记录长期完整地保存起来。

第十章　水利水电工程管理的重要性

第一节　我国水利工程和水利工程管理的地位

一、水利水电工程在社会发展中的地位

水利工程是指在江河、湖泊和地下水源上开发、利用、控制、调配和保护水资源的各类工程。人类社会为了生存和可持续发展的需要，采取各种措施，适应、保护、调配和改变自然界的水和水域，以求在与自然和谐共处、维护生态环境的前提下，合理开发利用水资源，并为防治洪、涝、干旱、污染等各种灾害。为达到这些目的而修建的工程称为水利工程。在人类的文明史上，四大古代文明都发祥于著名的河流，如古埃及文明诞生于尼罗河畔，中华文明诞生于黄河、长江流域。因此丰富的水力资源不仅滋养了人类最初的农业，而且孕育了世界的文明水利是农业的命脉，人类的农业史，也可以说是发展农田水利，克服旱涝灾害的战天斗地史。

人类社会自从进入 21 世纪后，社会生产规模日益扩大，对能源需求量越来越大，而现有的能源又是有限的。人类渴望获得更多的清洁能源，补充现在能源的不足，同时加上洪水灾害一直威胁着人类的生命财产安全，人类在积极治理洪水的同时又努力利用水能源：水利工程既满足了人类治理洪水的愿望，又满足了人类的能源需求。水利工程按服务对象或目的可分为：将水能转化为电能的水力发电工程；为防止、控制洪水灾害的防洪工程；防止水质污染和水土流失，维护生态平衡的环境水利工程和水土保持工程；防止旱、渍、涝灾害而服务于农业生产的农田水利工程，即排水工程、灌溉工程；为工业和生活用水服务，排除、处理污水和雨水的城镇供、排水工程；改善和创建航运条件的港口、航道工程；增进、保护渔业生产的渔业水利工程；满足交通运输需要、工农业生产的海涂围垦工程等。一项水利工程同时为发电、防洪、航运、灌溉等多种目标服务的水利工程，称为综合水利工程。我国正处在社会主义现代化建设的重要时期，为满足社会生产的能源需求及保证人民生命财产安全的需要，我国已进入大规模的水利工程开发阶段。水利工程给人类带来了巨大的经济、政治、文化效益。它具备防洪、发电、航运功能，对促进相关区域的社会、经济发展具有战略意义。水利工程引起的移民搬迁，促进了各民族间的经济、文化交流，有利于社会稳定。水利工程是文化的载体，大型水利工程所形成的共同的行为规则，促进了工程文化的发展，

人类在治水过程中形成的哲学思想指导着水利工程实践。长期以来繁重的水利工程任务也对我国科学的水利工程管理产生了巨大的需求。

二、我国水利工程管理在工程管理中的地位

工程管理是指为实现预期目标，有效地利用资源，对工程所进行的决策、计划、组织、指挥、协调与控制，是对具有技术成分的活动进行计划、组织、资源分配以及指导和控制的科学和艺术。工程管理的对象和目标是工程，是指专业人员运用科学原理对自然资源进行改造的一系列过程，可为人类活动创造更多便利条件。工程建设需要应用物理、数学、生物等基础学科知识，并在生产生活实践中不断总结经验。水利工程管理作为工程管理理论和方法论体系中的重要组成部分，既有与一般专业工程管理相同的共性，又有与其他专业工程管理不同的特殊性，其工程的公益性（兼有经营性、安全性、生态性等特征），使水利工程管理在工程管理体系中占有独特的地位。水利工程管理又是生态管理、低碳管理和循环经济管理，是建设"两型"社会的必要手段，可以作为我国工程管理的重点和示范，对于我国转变经济发展方式、走可持续发展道路和建设创新型国家的影响深远。

水利工程管理是水利工程的生命线，贯穿于项目的始末，包含着对水利工程质量、安全、经济、适用、美观、实用等方面的科学、合理的管理，以充分发挥工程作用、提高使用效益c由于水利工程项目规模过大、施工条件比较艰难、涉及环节较多、服务范围较广、影响因素复杂、组成部分较多、功能系统较全，所以技术水平有待提高，在设计规划、地形勘测、现场管理、施工建筑阶段难免出现问题或纰漏。另外，由于水利设备长期处于水中作业受到外界压力、腐蚀、渗透、融冻等各方面影响，经过长时间的运作磨损速度较快，所以需要通过管理进行完善、修整、调试，以更好的进行工作，确保国家和人民生命与财产的安全，社会的进步与安定、经济的发展与繁荣，因此水利工程管理具有重要性和责任性。

第二节　我国水利工程管理对国民经济发展的推动作用

一、对战边经济发展方式和可持续发展的推动作用

大规模水利工程建设可以取得良好的社会效益和经济效益，为经济发展和人民安居乐业提供基本保障，为国民经济健康发展提供有力支撑，水利工程是国民经济的基础性产业。大型水利工程是具有综合功能的工程，它具有巨大的防洪、发电、航运功能和一定的旅游、水产、引水和排涝等效益。它的建设对我国的华中、华东、西南三大地区的经济发展，促进相关区域的经济社会发展，具有重要的战略意义，对我国经济发展可产生深远的影响。大型水利工程将促进沿途城镇的合理布局与调整，使沿江原有城市规模扩大，促进新城镇的建立和发展、农村人口向城镇转移，使城镇人口上升，加快城镇化建设的进程。同时，科学的水利工程管理也与农业发展密切相关。而农业

是国民经济的基础，建立起稳固的农业基础，首先要着力改善农业生产条件，促进农业发展。水利是农业的命脉，重点建设农田水利工程，优先发展农田灌溉是必然的选择。正是新中国成立之后的大规模农田水利建设，为我国粮食产量超过万亿斤，实现"十连增"奠定了基础。农田水利还为国家粮食安全保障做出巨大贡献，巩固了农业在国民经济中的基础地位，从而保证国民经济能够长期持续地健康发展以及社会的稳定和进步。经济发展和人民生活的改善都离不开水，水利工程为城乡经济发展、人民生活改善提供了必要的保障条件·科学的水利工程管理又为水利工程的完备建设提供了保障。

我国水利工程管理对国民经济发展的推动作用主要体现在如下两方面。

可持续发展观是相对于传统发展观而提出的一种新的发展观。传统发展观以工业化程度来衡量经济社会的发展水平。自18世纪初工业革命开始以来，在长达200多年的受人称道的工业文明时代，借助科学技术革命的力量，大规模地开发自然资源，创造了巨大的物质财富和现代物质文明，同时也使全球生态环境和自然资源遭到了最严重的破坏。显然，工业文明相对于小生产的"农业文明"而言，是一个巨大飞跃。但它给人类社会与大自然带来了巨大的灾难和不可估量的负效应，带来生态环境严重破坏、自然资源日益枯竭、自然灾害泛滥、人与人的关系严重异化、人的本性丧失等。"人口爆炸、资源短缺、环境恶化、生态失衡"已成为困扰全人类的四大显性危机，面对传统发展观支配下的工业文明带来的巨大负效应和威胁，自20世纪30年代以来，世界各国的科学家们开始不断地发出警告，理论界苦苦求索、人类终于领悟了一种新的发展观——可持续发展观。

从水资源与社会、经济、环境的关系来看，水资源不仅是人类生存不可替代的一种宝贵资源，而且是经济发展不可缺少的一种物质基础，也是生态与环境维持正常状态的基础条件。因此，可持续发展，也就是要求社会、经济、资源、环境的协调发展。然而，随着人口的不断增长和社会经济的迅速发展，用水量也在不断增加，水资源的有限与社会经济发展、水与生态保护的矛盾愈来愈突出，例如出现的水资源短缺、水质恶化等问题。如果再按目前的趋势发展下去，水问题将更加突出，甚至对人类的威胁是灾难性的。

水利工程是我国全面建成小康社会和基本实现现代化宏伟战略目标的命脉、基础和安全保障。在传统的水利工程模式下，单纯依靠兴修工程防御洪水、依靠增加供水满足国民经济发展对于水的需求，这种通过消耗资源换取增长、牺牲环境谋取发展的方式，是一种粗放、扩张、外延型的增长方式。这种增长方式在支撑国民经济快速发展的同时，也付出了资源枯竭、环境污染、生态破坏的沉重代价，因而是不可持续的。

面对新的形势和任务，科学的水利工程管理利于制定合理规范的水资源利用方式，科学的水利工程管理有利于我国经济发展方式从粗放、扩张、外延型转变为集约、内涵型，且我国水利工程管理有利于开源节流、全面推进节水型社会建设，调节不合理需求，提高用水效率和效益，进而保障水资源的可持续利用与国民经济的可持续发展。再者其以提高水资源产出效率为目标，降低万元工业增加值用水量，提高工业水重复利用率，发展循环经济，为现代产业提供支撑。

当前，水资源供需矛盾突出仍然是可持续发展的主要瓶颈马克思和恩格斯把人类的需要分成生存、享受和发展三个层次，从水利发展的需求角度就对应着安全性、经济性和舒适性三个层次。从世界范围的近现代治水实践来看，在水利事业发展商临的"两对矛盾"之中，通常优先处理水利发展与经济社会发展需求之间的矛盾。水利发展大体上可以由防灾减灾、水资源利用、水系景观整治、水资源保护和水生态修复五方面内容组成。以上五个方面之中，前三个方面主要是处理水利发展与经济社会系统之间的关系。后两个方面主要是处理水利发展与生态环境系统之间的关系，各种水利发展事项属于不同类别的需求防灾减灾、饮水安全、灌溉用水等，主要是"安全性需求"；生产供水、水电、水运等，主要是"经济性需求"；水系景观、水休闲娱乐、高品质用水，主要是"舒适性需求"；水环境保护和水生态修复，则安全性需求和舒适性需求兼而有之，这是生态环境系统的基础性特征决定的，比如，水源地保护和供水水质达标主要属于"安全性需求"，而更高的饮水水质标准如纯净水和直饮水的需求，则属于"舒适性需求"。水利发展需求的各个层次，很大程度上决定了水利发展供给的内容。无论是防洪安全、供水安全、水环境安全，还是景观整治、生态修复，这些都具有很强的公益性，均应纳入公共服务的范畴。这决定了水利发展供给主要提供的是公共服务，水利发展的本质是不断提高水利的公共服务能力。根据需求差异，公共服务可分为基础公共服务和发展公共服务。基础公共服务主要是满足"安全性"的全存需求，为社会公众提供从事生产、生活、发展和娱乐等活动都需要的基础性服务，如提供防洪抗旱、除涝、灌溉等基础设施；发展公共服务是为满足社会发展需要所提供的各类服务，如城市供水、水力发电、城市景观建设等，更强调满足经济发展的需求及公众对舒适性的需求。一个社会存在各种各样的需求，水利发展需求也在其中，在经济社会发展的不同水平，水利发展需求在社会各种需求中的相对重要性在不断发生变化。随着经济的发展，水资源供需矛盾也日益突出。在水资源紧缺的同时，用水浪费严重，水资源利用效率较低。全国工业万元产值用水量91立方米，是发达国家的10倍以上，水的重复利用率仅为40%，而发达国家已达75%~85%；农业灌溉用水有效利用系数只有0.4左右，而发达国家为0.7~0.8；我国城市生活用水浪费也很严重，仅供水管网跑冒滴漏损失就达20%以上，家庭用水浪费现象也十分普遍。当前，解决水资源供需矛盾，必然需要依靠水利工程，而科学的水利工程管理是可持续发展的推动力。

二、对农业生产和农民生活水平提高的促进作用

水利工程管理是促进农业生产发展、提高农业综合生产能力的基本条件。农业是第一产业，民以食为天，农村生产的发展首先是以粮食为中心的农业综合生产能力的发展，而农业综合生产能力提高的关键在于农业水利工程的建设和管理，在一些地区农业水利工程管理十分落后，重建设轻管理，已经成为农业发展的瓶颈了。另外，加强农业水利工程管理有利于提高农民生活水平与质量。社会主义新农村建设的一个十分重要的目标就是增加农民收入，提高农民生活水平，而加强农村水利工程等基础设施建设和管理成为基本条件。如可以通过农村饮水工程保障农民饮水安全，通过供水工程的有效管理，可以带动农村环境卫生和个人条件的改善，降低各种流行疾病的发

病率。

　　水利工程在国民经济发展中具有极其重要的作用，科学的水利工程管理会带动很多相关产业的发展。如农业灌溉、养殖、航运、发电等。水利工程使人类生生不息，且促进了社会文明的前进。从一定程度上讲，水利工程推动了现代产业的发展，若缺失了水利工程，也许社会就会停滞不前，人类的文明也将受到挑战。而科学的水利工程管理可推动各产业的发展。

　　科学的水利工程管理可推动农业的发展。"有收无收在于水、收多收少在于肥"的农谚道出了水利工程对粮食和农业生产的重要性。我国农业用水方式粗放，耕地缺少基本灌溉条件，现有灌区普遍存在标准低、配套差、老化失修等问题，严重影响农业稳定发展和国家粮食安全。近年来水利建设在保障和改善民生方面取得了重大进展，一些与人民群众生产生活密切相关的水利问题尤其是农村水利发展的问题与农民的生活息息相关。而完备的水利工程建设离不开科学的水利工程管理。科学的水利工程管理，有利于解决灌溉问题，消除旱情灾害。农业生产主要追求粮食产量，以种植水稻、小麦、油菜为主，但是这些作物如果在没有水或者在水资源比较缺乏的情况下会极大地影响它们的产量，比如遇到大旱之年，农作物连命都保不住，哪还来的产量，可以说是颗粒无收，这样农民白白辛苦了一年的劳作将毁于一旦，收入更无从提起，农民本来就是以种庄稼为主，如今庄稼没了，这会给农民的经济带来巨大的损失，因此加强农田水利工程建设可以满足粮食作物的生长需要，解决了灌溉问题，消除了灾情的灾害，给农民也带来了可观的收益。其次，科学的水利工程管理有利于节约农田用水，减少农田灌溉用水损失。

　　在大涝之年农田通水不缺少的情况下，可以利用水利工程建设将多余的水积攒起来，以便日后需要时使用。另外，蔬菜、瓜果、苗木实施节水灌溉是促进农业结构调整的必要保障，加大农业节水力度、减少灌溉用水损失，有利于解决农业面的污染，有利于转变农业生产方式，有利于提高农业生产力。这就大大减少了水资源的不必要的浪费，起到了节约农田用水的目的。最后，科学的水利工程管理有利于减少农田的水土流失。大涝天气会引起农田水土流失，影响农村生态环境。当发生大涝灾害时，水土资源会受到极大的影响，肥沃的土地肥料会因洪涝的发生而减少，丰富的土质结构也会遭到破坏，农作物产量亦会随之减少。而科学的水利工程管理，促进渠道兴修，引水入海，利于减少农田水土流失。

三、对其他各产业发展的推动作用

　　水利工程建设和管理有效地带动和促进了其他产业如建材、冶金、机械、燃油等的发展，增加了就业的机会。据估算，万元水利投入可创造约 $1.0 \sim 1.2$ 个/人·年的就业机会，五年共创造 1650 万 ~ 2000 万就业岗位。由于受保护区抗洪能力明显提高，人民群众生产生活的安全感和积极性大大增强，工农业生产成本大幅度降低，直接提高经济效益和人均收入，为当地招商引资和扩大再生产提供重要支撑，促进了工农业生产加速发展。科学的水利工程管理可推动水产养殖业的发展。第一，科学的水利工程管理有利于改良农田水质水产养殖受水质的影响很大，近年来，水污染带来的水环境恶化、水质破坏问题日益严重,水产养殖受此影响很大。而随着水产养殖业的发展,水源水质的标准要求也随之更加严格。当水源污染、水质破坏发生时,水产养殖业的发展就会受到影响。而科学的水利工程管理,有利于改良农田水质,促进水产养殖业的发展。第二,科学的水利工程管理有利于扩大鱼类及水生物生长环境,为渔业发展提供有利条件。如三峡工程建坝后,库区改变原来滩多急流型河道的生态环境,水面较天然河道增加近两倍,上游有机物质、营养盐将有部分滞留库区,库水湿度变肥、变清,有利于饵料生物和鱼类繁殖生长。冬季下游流量增大,鱼类越冬条件将有所改善。这些条件的改善,均利于推动水产养殖业的发展。

科学的水利工程管理可推动航运的发展。以三峡工程为例,据预测,川江下水运量到 2030 年将达到 5000 万吨。目前川江通过能力仅约 1000 万吨。主要原因是川江航道坡陡流急,在重庆至宜昌 660 公里航道上,落差 120 米,共有主要碍航滩险 139 处,单行控制段 46 处。三峡工程修建后,航运条件明显改善,万吨级船队可直达重庆,运输成本可降低 35% ~ 37%。不修建三峡工程,虽可采取航道整治辅以出川铁路分流,满足 5000 万吨出川运量的要求,但工程量很大,且无法改善川江坡陡流急的现状,万吨级船队不能直达重庆,运输成本也难大幅度降低,而三峡水利工程的修建,推动了三峡附近区域的航运发展。而欲使三峡工程尽最大限度的发挥其航运作用,需对其予以科学的管理。故而科学的水利工程管理可推动航运的发展。

科学的水利工程管理还可为旅游业发展起到推动作用。水利工程的建设推动了各地沿河各种水景区景点的开发建设,科学的水利工程管理有助于水利工程旅游业的发展。水利工程旅游业的发展既可以发掘各地沿河水资源的潜在效益,带动沿线地方经济的发展,促进经济结构、产业结构的调整,也可以促进水生态环境的改善,美化净化城市环境,提高人民生活质量,并提高居民收入。由于水利工程旅游业涉及交通运输、住宿餐饮、导游等众多行业,依托水利工程旅游,可提高地方整体经济水平,并增加就业机会,甚至吸引更多劳动人口,进而推动旅游服务业的发展,提高居民的收入水平和生活标准。

科学的水利工程管理也有助于优化电能利用。科学的水利工程管理可促进水电资源的利用。据不完全统计,我国水电资源的使用率已从二十世纪八十年代的不足 5% 攀升到 30% 以上。现在,水电工程已成为维持整个国家电力需求正常供应的重要来源。而科学的水利工程管理有助于对水利电能的合理开发与利用。

第三节　我国水利工程管理对社会发展的推动作用

随着工业化和城镇化的不断发展,科学的水利工程管理有利于增强防灾减灾能力,强化水资源节约保护工作,扭转听天由命的水资源利用局面,进而推动社会的发展。

一、对社会稳定的作用

水利工程管理有利于构建科学的防洪体系,而科学的防洪体系可减轻洪水的灾害,保障人民生命财产安全和社会稳定。全国主要江河初步形成了以堤防、河道整治、水库、蓄滞洪区等为主的工程防洪体系，在抗御历年发生的洪水中发挥了重要作用，有利于社会稳定。

社会稳定首先涉及的是人与人、不同社会群体、不同社会组织之间的关系。这种关系的核心是利益关系，而利益关系与分配密切相关，利益分配是否合理，是社会稳定与否的关键。分配问题是个大问题。当前，中国的社会分配出现了很大的问题，分配不公和收入差距拉大已经成为不争的事实，是导致社会不稳定的基础性因素。而科学的水利工程管理，有利于水利工程的修建与维护，有利于提高水利工程沿岸居民的收入水平，有利于缩小贫富差距，改善分配不均的局面，进而有利于维护社会稳定。科学的水利工程管理有助于构建社会稳定风险系统控制体系，从而将社会稳定风险降到最低，进而保障社会稳定。由于水利工程本来就是大型国家民生工程，其具有失事后果严重，损失大的特点，而水情又是难以控制的，一般水利工程都是根据百年一遇洪水设计，而无法排除是否会遇到更大设计流量的洪水，当更大流量洪水发生时，所造成的损失必然是巨大的，也必然会引发社会稳定问题，而科学的水利工程管理可将损失降到最小。同时水利工程的修建可能会造成大量移民，而这部分背井离乡的人是否能得到妥善安置也与社会稳定与否息息相关，此时必然得依靠科学的水利工程管理。

大型水利工程的移民促进了汉族与少数民族之间的经济、文化交流，促进了内地和西部少数民族的平等、团结、互助、合作、共同繁荣的谁也离不开谁的新型民族关系的形成。工程是文化的载体。而水利工程文化是其共同体在工程活动中所表现或体现出来的各种文化形态的集结或集合水利工程在工程活动中则会形成共同的风格、共同的语言、共同的办事方法及其存在着共同的行为规则。作为规则，水利工程活动则包含着决策程序、审美取向、验收标准、环境和谐目标、建造目标、施工程序、操作守则、生产条例、劳动纪律等，这些规则促进了水利工程文化的发展，哲学家将其上升为哲理指导人们水利工程活动李冰在修建都江堰水利工程的同时也修建了中华民族治水文化的丰碑，是中华民族治水哲学的升华。都江堰水利工程是一部水利工程科学全书：它包含系统工程学、流体力学、生态学，体现了尊重自然、顺应自然规律并把握其规律的哲学理念。它留下的"治水"三字经、八字真言如："深淘滩、低作堰""遇弯截角、逢正抽心"，至今仍是水利工程活动的主导哲学思想，其哲学思想促进了民族同胞的交流，促进民族大团结。再者，水利工程能发挥综合的经济效益，给社会经济的发展提供强大的清洁能源支持，为养殖、旅游、灌溉、防洪等提供条件，从而提高相关区域居民的物质生活条件，促进社会稳定。概括起来，水利工程管理对社会稳定的作用主要可以概括为：

第一，水利工程管理为社会提供了安全保障。水利工程最初的一个作用就是可以进行防洪，减少水患的发生。依据以往的资料记载，我国的洪水主要是发生在长江、黄河、松花江、珠江以及淮河等河流的中下游平原地区，水患的发生不仅仅影响到了社会经济的健康发展，同时对人民群众的安全也会造成一定的影响。通过在河流的上游进行水库的兴建，在河流的下游扩大排洪，使得这些河流的防洪能力得到了很好的提升，随着经济社会的快速发展，水利建设进程加快，以三峡工程、南水北调工程为标志，一大批关系国计民生的重点水利工程相继进入建设、使用和管理阶段。当前，我国已初步形成了大江大河大湖的防洪排错工程体系，有效地控制了常遇洪水，抗御了大洪水和特大洪水，减轻了洪涝灾害损失，特别是确保黄河的岁岁安澜。总的来看，七大江河现有的防洪工程对占全国 1/3 的人口，1/4 的耕地，包括京、津、沪在内的许多重要城市，以及国家重要的铁路、公路干线都起到了安全保障作用。

第二，水利工程管理有助于促进农业生产。水利工程对农业有着直接的影响，通过兴修水利，可以使得农田得到灌溉，农业生产的效率得到提升，促进农民丰产增收。灌溉工程为农业发展特别是粮食稳产、高产创造了有利的前提条件，奠定了农业长期稳步发展的基础，巩固了农业在国民经济发展中的基础地位。

第三，水利工程管理有助于提高城乡人民生产生活水平。大量蓄水、引水、提水工程有效提升了我国水资源的调控能力和城乡供水保障能力。大多数水利工程，特别是大型水利枢纽的建设地点多数选在高山峡谷、人烟稀少地区，水利枢纽的建设大大加速了地区经济和社会的发展进程，甚至会出现跨越式发展。我国的小水电建设还解决了山区缺电问题，不仅促进了农村乡镇企业发展和产业结构调整，还加快了老少边穷地区农牧民脱贫致富。

第四节　我国水利工程管理对生态文明的促进作用

生态文明是人类文明发展的一个新的阶段，即工业文明之后的文明形态；生态文明是人类遵循人、自然、社会和谐发展这一客观规律而取得的物质与精神成果的总和；生态文明是以人与自然、人与人、人与社会和谐共生、良性循环、全面发展、持续繁荣为基本宗旨的社会形态。它以尊重和维护生态环境为主旨，以可持续发展为根据，以未来人类的继续发展为着眼点。这种文明观强调人的自觉与自律，强调人与自然环境的相互依存、相互促进、共处共融。三百年的工业文明以人类征服自然为主要特征。世界工业化的发展使征服自然的文化达到极致；一系列全球性生态危机说明地球再没能力支持工业文明的继续发展。需要开创一个新的文明形态来延续人类的生存，这就是生态文明。如果说农业文明是黄色文明，工业文明是黑色文明，那生态文明就是绿色文明。生态，指生物之间以及生物与环境之间的相互关系与存在状态，亦即自然生态。自然生态有着自在自为的发展规律：人类社会改变了这种规律，把自然生态纳入到人类可以改造的范围之内，这就形成了文明，生态文明，是指人类遵循人、自然、社会和谐发展这一客观规律而取得的物质与精神成果的总和；是指人与自然、人与人、人与社会和谐共生、良性循环、全面发展、持续繁荣为基本宗旨的文化伦理形态。

生态文明强调人的自觉与自律，强调人与自然环境的相互依存、相互促进、共处共融，既追求人与生态的和谐，也追求人与人的和谐，而且人与人的和谐是人与自然和谐的前提可以说，生态文明是人类对传统文明形态特别是工业文明进行深刻反思的成果，是人类文明形态和文明发展理念、道路和模式的重大进步。

科学的水利工程管理可以转变传统的水利工程活动运转模式，使水利工程活动更加科学有序，同时促进生态文明建设。若没有科学的水利工程理念作指导，水利工程会对水生态系统造成某种胁迫，如水利工程会造成河流形态的均一化和不连续化，引起生物群落多样性水平下降但科学合理的水利工程管理有助于减少这一现象的发生，尽量避免或减少水利工程所引起的一些后果。

若不考虑科学的水利工程管理，仅仅从水利工程出发，则势必会造成对生态的极大破坏。因为水利工程活动主要关注人对自然的改造与征服，忽视自然的自我恢复能力，忽略了过度的开发自然会造成自然对人类的报复，既不考虑水利工程对社会结构及变迁的影响，也不考虑社会对水利工程的促进与限制。且在水利工程的决策、运行与评估的过程中，只考虑人的社会活动规律与生态环境的外在约束条件，没将其视为水利工程活动的内在因素。但运用科学的水利工程管理，可形成科学的水利工程理念。此时水利工程考虑的不再仅仅是人对自然的征服改造，它是在科学发展观的基础上，协调人与自然的关系，工程活动既考虑当代人的需要又考虑到后代人的需求，是和谐的水利工程。运用科学水利工程管理理念的水利工程转变了传统水利工程的粗放发展方式。运用科学水利工程管理理念的水利工程活动是一种集约式的工程活动，与当代的经济发展模式相适应，其具备较完善的决策、实施、评估等相关系统。也会成为知识密集型、资源集约型的造物活动，具备更高的科技含量再者，其在改造环境的同时保护环境，使生态环境能够可持续发展，将生态环境作为工程活动的外在约束条件，以生态因素作为水利工程的决策、运行、评估内在要素。

科学的水利工程管理对生态文明的促进作用主要体现在以下两方面。

一、对资源节约的促进作用

节约资源是保护生态环境的根本之策。节约资源意味着价值观念、生产方式、生活方式、行为方式、消费模式等多方面的变革，涉及各行各业，与每个企业、单位、家庭、个人都有关系，需要全民积极参与。必须利用各种方式在全社会广泛培育节约资源意识，大力倡导珍惜资源、节约资源风尚，明确确立和牢固树立节约资源理念，形成节约资源的社会共识和共同行动，全社会齐心合力共同建设资源节约型、环境友好型社会资源是增加社会生产和改善居民生活的重要支撑，节约资源的目的并不是减少生产和降低居民消费水平，而是使生产相同数量的产品能够消耗更少的资源，或者用相同数量的资源能够生产更多的产品、创造更高的价值，使有限资源能更好满足人民群众物质文化生活需要只有通过资源的高效利用，才能实现这个目标。因此，转变资源利用方式，推动资源高效利用，是节约利用资源的根本途径要通过科技创新和技术进步深入挖掘资源利用效率，促进资源利用效率不断提升，真正实现资源高效利用，努力用最小的资源消耗支撑经济社会发展。科学的水利工程管理，有助于完善水资源管理制度，加强水源地保护和用水总量管理，加强用水总量控制和定额管理，制定和完善江河流域水量分配方案，推进水循环利用，建设节水型社会科学的水利工程管理，可以促进水资源的高效利用，减少资源消耗

我国经济社会快速发展和人民生活水平提高对水资源的需求与水资源时空分布不均以及水污染严重的矛盾，对建设资源节约型和环境友好型社会形成倒逼机制。人的

命脉在田，在人口增长和耕地减少的情况下保障国家粮食安全对农田水利建设提出了更高的要求：水利工作需要正确处理经济社会发展和水资源的关系，全面考虑水的资源功能、环境功能和生态功能，对水资源进行合理开发、优化配置、全面节约和有效保护。水利面临的新问题需要有新的应对之策，而水利工程管理又是由问题倒逼而产生，同时又在不断解决问题中得以深化。

二、对环境保护的促进作用

从宇宙来看，地球是一个蔚蓝色的星球，地球的储水量是很丰富的，共有14.5亿立方千米之多，其72%的表面积覆盖水。但实际上，地球上97.5%的水是咸水，又咸又苦，不能饮用，不能灌溉，也很难在工业应用，能直接被人们生产和生活利用的，少得可怜，淡水仅有2.5%而在淡水中，将近70%冻结在南极和格陵兰的冰盖中，其余的大部分是土壤中的水分或是深层地下水，难以供人类开采使用。江河、湖泊、水库等来源的水较易于开采供人类直接使用，但其数量不足世界淡水的1%，约占地球上全部水的0.007%。全球淡水资源不仅短缺而且地区分布极不平衡。而我国又是一个干旱缺水严重的国家。淡水资源总量为28000亿立方米，占全球水资源的6%，仅为世界平均水平的1/4、美国的1/5，在世界上名列121位，是全球13个人均水资源最贫乏的国家之一。扣除难以利用的洪水泾流和散布在偏远地区的地下水资源后，中国现实可利用的淡水资源量则更少，仅为11000亿立方米左右，人均可利用水资源量约为900立方米，并且其分布极不均衡。到20世纪末，全国600多座城市中，已有400多个城市存在供水不足问题，其中比较严重的缺水城市达110个，全国城市缺水总量为60亿立方米。其中北京市的人均占有水量为全世界人均占有水量的1/13，连一些干旱的阿拉伯国家都不如，更糟糕的是我国水体水质总体上呈恶化趋势。北方地区"有河皆干，有水皆污"，南方许多重要河流、湖泊污染严重。水环境恶化，严重影响了我国经济社会的可持续发展而科学的水利工程管理可以促进淡水资源的科学利用，加强水资源的保护。对环境保护起到促进性的作用。水利是现代化建设不可或缺的首要条件，是经济社会发展不可替代的基础支撑，当然也是生态环境改善不可分割的保障系统，其具有很强的公益性、基础性、战略性。

同时，科学的水利工程管理可以加快水力发电工程的建设，而水电又是一种清洁能源，水电的发展有助于减少污染物的排放，进而保护环境。水力发电相比于火力发电等传统发电模式在污染物排放方面有着得天独厚的优势，水力发电成本低，水力发电只是利用水流所携带的能量，无需再消耗其他动力资源，水力发电直接利用水能，几乎没有任何污染物排放。当前，大多数发达国家的水电开发率很高，有的国家甚至高达90%以上，而发展中国家的水电资源开发水平极低，一般在10%左右。中国水能资源开发也只达到百分之十几。水电是清洁、环保、可再生能源，可以减少污染物的排放量，改善空气质量；还可以通过"以电代柴"有效保护山林资源，提高森林覆盖率并且保持水土。

一般情况下，地区性气候状况受大气环流所控制，但修建大、中型水库及灌溉工程后，原先的陆地变成了水体或湿地，使局部地表空气变得较湿润，对局部小气候会产生一定的影响，主要表现在对降雨、气温、风和雾等气象因子的影响。而科学的水利工程管理就可对地区的气候施加影响，因时制宜，因地制宜，利于水土保持。而水土保持是生态建设的重要环节，也是资源开发和经济建设的基础工程，科学的水利工程管理，可以快速控制水土流失，提高水资源利用率，通过促进退耕还林还草及封禁保护，加快生态自我修复，实现生态环境的良性循环，改善生产、生活和交通条件，为开发创造良好的建设环境，对于环境保护具有重要的促进作用。

而大型水利工程通常既是一项具有巨大综合效益的水利枢纽工程，又是一项改造生态环境的工程。人工自然是人类为满足生存和发展需要而改造自然环境，建造一些生态环境工程。

三、对农村生态环境改善的促进作用

促进生态文明是现代社会发展的基本诉求之一，建设社会主义新农村也要实现村容整洁，就必须加强农业水利工程建设，统筹考虑水资源利用、水土流失与污染等一系列问题及其防治措施，实现保护和改善农村生态环境的目的。水利工程管理是现代农业建设不可或缺的首要条件，是经济社会发展不可替代的基础支撑，是生态环境改善不可分割的保障系统，具有很强的公益性、基础性、战略性。加快水利工程发展，不仅事关农业农村发展，而且事关经济社会发展全局；不仅关系到防洪安全、供水安全、粮食安全，而且关系到经济安全、生态安全、国家安全。要把水利工程管理工作摆上党和国家事业发展更加突出的位置，着力加快农田水利工程建设和管理，推动水利工程管理实现跨越式发展。

水利工程管理对农村生态环境改善的促进作用可以具体归纳以下几点：

1. 解决旱涝灾害

水资源作为人类生存和发展的根本，具有不可替代的作用，但是对于我国而言，由于不同气候条件的影响，水资源的空间分布极不均匀，南方水资源丰富，在雨季常常出现洪涝灾害，而北方水资源相对不足，常见干旱，这两种情况都在很大程度上影响了农业生产的正常进行，影响着人们的日常生产和生活。而水利工程管理，可以有效解决我国水资源分布不均的问题，解决旱涝灾害，促进经济的持续健康发展，如南水北调工程，就是其中的代表性工程。

2. 改善局部生态环境

在经济发展的带动下，人们的生活水平不断提高，人口数量不断增加，对于资源和能源的需求也在不断提高，现有的资源已经无法满足人们的生产和生活需求。而通过水利工程的兴建和有效管理，不仅可以有效消除旱涝灾害，还可以对局部区域的生态环境进行改善，增加空气湿度，促进植被生长，为经济的发展提供良好的环境支持。

3. 优化水文环境

水利工程管理，能够对水污染情况进行及时有效的治理，对河流的水质进行优化。以黄河为例，由于上游黄土高原的土地沙化现象日益严重，河流在经过时，会携带大量的泥沙，产生泥沙的淤积和拥堵现象，而通过兴修水利工程，利用蓄水、排水等操作，可以大大增加下游的水流速度，对泥沙进行排泄，保证河道的畅通。

第五节　我国水利工程管理与工程科技发展的互相推动作用

工程科技与人类生存息息相关。温故而知新。回顾人类文明历史，人类生存与社会生产力发展水平密切相关，而社会生产力发展的一个重要源头就是工程科技。工程造福人类，科技创造未来。工程科技是改变世界的重要力量，它源于生活需要，又归于生活之中历史证明，工程科技创新驱动着历史车轮飞速旋转，为人类文明进步提供了不竭动力源泉，推动人类从蒙昧走向文明、从游牧文明走向农业文明、工业文明、走向信息化时代。新中国成立 60 多年特别是改革开放 30 多年来，中国经济社会快速发展，其中工程科技创新驱动功不可没当今世界，科学技术作为第一生产力的作用愈益凸显，工程科技进步和创新对经济社会发展的主导作用更加突出

一、水利工程管理对工程科技体系的影响和推动作用

古往今来，人类创造了无数令人惊叹的工程科技成果」古代工程科技创造的许多成果至今仍存在着，见证了人类文明编年史。如古埃及金字塔、古希腊帕提农神庙、古罗马斗兽场、印第安人太阳神庙、柬埔寨吴哥窟、印度泰姬陵等古代建筑奇迹，再如中国的造纸术、火药、印刷术、指南针等重大技术创造和万里长城、都江堰、京杭大运河等重大工程，都是当时人类文明形成的关键因素和重要标志，都对人类文明发展产生了重大影响，都对世界历史演进具有深远意义。中国是有着悠久历史的文明古国，中华民族是富有创新精神的民族。5000 年来，中国古代的工程科技是中华文明的重要组成部分，也为人类文明的进步做出了巨大贡献。

二、水利工程对专业科技发展的推动作用

工程科技已经成为经济增长的主要动力，推动基础工业、制造业、新兴产业高速发展，支撑了一系列国家重大工程建设。科学的水利工程管理可以推动专业科技的发展。如三峡水利工程就发挥了巨大的综合作用，其超临界发电、水力发电等技术已达到世界先进水平：

改革开放后，我国经济社会发展取得了举世瞩目的成就，经济总量跃居世界第二，众多主要经济指标名列世界前列。但我们必须清醒地看到，虽然我国经济规模很大，但依然大而不强，我国经济增速很快，但依然快而不优。主要依靠资源等要素投入推动经济增长和规模扩张的粗放型发展方式是不可持续的。中国的发展正处在关键的战略转折点，实现科学发展、转变经济发展方式刻不容缓。而这最根本的是要依靠科技力量，提高自主创新能力，实施创新驱动发展战略，把发展从依靠资源、投资、低成本等要素驱动转变到依靠科技进步和人力资源优势上来。而水利工程的特殊性决定了加强技术管理势在必行一水利工程的特殊性主要表现在两个方面，一方面水利工程是我国各项基础建设中最为重要的基础项目，其关系到农业灌溉、关系到社会生产正常用水、关系到整个社会的安定，如果不重视技术管理，极有可能埋下技术隐患，使得

水利工程质量出现问题。另一方面水利工程工程量大，施工中需要多个工种的协调作业，而且工期长，施工中容易受到各种自然和社会因素的制约。当然，水利工程技术要求较高，施工中会出现一些意想不到的技术难题，如果不做好充分的技术准备工作，极有可能导致施工的停滞。正是基于水利工程的这种特殊性，才可体现科学的水利工程管理的重要性，其可为水利工程施工的顺利进行和高质量的完工奠定基础。具体说来，水利工程管理对专业科技发展的推动作用如下：

水利工程安全管理信息系统。水利工程管理工作推动现场自动采集系统、远程传输系统的开发研制；中心站网络系统与综合数据库的建立及信息接收子系统、数据库管理子系统、安全评价子系统与信息服务子系统以及中央指挥站等的开发应用。

土石坝的养护与维修。土石坝所用材料是松散颗粒的，土粒间的连接强度低，抗剪能力小，颗粒间孔隙较大，因此易受到渗流、冲刷、沉降、冰冻、地震等的影响。在运用过程中常常会因渗流而产生渗透破坏和蓄水的大量损失；因沉降导致坝顶高程不够和产生裂缝；因抗剪能力小、边坡不够平缓、渗流等而产生滑坡；因土粒间连接力小，抗冲能力低，在风浪、降雨等作用下而造成坝坡的冲蚀、侵蚀和护坡的破坏，所以也不允许坝顶过水；因气温的剧烈变化而引起坝体土料冻胀和干缩等。故要求土石坝有稳定的坝身、合理的防渗体和排水体、坚固的护坡及适当的坝顶构造，并在运用过程中加强监测和维护。土石坝的各种破坏都有一定的发展过程，针对可能出现病害的形势和部位，加强检查，如在病害发展初期能够及时发现，并采取措施进行处理和养护，防止轻微缺陷的进一步扩展和各种不利因素对土石坝的过大损害，保证土石坝的安全，延长土石坝的使用年限。在检查中，经常会用到槽探、井探及注水检查法；甚低频电磁检查法（工作频率为 15～35 千赫，发射功率为 20～1000 千瓦）；同位素检查法（同位素示踪测速法、同位素稀释法和同位素示踪吸附法）。

混凝土坝及浆砌石坝的养护与维修。混凝土坝和浆砌石坝主要靠重力维持稳定，其抗滑稳定往往是坝体安全的关键，当地基存在软弱夹层或缺陷，在设计和施工中又未及时发现和妥善处理时，往往使坝体与地基抗滑稳定性不够，而成为最危险的病害。此外，由于温度变化、应力过大或不均匀沉陷，都可能使坝体产生裂缝，并沿裂缝产生渗漏。水利部于 1999 年颁布了有关混凝土坝养护修理规程。围绕混凝土建筑物修补加固设立了大量的科研课题，有关新材料、新工艺和新技术得到开发应用，取得了良好的效果。水下修补加固技术方面，水下不分散混凝土在众多工程中成功应用，水下裂缝、伸缩缝修补成套技术已研制成功，水下高性能快速密封堵漏灌浆材料得到成功应用。大面积防渗补强新材料、新技术方面，聚合物水泥沙浆作为防渗、防腐、防冻材料得到大范围推广应用，喷射钢纤维混凝土大面积防渗取得成功，新型水泥基渗透结晶防水材料在水工混凝土的防渗修补中得到应用。

碾压混凝土及面板胶结堆石筑坝技术。对于碾压混凝土坝，涉及结构设计的改进、材料配比的研究、施工方法的改进、温控方法及施工质量控制。在水利工程管理中，需要做好面板胶结堆石坝，集料级配及掺入料配台比的试验；做好胶结堆石料的耐久性、坝体可能的破坏形态及安全准则、坝体及其材料的动力特性、高坝坝体变形特性及对上游防渗体系的影响分析，此外，水利工程抗震技术、地震反应及安全监测、震害调查、抗震设计以及抗震加固技术也不断得到应用。

堤防崩岸机理分析、预报及处理技术。水利工程管理需要对崩岸形成的地质资料及河流地质作用、崩岸变形破坏机理、崩岸稳定性、崩岸监测及预报技术、崩岸防治及施工技术、崩岸预警抢险应急技术及决策支持系统进行分析和研究。

深覆盖层堤坝地基渗流控制技术水利工程管理需要完善防渗体系、防渗效果检测技术，分析超深、超薄防渗墙防渗机理，开发质优价廉的新型防渗土工合成材料，开发适应大变形的高抗渗塑性混凝土。

水利工程老化及病险问题分析技术。在水利管理中，水利工程老化病害机理、堤防隐患探测技术与关键设备、病险堤坝安全评价与除险加固决策系统、堤坝渗流控制和加固关键技术、长效减压技术、堤坝防渗加固技术，已有堤坝防渗加固技术的完善与规范化都在推动专业工程科技的不断发展。

高边坡技术。在水利工程管理中，高边坡技术包括高边坡工程力学模型破坏机理和岩石力学参数，高边坡研究中的岩石水力学，高边坡稳定分析及评价技术，高边坡加固技术及施工工艺，高边坡监测技术，以及高边坡反馈设计理论和方法

新型材料及新型结构。水利新型材料涉及新型混凝土外加剂与掺和料、自排水模板、各种新型防护材料、各种水上和水下修补新材料、各种土工合成新材料，以及用于灌浆的超细水泥等。

水利工程监测技术。工程监测在我国水利工程管理中发挥着重要作用，已成为工程设计、施工、运行管理中不可缺少的组成部分高精度、耐久、强抗干扰的小量程钢弦式孔隙水压力计，智能型分布式自动化监测系统，水利工程中的光导纤维监测技术，大型水利工程泄水建筑物长期动态观测及数据分析评价方法，网络技术在水利工程监测系统中的应用，大坝工作与安全性态评价专家系统，堤防安全监测技术，水利工程工情与水情自动监测系统，高坝及超高坝的关键技术：设计参数，强度、变形及稳定计算，高速及超高速水力学等在水利工程管理过程中主要用到观测方法和仪器设备的研制生产、监测设计、监测设备的埋设安装，数据的采集、传输和存储，资料的整理和分析，工程实测性态的分析评价等。主要涉及水工建筑物的变形观测、渗流观测、应力和温度观测、水流观测等。

水库管理。对工程进行维修养护，防止和延缓工程老化、库区淤积、自然和人为破坏，延长水库使用年限。及时掌握各种建筑物和设备的技术状况，了解水库实际蓄泄能力和有关河道的过水能力，收集水文气象资料的情报、预报以及防汛部门和各用水户的要求。要在库岸防护、水库控制运用、水库泥沙淤积的防治等方面进行技术推广与应用。

溢洪道的养护与维修，对于大多数水库来说，溢洪道泄洪机会不多，宣泄大流量洪水的机会则更少，有的几年甚至十几年才泄一次水。但是，由于还无法准确预报特大洪水的出现时间，故溢洪道每年都要做好宣泄最大洪水的预防和准备工作。溢洪道的泄洪能力主要取决于控制段能否通过设计流量，根据控制段的堰顶高程、溢流前缘总长、溢流时堰顶水头用一般水力学的堰流或孔流公式进行复核，而且需要全面掌握准确的水库集水面积、库容、地形、地质条件和来水来沙量等基本资料。

水闸的养护与修理。水闸多数修建在软土地基上，是一种既挡水又泄水的低水头

水工建筑物，因而它在抗滑稳定、防渗、消能防冲及沉陷等方面都有其自身的工作特点。当土工建筑物发生渗漏、管涌时，一般采用上游堵截渗漏，下游反滤导渗的方法进行及时处理，根据情况采用开挖回填或灌浆方法处理渠系输水建筑物的养护与修理，渠系建筑物属于渠系配套建筑物，承担灌区或城市供水的输配水任务，按照用途可分为控制建筑物、交叉建筑物、输水建筑物、泄水建筑物、量水建筑物输水建筑物输水流量、水位和流速常受水源条件、用水情况和渠系建筑物的状态发生较大而频繁的变化，灌溉渠道行水与停水受季节和降雨影响显著，维护和管理与此相适应，位于深水或地下的渠系建筑物，除要承受较大的山岩压力、渗透压力外，还要承受巨大的水头压力及高速水流的冲击作用力在地面的建筑物又要经受温差作用、冻融作用、冻胀作用以及各种侵蚀作用，这些作用极易使建筑物发生破坏。此外，在一个工程中，渠系建筑物数量多，分布范围大，所处地形条件和水文地质条件复杂，受到自然破坏和人为破坏的因素较多，且交通运输不便，维修施工不便，对工程科技的要求较高。

水利水电工程设备的维护。在水电站、泵站、水闸、倒流、船闸等水利工程中均涉及一些相关设备，设备已成为水利工程的主要组成部分，对水利工程效益的发挥和安全运行起着至关重要的作用。一是金属结构设备维护，金属结构是用型钢材料，经焊等工艺方法加工而成的结构体，在水闸、引水等工程中被广泛采用，有挡水类、输水类、拦污类及其他钢结构类型。一般钢结构在运行中要受水的冲刷、冲击、侵蚀、气蚀、振荡以及较大的水头压力等作用。这就需要对锈蚀、润滑等进行处理，需要在涂料保护、金属保护、外加电流阴极保护与涂料保护联合等技术进行开发。

防汛抢险。江河堤防和水库坝体作为挡水设施，在运用过程中由于受外界条件变化的作用，自身也发生相应结构的变化而形成缺陷，这样一到汛期，这些工程存在的隐患和缺陷都会暴露出来，一般险情主要有风浪冲击、洪水漫顶、散浸、陷坑、崩岸、管涌、漏洞、裂缝及堤坝溃决等。雨情、水情和枢纽工情的测报、预报准备等。包括测验设施和仪器、仪表的检修、校验，报讯传输系统的检修试机，水情自动测报系统的检查、测试，以及预报曲线图表、计算机软件程序、大屏幕显示系统与历史暴雨、洪水、工程变化对比资料准备等，保证汛情测报系统运转灵活，为防洪调度提供准确、及时的测报、预报资料和数据。

地下工程。在水利工程管理中，需要进行复杂地质环境下大型地下洞室群岩体地质模型的建立及地质超前预报，不均匀岩体围岩稳定力学模型及岩体力学作用，围岩结构关系，岩石力学参数确定及分析，强度及稳定性准则，应力场与渗流场的耦合，大型地下洞室群工程模型，洞室群布置优化，洞口边坡与洞室相互影响及其稳定性和变形破坏规律，地下洞室群施工顺序、施工技术优化，地下洞室围岩加固机理及效应，大型地下洞室群监测技术，隧洞盾构施工关键技术，岩爆的监测、预报及防治技术以及围岩大变形支护材料和控制技术。

三、科技运用对水利工程管理的推进作用

水利工程管理通过引进新技术、新设备，改造和替代现有设备，改善水利管理条件；加强自动监测系统建设，提高监测自动化程度；积极推进信息化建设，提升监测、预

报和决策的现代化水平。引进新技术、新设备是水利工程能长期稳定带来经济效益的有效途径。在原有资源基础上，不断改善运行环境，做到具有创新性且有可行性，从而提高工程整体的运营能力，是未来水利工程管理的要求。

近几年，随着现代通信和计算机等技术的迅猛发展，以及水利信息化建设进程不断加快，水利工程管理开始由传统型的经验管理逐步转换为现代化管理各级工程管理部门着手利用通信、计算机、程控交换、图文视讯和遥测遥控等现代技术，配置相应的硬、软件设施，先后建立通信传输、计算机网络、信息采集和视频监控等系统，实现水情、工情信息的实时采集，水工建筑物的自动控制，作业现场的远程监视，工程视讯异地会商及办公自动化等。具体来说，现代信息技术的应用对水利工程管理的推动作用如下：

物联网技术的应用：物联网技术是完成水利信息采集、传输以及处理的重要方法，也是我国水利信息化的标志。近几年来，伴随着物联网技术的日益发展，物联网技术在水利信息管理尤其是在水利资源建设中得到了广泛的应用并起到了决定性作用。截至目前，我国水利管理部已经完成了信息管理平台的构建和完善，用户想要查阅我国各地的水利信息，只要通过该平台就能完成。为了能够对基础水利信息动态实现实时把握，我国也加大了对基层水利管理部门的管理力度，给科学合理的决策提供了有效的信息资源。由于物联网具有快速传播的特点，水利管理部门对物联网水利信息管理系统的构建也不断加强在水利管理服务中，物联网技术有以下两个作用，分别为在水利信息管理系统中的作用和对水利信息智能化处理作用。为了能够通过物联网对水利信息及时地掌握并制定有效措施，可以采用设置传感器节点以及 RFID 设备的方法，完成对水利信息的智能感应以及信息采集：所谓的智能处理，就是采用计算技术和数据利用对收集的信息进行处理，进而对水利信息加以管理和控制。气候变化、模拟出水资源的调度和市场发展等问题都可以采用云计算的方法，实现应用平台的构建和开发。水利工作视频会议、水利信息采集以及水利工程监控等工作中物联网技术都得到了广泛的综合应用。

遥感技术的应用：在水利信息管理中遥感技术也得到了广泛的应用。其获取信息原理就是通过地表物体反射电磁波和发射电磁波，实现对不同信息的采集。近几年，遥感技术也被广泛地应用到防洪、水利工程管理和水行政执法中。遥感技术在防洪抗旱过程中，能够借助遥感系统平台实现对灾区的监测，发生洪灾后，人工无法测量出受灾面积，遥感技术能够对灾区受灾面积以及洪水持续时间进行预测，并反馈出具体灾情情况以及图像，为决策部门提供了有效的决策依据信息新技术的快速发展，遥感技术在水利信息管理中也有越来越重要的作用。在使用遥感技术获取数据时，还要求其他技术与其相结合，进行系统的对接，进而能够完成对水利信息数据的整合，充分体现了遥感技术集成化特点；遥感技术能够为水利工作者提供大量的数据，而且也能够根据数据制作图像。但是在使用遥感技术时，为了能够给决策者供应辅助决策，一定要对遥感系统进行专业化的模型分析，充分体现了遥感技术数字模型化特点；为了能够对数据收集、数据交换以及数据分析等做出科学准确的预测，使用遥感技术时，要设定统一的标准要求，充分体现了遥感技术标准化特点。

GIS 技术的应用：GIS 技术在水利信息管理服务中对水利信息自动化起到关键性作用，反映地理坐标是 GIS 技术最大的功能特点、由于其能够对水利资源所处的地形地貌等信息做出很好地反映，因此对我国水利信息准确位置的确定起到了决定性作用；GIS 技术可以在平台上将测站、水库以及水闸等水利信息进行专题信息展示；GIS 技术也能够对综合水情预报、人口财产和受灾面积等进行准确的定量估算分析；GIS 技术能够集成相关功能的模块及相关专业模型。其中集成功能模块主要包括数据库、信息服务以及图形库等功能性模块；集成相关专业模型包括水文预报、水库调度以及气象预报等。充分体现了 G1S 技术基础地理信息管理、水利专题信息展示、统计分析功能运用以及系统集成功能的作用。GIS 技术在水利信息管理、水环境、防汛抗旱减灾、水资源管理以及水土保持等方面得到了广泛的应用，其应用能力也从原始的查询、检索和空间显示变成分析、决策、模拟以及预测。

GPS 技术的应用：GPS 技术引入水利工程管理中去，将使水利工程的管理工作变得非常方便，卫星定位系统其作用就是准确定位，它是在计算机技术和空间技术的基础上发展而来的，卫星定位技术一般都应用在抗洪抢险和防洪决策等水利信息管理工作中。卫星定位技术能够对发生险情的地理位置进行准确定位，进而给予灾区及时的救援。卫星定位系统在水利信息管理服务中有广泛应用，诸如 1998 年我国发生特大险情，就是通过卫星定位系统对灾区进行准确定位并进行及时救援，从而有效地控制了灾情，降低了灾害的持续发生。随着信息新技术的不断发展，卫星定位系统也与其他 RS 影像以及 GIS 平台等系统连接，进而被广泛应用到抗洪抢险工作中。采用该方法能够对灾区和险情进行准确定位，从而实施及时救援，降低了灾情的持续发展，保障了灾区人民的生命安全。

综上所述，水工程管理与工程科技发展二者关系是相互依赖、相互依存的。在工程管理中，不能离开工程科技而单独搞管理，因为工程科技是管理的继续和实施，任何一种管理都离不开实施阶段，没有实施就没有效果，没有效果就等于管理失败，因此，离开工程科技，管理就不能进行。相反，也不能离开管理来单独搞技术，因为管理带动技术，技术只能通过管理才能发挥出来。没有管理做后盾，技术虽高也难以发挥，二者相互依存，缺一不可。随着水利工程在整个社会中重要性的逐渐突出，水利工程功能也要进一步拓展。这就使得水利工程的设计和施工技术要求也出现了相应的改变 C 水利施工必须要与时俱进，要不断采用新技术、新设备，提高施工水平。相比较传统的水利工程项目，现代化的水利施工更需要有强大的技术作支撑，科学的水利工程管理可推动专业科技的发展。

参考文献

[1] 崔德山作. 岩土测试技术 [M]. 武汉：中国地质大学出版社 .2020.

[2] 徐向阳，陈元芳编. 高等学校水利学科专业规范核心课程教材 工程水文学 水利水电工程 第 5 版 [M]. 北京：中国水利水电出版社 .2020.

[3] 周金龙，刘传孝主编. 工程地质及水文地质 [M]. 郑州：黄河水利出版社 .2020.

[4] 张雪锋主编. 水利工程测量 [M]. 北京：中国水利水电出版社 .2020.

[5] 张世殊，许模等著. 水电水利工程典型水文地质问题研究 [M]. 北京：中国水利水电出版社 .2018.

[6] 谢向文，马若龙著. 水利水电工程地下岩体综合信息采集技术 钻孔地球物理技术原理与应用 [M]. 郑州：黄河水利出版社 .2018.

[7] 沈凤生主编. 节水供水重大水利工程规划设计技术 [M]. 郑州：黄河水利出版社 .2018.

[8] 孙毅著. 清江上游岩溶流域径流特征及洪水预报 [M]. 武汉：中国地质大学出版社 .2018.

[9] 贾洪彪主编；邓清禄，马淑芝副主编. 水利水电工程地质 [M]. 武汉：中国地质大学出版社 .2018.

[10] 魏温芝，任菲，袁波著. 水利水电工程与施工 [M]. 北京：北京工业大学出版社 .2018.

[11] 袁俊周，郭磊，王春艳编著. 水利水电工程与管理研究 [M]. 郑州：黄河水利出版社 .2019.

[12] 高明强，曾政，王波编者. 水利水电工程施工技术研究 [M]. 延吉：延边大学出版社 .2019.

[13] 马明. 水利水电勘探及岩土工程发展与实践 [M]. 武汉：中国地质大学出版社 .2019.

[14] 戴会超编著. 水利水电工程多目标综合调度 [M]. 北京：中国三峡出版社 .2019.

[15] 苗兴皓主编. 水利水电工程造价与实务 [M]. 中国环境出版社 .2017.

[16] 王东升，徐培蓁主编；朱亚光，谭春玲，邢庆如副主编. 水利水电工程施工安全生产技术 [M]. 徐州：中国矿业大学出版社 .2018.

[17] 王东升，常宗瑜主编. 水利水电工程机械安全生产技术 [M]. 徐州：中国矿业大学出版社 .2018.

[18] 王德厚主编 . 水利水电工程安全监测理论与实践 [M]. 北京：长江出版社 .2007.

[19] 王东升，杨松森主编 . 水利水电工程安全生产法律法规 [M]. 中国建筑工业出版社 .2019.

[20] 王东升，苗兴皓 . 水利水电工程建设从业人员安全培训丛书 水利水电工程安全生产管理 [M]. 北京：中国建筑工业出版社 .2019.

[21] 陈三潮，关晓明，张荣贺 . 水利水电工程安全监测、计算机监控及通信系统安装单元工程施工质量评定表实例及填表说明 [M]. 沈阳：辽宁科学技术出版社 .2019.

[22] 马乐，沈建平，冯成志 . 水利经济与路桥项目投资研究 [M]. 郑州：黄河水利出版社 .2019.

[23] 高占祥著 . 水利水电工程施工项目管理 [M]. 南昌：江西科学技术出版社 .2018.

[24] 马琦炜著 . 水利工程管理与水利经济发展 [M]. 吉林出版集团股份有限公司 .2020.

[25] 马小斌，刘芳芳，郑艳军著 . 水利水电工程与水文水资源开发利用研究 [M]. 北京：中国华侨出版社 .2021.

[26] 赵存厚，赵明华 .2021 水利水电地基与基础工程技术创新与发展 [M]. 北京：中国水利水电出版社 .2021.